中国腐蚀状况及控制战略研究丛书
“十三五”国家重点出版物出版规划项目

紫外辐射对金属大气腐蚀过程的影响机理

陈卓元　著

科 学 出 版 社
北 京

内 容 简 介

本书主要围绕近年来作者所在研究组在紫外辐射对金属大气腐蚀影响领域的研究结果展开论述，结合腐蚀电化学、半导体理论、电化学/光电化学原理，就紫外辐射对大气腐蚀过程影响的机理做了系统的阐述，并提出了紫外辐射影响大气腐蚀过程的机理模型，为寻找防腐蚀方法和设计防腐蚀材料提供了实验数据和设计思路。本书主要内容包括金属大气腐蚀过程的光电化学理论基础，光照辐射下半导体光电效应对腐蚀过程影响的研究方法，以及紫外辐射对 09CuPCrNi 耐候钢、Q235 碳钢、纯锌、纯铜大气腐蚀过程的具体影响机理。

本书可供腐蚀科学和光催化材料领域的科研工作者和工程技术人员阅读，也可作为材料、化工专业研究生的参考用书。

图书在版编目（CIP）数据

紫外辐射对金属大气腐蚀过程的影响机理/陈卓元著. —北京：科学出版社，2017.3

（中国腐蚀状况及控制战略研究丛书）

“十三五”国家重点出版物出版规划项目

ISBN 978-7-03-051998-6

Ⅰ. ①紫…　Ⅱ. ①陈…　Ⅲ. ①紫外辐射–影响–大气腐蚀–研究　Ⅳ. ①TG172.3

中国版本图书馆 CIP 数据核字（2017）第 044078 号

责任编辑：李明楠　孙静惠 / 责任校对：高明虎
责任印制：张　伟 / 封面设计：铭轩堂

科学出版社 出版
北京东黄城根北街 16 号
邮政编码：100717
http://www.sciencep.com

北京凌奇印刷有限责任公司 印刷
科学出版社发行　各地新华书店经销

*

2017 年 3 月第　一　版　开本：B5（720 × 1000）
2017 年 3 月第一次印刷　印张：14 3/4
字数：276 000

POD定价：　88.00元
（如有印装质量问题，我社负责调换）

丛 书 序

腐蚀是材料表面或界面之间发生化学、电化学或其他反应造成材料本身损坏或恶化的现象，从而导致材料的破坏和设施功能的失效，会引起工程设施的结构损伤，缩短使用寿命，还可能导致油气等危险品泄漏，引发灾难性事故，污染环境，对人民生命财产安全造成重大威胁。

由于材料，特别是金属材料的广泛应用，腐蚀问题几乎涉及各行各业。因而腐蚀防护关系到一个国家或地区的众多行业和部门，如基础设施工程、传统及新兴能源设备、交通运输工具、工业装备和给排水系统等。各类设施的腐蚀安全问题直接关系到国家经济的发展，是共性问题，是公益性问题。有学者提出，腐蚀像地震、火灾、污染一样危害严重。腐蚀防护的安全责任重于泰山！

我国在腐蚀防护领域的发展水平总体上仍落后于发达国家，它不仅表现在防腐蚀技术方面，更表现在防腐蚀意识和有关的法律法规方面。例如，对于很多国外的房屋，政府主管部门依法要求业主定期维护，最简单的方法就是在房屋表面进行刷漆防蚀处理。既可以由房屋拥有者，也可以由业主出资委托专业维护人员来进行防护工作。由于防护得当，许多使用上百年的房屋依然完好、美观。反观我国的现状，首先是人们的腐蚀防护意识淡薄，对腐蚀的危害认识不清，从设计到维护都缺乏对腐蚀安全问题的考虑；其次是国家和各地区缺乏与维护相关的法律与机制，缺少腐蚀防护方面的监督与投资。这些原因就导致了我国在腐蚀防护领域的发展总体上相对落后的局面。

中国工程院"我国腐蚀状况及控制战略研究"重大咨询项目工作的开展是当务之急，在我国经济快速发展的阶段显得尤为重要。借此机会，可以摸清我国腐蚀问题究竟造成了多少损失，我国的设计师、工程师和非专业人士对腐蚀防护了解多少，如何通过技术规程和相关法规来加强腐蚀防护意识。

项目组将提交完整的调查报告并公布科学的调查结果，提出切实可行的防腐蚀方案和措施。这将有效地促进我国在腐蚀防护领域的发展，不仅有利于提高人们的腐蚀防护意识，也有利于防腐技术的进步，并从国家层面上把腐蚀防护工作的地位提升到一个新的高度。另外，中国工程院是我国最高的工程咨询机构，没有直属的科研单位，因此可以比较超脱和客观地对我国的工程技术问题进行评估。把这样一个项目交给中国工程院，是值得国家和民众信任的。

这套丛书的出版发行，是该重大咨询项目的一个重点。据我所知，国内很多领域的知名专家学者都参与到丛书的写作与出版工作中，因此这套丛书可以说涉及了我国生产制造领域的各个方面，应该是针对我国腐蚀防护工作的一套非常全面的丛书。我相信它能够为各领域的防腐蚀工作者提供参考，用理论和实例指导我国的腐蚀防护工作，同时我也希望腐蚀防护专业的研究生甚至本科生都可以阅读这套丛书，这是开阔视野的好机会，因为丛书中提供的案例是在教科书上难以学到的。因此，这套丛书的出版是利国利民、利于我国可持续发展的大事情，我衷心希望它能得到业内人士的认可，并为我国的腐蚀防护工作取得长足发展贡献力量。

徐匡迪

2015 年 9 月

丛书前言

众所周知，腐蚀问题是世界各国共同面临的问题，凡是使用材料的地方，都不同程度地存在腐蚀问题。腐蚀过程主要是金属的氧化溶解，一旦发生便不可逆转。据统计估算，全世界每 90 秒钟就有一吨钢铁变成铁锈。腐蚀悄无声息地进行着破坏，不仅会缩短构筑物的使用寿命，还会增加维修和维护的成本，造成停工损失，甚至会引起建筑物结构坍塌、有毒介质泄漏或火灾、爆炸等重大事故。

腐蚀引起的损失是巨大的，对人力、物力和自然资源都会造成不必要的浪费，不利于经济的可持续发展。震惊世界的“11·22”黄岛中石化输油管道爆炸事故造成损失 7.5 亿元人民币，但是把防腐蚀工作做好可能只需要 100 万元，同时避免灾难的发生。针对腐蚀问题的危害性和普遍性，世界上很多国家都对各自的腐蚀问题做过调查，结果显示，腐蚀问题所造成的经济损失是触目惊心的，腐蚀每年造成损失远远大于自然灾害和其他各类事故造成损失的总和。我国腐蚀防护技术的发展起步较晚，目前迫切需要进行全面的腐蚀调查研究，摸清我国的腐蚀状况，掌握材料的腐蚀数据和有关规律，提出有效的腐蚀防护策略和建议。随着我国经济社会的快速发展和“一带一路”战略的实施，国家将加大对基础设施、交通运输、能源、生产制造及水资源利用等领域的投入，这更需要我们充分及时地了解材料的腐蚀状况，保证重大设施的耐久性和安全性，避免事故的发生。

为此，中国工程院设立“我国腐蚀状况及控制战略研究”重大咨询项目，这是一件利国利民的大事。该项目的开展，有助于提高人们的腐蚀防护意识，为中央、地方政府及企业提供可行的意见和建议，为国家制定相关的政策、法规，为行业制定相关标准及规范提供科学依据，为我国腐蚀防护技术和产业发展提供技术支持和理论指导。

这套丛书包括了公路桥梁、港口码头、水利工程、建筑、能源、火电、船舶、轨道交通、汽车、海上平台及装备、海底管道等多个行业腐蚀防护领域专家学者的研究工作经验、成果以及实地考察的经典案例，是全面总结与记录目前我国各领域腐蚀防护技术水平和发展现状的宝贵资料。这套丛书的出版是该项目的一个重点，也是向腐蚀防护领域的从业者推广项目成果的最佳方式。我相信，这套丛书能够积极地影响和指导我国的腐蚀防护工作和未来的人才培养，促进腐蚀与防护科研成果的产业化，通过腐蚀防护技术的进步，推动我国在能源、交通、制造业等支柱产业上的长足发展。我也希望广大读者能够通过这套丛书，进一步关注我国腐蚀防护技术的发展，更好地了解和认识我国各个行业存在的腐蚀问题和防腐策略。

在此，非常感谢中国工程院的立项支持以及中国科学院海洋研究所等各课题承担单位在各个方面的协作，也衷心地感谢这套丛书的所有作者的辛勤工作以及科学出版社领导和相关工作人员的共同努力，这套丛书的顺利出版离不开每一位参与者的贡献与支持。

侯保荣

2015 年 9 月

序

在生产和生活中，材料腐蚀一直是人类面临的重大挑战和难题，特别是金属材料的广泛应用，其腐蚀成本和损失是巨大的。腐蚀不仅会消耗能源、污染环境，而且会造成大量的工业事故隐患，有的已经发生，危害人类健康和安全。因此，材料腐蚀防护研究是一个重要领域，寻找解决材料腐蚀防护方法对人类社会发展有着极其重大的意义。

腐蚀防护的研究至今还存在许多问题，很多具体的腐蚀机理和腐蚀过程尚不明确，因此在一些情况下很难对金属材料提出有效的防护措施。例如，金属在大气腐蚀过程中日照辐射因素的影响下，特别是在严酷的海洋大气环境中，强日照辐射与高强度的紫外辐照条件下，金属的腐蚀现象尤其严重，因此研究光照辐射对金属大气腐蚀过程的影响成了一个新的热点，同时新的、有效的防腐蚀方法来防护由光照辐射造成的大气腐蚀是该项研究的难点与重点。然而，截至目前，关于光照辐射对金属材料大气腐蚀的研究尚不系统，基础理论仍值得深入研究。

《紫外辐射对金属大气腐蚀过程的影响机理》是作者在多年从事光照辐射对金属大气腐蚀过程影响的研究基础上，整理分析了国内外大量的文献资料，结合作者所在单位课题组近年的科研成果撰写而成的。全书共 9 章，重点介绍了金属腐蚀过程的光电化学理论基础、光照辐射对腐蚀影响的研究现状及研究方法，详细地介绍了紫外辐射对 09CuPCrNi 耐候钢、Q235 碳钢、纯锌、纯铜大气腐蚀过程的影响和具体的腐蚀机理。该书不仅涵盖了光照辐射对金属影响的研究发展的新方向，还详细地介绍了腐蚀过程和光照影响的常用研究手段。该书的章节结构设计合理、内容翔实，期望广大读者研读后有开拓思维和视野之感。

该书是作者在紧跟国际前沿热点研究基础上，深入研究紫外辐射对多种金属大气腐蚀过程的影响，并对研究成果进行系统地归纳、整合及提炼而成的。该书的出版将有助于读者掌握光照辐射对金属大气腐蚀过程影响的基础知识，为提出更切合实际的腐蚀模型提供实验数据和理论依据。同时，该书的出版将为进一步拓宽光照辐射对金属大气腐蚀过程影响的研究范围，深入探讨具体的影响金属大气腐蚀的机理，推动新的防腐蚀方法和新材料的研究和应用，解决工程领域遇到的实际防腐蚀问题提供坚实的理论基础。

侯保荣

2017 年 2 月

前　　言

腐蚀是材料在各种环境下发生破坏和变质，它涉及国民经济的方方面面，并会造成巨大的经济损失。为了降低腐蚀造成的各种损失，腐蚀与防护学科应运而生。材料腐蚀机理的研究是解决腐蚀问题的关键。研究腐蚀破坏过程、寻找防腐蚀方法和手段不仅可以减少经济损失、防止资源浪费、保护环境，还可以保护国民生命财产的安全。

大气腐蚀是最普遍、最常见的腐蚀现象，关于大气腐蚀，人们已经做了大量的研究工作，也提出了一些有效的防腐蚀技术。但是在严酷的海洋大气环境下，高日照辐射强度及高紫外含量造成的金属耐大气腐蚀性能急剧下降、失效周期明显变短的问题尚未解决，因此，研究光照辐射对金属大气腐蚀过程的影响机理，并以此提出合理的防腐蚀手段是目前研究的关键。

本书主要介绍了光照辐射对一些金属大气腐蚀过程的影响行为与机理，主要围绕近年来作者所在课题组在光照辐射对金属大气腐蚀影响领域的研究结果展开论述。一般金属的腐蚀产物是具有半导体性质的氧化物，在一定波长的光照下，具有半导体性质的腐蚀产物的光电化学效应会被激发，产生光生空穴和光生电子两种载流子，而由于这两种载流子具有一定的氧化还原能力，所以它们能改变腐蚀反应的过程甚至直接参与腐蚀反应。本书结合腐蚀电化学、半导体理论、电化学/光电化学原理，就光照辐射对金属大气腐蚀过程的影响机理进行了系统的阐述，并提出了腐蚀机理模型。主要内容包括：金属大气腐蚀过程的光电化学理论基础，紫外辐射对 09CuPCrNi 耐候钢、Q235 碳钢、纯锌、纯铜大气腐蚀过程影响行为、规律与机理。希望本书对欲进入光照辐射对金属腐蚀过程影响这一领域学习的研究生提供帮助，以及为设计相关防腐蚀方法和研发新材料等方面的研究工作者提供实验数据和研究思路。

本书根据作者在国家自然科学基金面上项目（项目批准号：41576114）和青岛市创新领军人才项目（项目编号：15-10-3-15-（39）-zch）中进行的研究工作撰写而成。作者谨向为这些项目提供经费支持的部门表示感谢！同时，本书作者的学生孙萌萌博士、补钰煜博士、孙晓英博士、荆江平博士和李亨特硕士参与了本书涉及的部分研究工作，并参与了本书撰写过程中的文字整理与修改工作，在此对他们致以诚挚的谢意！青岛科技大学李卫兵教授对参与本书相关研究工作的博士后和研究生进行了指导和帮助，在此一并表示感谢！

感谢中国工程院重大咨询项目对本书出版的资助！

由于作者水平有限，书中不足之处在所难免，如蒙指正，不胜感激。

陈卓元

2017 年 2 月

目　　录

第1章 绪　　论

1.1 引　　言

腐蚀（corrosion）源自拉丁语 *corrosus*，意为啃噬或者消耗的程度[1]。腐蚀的定义是材料与周围的环境发生化学或电化学反应而导致的破坏。腐蚀现象每时每刻都在发生。腐蚀最常见的形式为锈蚀、变色或褪色[2]，它是材料失效的永恒话题。由于腐蚀是热力学上的自发过程，所以它只能预防却无法避免。事实上，如果没有腐蚀，世界将会大为不同。例如，如果没有腐蚀，汽车、轮船、地下管道、家电设施等都将不再需要涂层的保护，世界上也将不会存在不锈钢，铜也会在电力设施上得以广泛使用。虽然腐蚀是无法避免的，但是由腐蚀造成的损失可以通过适当的防护措施而降低。

腐蚀速率有快有慢，研究腐蚀机理的意义在于降低材料的腐蚀速率，延长材料的服役寿命。例如，敏化处理的 18-8 不锈钢在连多硫酸的作用下，几小时内就遭受严重腐蚀。铁路轨道锈蚀的速率很慢，对其性能影响不大，可以服役多年。印度著名的德里铁柱建造于 2000 多年前，尽管曾遭受过酸的腐蚀，但到现在依然如新。由此可见，人们只要掌握材料的腐蚀机理，便可让它们发挥更大的效能。

腐蚀主要包括化学腐蚀和电化学腐蚀[3]。金属与干燥的空气或氧的反应是化学腐蚀。金属的高温氧化、铜和银的氧化锈蚀都是化学腐蚀。由于这些反应中不包括以金属/氧化物界面的电场作为驱动力的氧向氧化层内的扩散过程和金属离子向氧化层外的扩散过程，所以它们不属于电化学反应。电化学腐蚀的发生需要有电解液介质，电化学反应通常发生在金属/溶液的两相界面上，并在金属表面的不同区域分别发生阳极反应和阴极反应[4]。

大气腐蚀是金属材料腐蚀失效中最常见的形式之一，如锈蚀的大桥、旗杆、建筑物及户外的纪念碑等。大气腐蚀会造成金属材料的大量损失和浪费，还可能造成影响人民生命和财产安全的事故。因此，金属材料的大气腐蚀研究受到了越来越多的关注。大气腐蚀比其他腐蚀形式带来的破坏及造成的经济损失更大。早在 1988 年，阿罗哈（Aloha）航空 243 航班事故的发生引起了人们对金属材料大气腐蚀的广泛关注。当时，在 7300m 高空中飞行的波音 737 飞机机身的主体发生脱落，事后分析表明造成该事故的主要原因是大气腐蚀[5]。此后，美国对飞机的大气腐蚀所造成的经济损失进行了深入调研，发现美国空军由大气腐蚀造成的经济损失每年超过 7 亿美元，其中约一半的损失来源于旧飞机的大气腐蚀问题[6]。

大气腐蚀几乎包括了所有的腐蚀形式。金属的大气腐蚀不是浸没在本体电解液中发生的，而是由金属表面存在的薄液层与金属发生电化学相互作用造成的。通常，由于金属表面的电解液层非常薄，薄到肉眼看不见这层液膜，所以大气腐蚀的电阻极化非常大，这就导致大气腐蚀通常发生在局部和非常微小的腐蚀电池中，有时甚至很难对其腐蚀过程进行检测，也很难对其腐蚀机理进行合理的解释。因此，在大气腐蚀研究中，基于离子浓度来计算电极电位、表征其极化性能及进行其他电化学测试并不像浸泡在本体电解液中那样简单。所有影响腐蚀的因素都会对大气腐蚀过程产生显著影响。

大气腐蚀影响暴露在大气环境中的所有金属结构部件，许多国家已经在大力研究大气腐蚀机理及防护对策，并试图实现对大气腐蚀的监控和金属材料在大气环境中服役寿命的预测。现在，科研人员对大气腐蚀的研究主要集中在通过测量环境因素模拟计算大气环境腐蚀的敏感性指标数值，从而实现对金属材料在特定大气环境条件下腐蚀行为与规律的预测[7]。

1.1.1 大气腐蚀的概念

相对于溶液中发生的金属腐蚀，大气腐蚀是指金属材料暴露在大气环境中所遭受的腐蚀破坏。大气腐蚀是金属腐蚀的最常见形式之一[8]。由于设备的服役寿命及结构材料的寿命都与大气腐蚀有关，所以大气腐蚀是全球关注的焦点问题之一。

影响大气腐蚀的主要环境因素包括温度、湿度、降雨量、悬浮粒子（包括气溶胶盐粒）、大气污染性气体、光照辐射、风速等。大气污染性气体包括二氧化硫、硫化氢、氮的氧化物、臭氧、氨气和氯化物等，它们都对大气腐蚀过程有影响。大气腐蚀影响因素的复杂性和多样性增加了对大气腐蚀研究的难度，因此，为建立大气腐蚀的精确模型，人们还需要考虑多种因素之间的协同作用规律，该问题的解决途径在于测定金属材料在特定大气环境条件下的腐蚀速率并列出影响大气腐蚀的各主要环境因素，然后寻找两者之间的函数关系，从而建立相应的金属材料在该特定的大气环境中服役的大气腐蚀速率预测模型，这种模型的建立对金属材料大气腐蚀残余寿命预测非常重要[9]。从理论上讲，预测材料的大气腐蚀速率需要对它的大气腐蚀过程和机理及相关影响参量的相互依赖性进行透彻的分析与认知。

目前，国内外对于金属材料在不同大气环境条件下的腐蚀数据的累积量非常庞大。通过分析这些腐蚀数据，人们已得到很多针对各种材料和不同大气环境条件下的经验和半经验关系公式。多数结果显示腐蚀速率与相对湿度、污染物种类与浓度、盐粒及温度等主要影响因素之间呈线性或指数关系[10]。Grossman[11]曾对户外结构材料的环境润湿时间的影响进行了研究。Chawla 和 Payer[12]从动力学的角度研究了在潮湿并含有二氧化硫的大气环境中铜的腐蚀过程。Walters[13, 14]在实验室内做了大量模拟试验，探究了大气腐蚀中二氧化硫的影响规律，并详细地介绍了所采用的实验装置、电化学测试技术及相应的实验结果。Vassie[15]曾详细地报道了大气污染性气体二氧化硫、氯化钠盐粒和灰尘等对金属材料发生锈蚀时的临界相对湿度的影响。Black 和 Lherbier[16]则对不锈钢的大气腐蚀进行了统计评价。Tomas、Alderson[17]及 Briggs[18]分别研究了中碳钢和低碳钢的大气腐蚀过程。Lipfert[19]采用破坏函数（damage function）描述了酸性物质的沉降对暴露在大气环境中的材料的腐蚀破坏程度。在研究镀锌钢大气腐蚀中薄液膜内溶解的锌离子可能对其大气腐蚀造成的负面影响时，Stiles 和 Edney[20]对薄液膜停留时间、酸性物质沉降和 pH 这三个参数的影响进行了详细的研究，发现腐蚀产物中的锌离子和氢离子浓度呈线性关系。Pourbaix[21]大力发展了大气腐蚀的测试技术，并评估了不同钢种在自然环境和实验室环境中的大气腐蚀行为。

1.1.2 大气腐蚀的分类

大气腐蚀可以按电解液层厚度分为干大气腐蚀、潮大气腐蚀和湿大气腐蚀。金属在大气环境中都会发生干大气腐蚀。从热力学角度讲，干大气腐蚀过程为自由能降低的过程，因此，它会自发地进行。干大气腐蚀属于化学腐蚀，它是在金属表面完全没有电解液膜的情况下发生的。在大气环境中，当相对湿度达到某一临界湿度时，金属材料会从大气环境中吸附水分子从而在其表面形成薄电解液膜。只有当相对湿度达到或超过某一临界值时，金属材料的电化学腐蚀反应才能发生。金属材料发生电化学腐蚀的临界相对湿度受多种因素的影响，如环境温度、污染气体、材料表面沉降的大气悬浮粒子等。潮大气腐蚀就是在相对湿度达到一定的值（大于临界相对湿度而又小于 100%）后，材料表面吸附的电解液层将达到一定的厚度，虽然肉眼观察不到这层液膜，但是可以通过这层电解液膜发生电化学腐蚀反应。材料在表面形成肉眼可见的电解液膜层时发生的腐蚀属于湿大气腐蚀。材料发生湿大气腐蚀的液膜可能是由降雨、水花飞溅及试样表面沉降的大量可溶性盐粒吸湿等造成的。潮大气腐蚀和湿大气腐蚀都属于电化学腐蚀。

1.1.3 大气环境的分类

在不同的大气环境中，金属材料的大气腐蚀程度有所差异。大气环境可以分为乡村大气环境、城市大气环境、工业大气环境、海洋大气环境、室内大气环境及上述环境的组合[22-24]。

1. 乡村大气环境

乡村大气环境中通常没有太多的腐蚀性介质，该环境中的二氧化硫和氯化钠盐粒的沉降速率均低于 $15mg\cdot m^{-2}\cdot d^{-1}$，主要的腐蚀性物质为燃烧生成的硫的氧化物（$SO_x$）和二氧化碳，还可能有一些农场有机物分解生成的氨气（NH_3）等。通常，乡村大气环境对金属腐蚀危害性不大，该种大气环境属于腐蚀最轻微的类别，通常情况下不具有化学污染物，但一般含有机或者无机的微粒。

2. 城市大气环境

城市大气环境和乡村大气环境相似，工业活动较少，因此，污染性物质主要是汽车尾气及燃料燃烧生成的硫的氧化物（SO_x）和氮的氧化物（NO_x），还有露水或雾会对金属材料大气腐蚀产生影响。在城市大气环境中，暴露的金属表面会产生一层具有较高腐蚀性的酸性薄电解液膜，在这种大气环境中，二氧化硫的沉降速率大于 $15mg\cdot m^{-2}\cdot d^{-1}$，氯化钠盐粒沉降速率则小于 $15mg\cdot m^{-2}\cdot d^{-1}$。城市大气环境的腐蚀性远比乡村大气环境的腐蚀性大。

3. 工业大气环境

工业大气环境中引起腐蚀的主要物质是含硫燃料及发电厂化石燃料燃烧生成的硫的氧化物和氮的氧化物。硫的氧化物会导致酸雨的形成，而氮的氧化物则能引起现代城市中的浓雾。煤及其他矿物燃料燃烧生成的二氧化硫会与尘埃上吸附的水汽结合，生成含硫酸的微液滴，并以酸雨的形式沉降在暴露的金属构件表面。在工业大气环境中，酸雨的形成会因大气环境中的雾、露水等的作用在金属表面生成高腐蚀性的、潮湿的酸性电解液膜。在化工厂附近的工业大气环境中，还可能存在其他强腐蚀性污染物。其中，在工业大气环境形成的各种氯化物沉降在金属试样表面后对它们的大气腐蚀破坏起极其重要的作用。对于大多数金属而言，酸性氯化物的活性比其他污染物（如磷酸盐和硝酸盐等）的活性高。在工业大气环境中，当空气污染物沉降到金属表面上时，临界相对湿度会降低到60%以下。这些大气环境的腐蚀性通常与该环境中所含的氯化物、磷化物、硫化氢、氨及铵盐等的浓度有关。

4. 海洋大气环境

海洋大气环境中充斥着由海风带来的海雾微小粒子。这些海雾微小粒子会在金属表面沉降并析出海盐晶体。海盐沉降量与风速和与海岸线的距离有关，并且在极端的天气条件下，可能会在材料表面形成腐蚀性极强的盐壳（salt crust）。图 1-1 是海洋巡逻直升机在海洋大气环境中服役形成的盐壳与腐蚀情况[25]。海洋大气环境的腐蚀性与海岸的形状及冲浪线上的波浪运动、海风、温度、相对湿度、日照辐射强度等有关。随着离海岸线的距离越远，大气环境中的盐含量会逐渐降低，海洋大气的腐蚀性也会降低。同时，猛烈的暴风雨能够将含有海盐的微细海水液滴带到距离海岸线上百千米处。海上的大雾及海风会将海盐液滴带到远离海岸线的金属构件表面并沉降在金属材料的表面上。在海洋大气环境中，氯化钠盐粒的沉降速率大于 $15mg\cdot m^{-2}\cdot d^{-1}$。当相对湿度超过 55%时，金属材料就会发生严重的海洋大气腐蚀。在海洋大气环境中还需要考虑海洋表面的浪花飞溅，在浪花飞溅区使用的设备会在海水干湿交替的过程中遭受极其恶劣的海洋大气环境，因此在海洋飞溅区服役的金属材料的大气腐蚀速率极高。通常认为，在海洋飞溅区服役的金属材料的腐蚀速率比在其他海洋区带服役的材料的腐蚀速率大。

(a) (b)

图 1-1 海盐沉降在材料的外表面形成盐壳与腐蚀情况[25]

（a）直升机的雷达天线；（b）由于密封失效，天线内部由盐造成的腐蚀

5. 室内大气环境

室内大气环境相对其他大气环境更为温和，因为室内空间的大气湿度及腐蚀性物质都在人们的掌控之中。然而，室内大气环境也有可能发生较严重的腐蚀问题。在没有空调运行的情况下，如果空气中的相对湿度较大，且室内大气环境存在烟雾（如厨房烟雾等），则可能会引起较严重的大气腐蚀问题。

1.1.4 大气腐蚀的危害性

大气腐蚀会造成巨大的经济损失和材料浪费[26]。在自然环境中，50%以上的腐蚀破坏是由大气腐蚀引起的。我国由大气腐蚀造成的直接经济损失高达国民生产总值的 2%以上。

大气腐蚀会造成基础设施的破坏。桥梁、商务楼、居民楼、电厂配电系统、轨道交通系统、通信系统、海洋构筑物等都会遭受大气腐蚀。大气腐蚀的破坏效应有目共睹，金门大桥[27]和自由女神像[28]是遭受大气腐蚀最为知名的建筑物，并且对这两座建筑物进行大气腐蚀防护的花费也非常高。

由于飞机经常在恶劣的大气环境中运行，所以飞机也是遭受大气腐蚀的典型例子，尤其是对老旧飞机的腐蚀防护，花费特别高。目前，美国每年由飞机腐蚀造成的经济损失在几十亿美元以上[6]。

除了造成严重的经济损失外，大气腐蚀还会污染人类的生存环境。金属材料及其合金元素大多数是重金属材料，它们生成的大气腐蚀产物在雨水的冲刷下进入土壤和水体环境中，最终污染人类的生存环境。

1.1.5 大气腐蚀的形态

金属材料在大气环境中发生的腐蚀破坏的形态大多为均匀腐蚀形态，因此，评价材料大气腐蚀敏感性最有效的方法就是通过挂片实验测量材料的平均大气腐蚀速率。当然，在大气环境中，金属材料也会发生局部腐蚀，特别是在含氯离子的海洋大气环境中。金属材料的大气局部腐蚀形态与它们在其他环境中的一样，包括电偶腐蚀（含夹杂相的金属材料的大气腐蚀）、点腐蚀、缝隙腐蚀、晶间腐蚀、选择性腐蚀及应力腐蚀等。

1.1.6 大气腐蚀的机理

大气腐蚀大多数是以电化学机理进行的，因此，它需要有电解液才能发生。当暴露在大气环境中的金属材料在相对湿度达到它的临界相对湿度以上时，材料表面会形成一层肉眼不可见的薄电解液膜层。在完全不含污染物的大气环境中，温度恒定且相对湿度低于100%时，洁净的金属表面无法形成完整的液膜，因此在这种情况下发生的腐蚀程度非常轻微。然而，在实际的大气环境中，金属表面会存在吸湿性的物质，同时空气中也会存在污染性气体和可溶性气溶胶粒子，大气和金属表面存在温度差，金属材料表面沉降的固体粒子与金属表面之间有微缝隙存在，因此，即使在较低的相对湿度条件下金属表面也会形成一层极薄的电解液膜。在不含二氧化硫的大气环境中，铁表面形成薄液膜的临界相对湿度为60%，而在含二氧化硫的大气环境中，它的临界相对湿度则会大大降低。因此，临界相对湿度并不是一个常数，它取决于材料、腐蚀产物的性质、表面吸湿性的物质及大气环境中的污染物种类与浓度等。

在薄液膜存在的条件下，金属材料的大气腐蚀是通过腐蚀电化学的阴、阳极反应进行的。阳极反应过程主要是金属的阳极溶解，而大气腐蚀的阴极反应过程通常是氧的还原。在薄液膜的覆盖下，氧会从大气环境中进入电解液并参与腐蚀电化学反应。在不含污染性气体的纯净大气环境中发生大气腐蚀的机理如图 1-2 所示。应当注意的是，在干湿交替的过程中，薄液膜中腐蚀性物质的浓度会比较高。

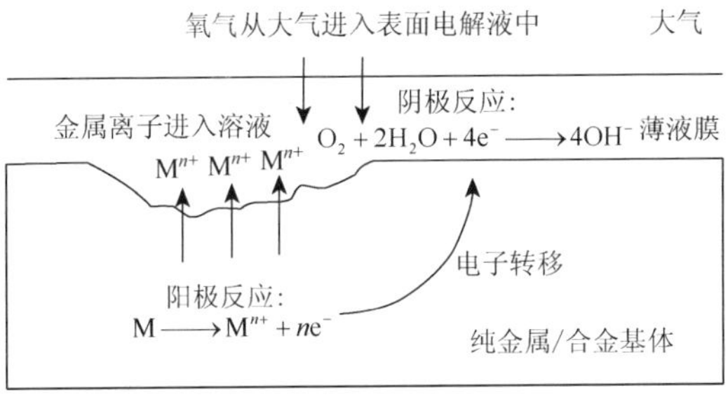

图 1-2 不含污染性气体的洁净金属表面发生大气腐蚀的机理示意图

1. 大气腐蚀的阴极过程

当金属材料表面的电解液膜很薄，且呈中性或者弱碱性时，大多数金属和合金的阴极析氢过程都可以忽略。这种情况下，金属大气腐蚀的阴极过程主要是电解液膜中溶解氧的还原反应，反应方程式如下：

$$O_2+2H_2O+4e^- \longrightarrow 4OH^- \tag{1-1}$$

当大气环境中还存在污染性气体时，就应该考虑其他物质的还原反应，例如，臭氧、硫化物及氮氧化物等会参与阴极还原反应过程，从而影响金属材料大气腐蚀的阴极过程[29]。

由于氧气是从空气中通过溶解进入电解液膜中并通过扩散过程迁移到金属表面的，所以大气腐蚀的阴极反应会出现极限扩散电流密度。有研究表明[30]，在室温条件下，阴极出现氧还原的极限扩散电流密度时的电解液膜厚度在 30μm 左右。预测的理论氧还原极限电流密度远超过了实际在该液膜厚度时的大气腐蚀速率，由此可以推断，此时金属材料的大气腐蚀速率很可能并不受控于腐蚀电化学反应的阴极氧还原过程，而是受控于它的阳极反应过程。

Stratmann 和 Streckel[31]曾研究过铁和铁-铜合金的大气腐蚀动力学过程，并发现该动力学过程极其复杂。研究发现在铁表面进入干循环时会出现极高的腐蚀速率（$1mA\cdot cm^{-2}$）。因为在干循环过程中，金属表面的电解液膜的厚度会减少，并最终导致金属腐蚀的阳极溶解过程受抑制，所以如此高的腐蚀速率应该是由氧还原加速引起的。然而，在干循环向湿循环过渡时，并未出现腐蚀速率加快的过程。这些研究结果说明，氧还原过程的速率不仅与薄电解液膜的厚度有关，还与湿循环向干循环过渡过程中表面氧化膜的成分有关。研究结果表明，干循环过程中金属的腐蚀速率与以下三个方面相关[31]：①干循环初期的氧还原速率加快；②干循环过程中金属表面的钝化；③干循环结束时氧还原过程变慢。

2. 大气腐蚀的阳极过程

大气腐蚀的阳极过程是金属材料的阳极溶解，主要反应方程式如下：

$$M \longrightarrow M^{n+} + ne^{-} \quad (1\text{-}2)$$

式（1-2）是金属阳极溶解的总方程式，其中 M 代表金属。该反应过程是通过多个分步骤进行的，具体的反应机理与金属材料本身和它所处的环境介质成分有关。

金属大气腐蚀的阴、阳极过程与腐蚀产物的形成过程有关。大气腐蚀过程中形成的腐蚀产物（金属氧化物和氢氧化物等）的成分取决于金属阳极溶解过程生成的阳离子和金属表面薄电解液膜中溶解的阴离子。金属材料的大气腐蚀速率与金属表面生成的腐蚀产物的种类和性质有关。有些腐蚀产物致密，与基底金属的结合能力较强，因此它们具有较好的保护性能，这种腐蚀产物会减缓后续的大气腐蚀过程。而大多数腐蚀产物疏松多孔，与基底金属的结合力较弱，这种腐蚀产物对基底金属的保护能力很差，同时，由于它疏松多孔的性质，该材料在潮湿的大气环境中发生腐蚀的临界相对湿度降低，因此，这种腐蚀产物在金属表面的存在会加速金属材料后续的大气腐蚀过程。

1.2 大气腐蚀的影响因素

1.2.1 相对湿度与环境润湿时间

大气腐蚀中最重要的影响因素是水分，无论是降水、露水还是凝结水，都会导致大气腐蚀。如果没有水，大多数污染物的腐蚀性甚微或者没有腐蚀性。相对湿度或环境润湿时间是表征大气环境的水含量的环境因素，它们对金属的大气腐蚀过程有非常重要的影响。

相对湿度是指空气中的水汽压与饱和水汽压的百分比，它也等于大气的绝对湿度与相同温度下可能达到的最大绝对湿度之比，还可表示为大气中水蒸气的分压力与相同温度下水的饱和压力之比。大气腐蚀的发生需要在金属表面存在薄电解液层，即只有将金属暴露在大于或等于临界相对湿度的空气中，金属表面才能形成薄液层并发生电化学腐蚀反应。尽管薄液膜的厚度很薄，肉眼几乎不可见，但这层薄液膜中的腐蚀性污染物的浓度可能会达到很高，该现象在干湿交替循环中尤为显著。临界相对湿度的大小与金属材料本身的性质、腐蚀产物的性质、金属表面的沉降物及大气环境中的污染物种类有关。在无污染的情况下，铁的临界相对湿度为60%左右。

金属材料表面的薄电解液层的形成与很多因素有关。金属表面可以通过毛细凝结机制形成薄电解液膜，这与金属表面的微观结构及金属表面/尘埃界面处的缝隙有关。金属表面电解液的形成还可能来源于化学凝结（氯化物、硫化物及碳化物），这些污染物会直接从大气环境中吸收水分从而使试样表面的薄电解液层的厚度增大。当然，金属试样表面吸附的水分还可能来自于水的直接凝结，包括水花飞溅、雾、降雨等[32]。降雨对大气腐蚀的影响很大，首先，降雨会直接在金属表面形成液膜厚度较大的电解液层，雨水可以进入缝隙或者孔洞内，为大气腐蚀营造潮湿的环境并能提供腐蚀电化学反应所需的电解液，这些都将有利于大气腐蚀的进行。其次，雨水还能冲刷掉附着力不强的腐蚀产物，溶解可溶性的离子，同时，还可以逐步溶解一些难溶的腐蚀产物，这些也会促进大气腐蚀的进行。

环境润湿时间是指大气环境的相对湿度大于或等于80%和温度大于0℃的时间。环境润湿时间决定了金属材料大气腐蚀过程中可发生电化学反应的持续时间，因此，它是与相对湿度类似的影响金属材料大气腐蚀过程的关键因素之一。

1.2.2 盐粒

海洋环境是典型的盐含量丰富的大气环境。海水会由于海洋活动而以微细水珠的形式存在于海洋大气环境中，并被海风带到距离海岸线几十千米远的内陆区域。这些微细的含海水的水滴会沉降在金属表面，并受相对湿度、风速和温度等的影响而在金属表面析出盐粒。研究表明，随着锌表面盐粒沉降量和相对湿度的增大，它表面吸附的电解液膜的厚度也会增加，腐蚀速率也会随着电解液膜厚度的增加而增大，并且电解液膜存在一个临界厚度。当超过该厚度时，氧扩散的速度受到电解液膜厚度的限制而导致大气腐蚀速率下降[33]。当金属表面存在可溶性盐粒时，即使在相对湿度较低的情况下，金属表面也会润湿并吸附上厚度可观的电解液膜。不同的盐粒有不同的吸湿临界相对湿度。当金属表面存在氯化镁盐粒且相对湿度为34%时，其表面就会呈现明显的润湿状态。而当金属表面存在氯化钠盐粒时，只有当相对湿度达到75%其表面才能达到相同的润湿效果[34]。

在大气环境中存在的各种污染性气体会发生反应生成气溶胶粒子，这些粒子大多是可溶性的盐粒，也会在金属构件表面沉降。户外大气环境中气溶胶粒子的行为可以通过其形成、运动和捕捉等规律来加以描述。这些粒子无处不在，同时它们的浓度取决于多种因素，主要包括：地域、来源、大气状况、大气污染情况、海拔及风速等。气溶胶粒子的最高浓度可达10^8～10^9个/cm^3，且最高浓度通常出现在城市。气溶胶粒子的尺寸通常在100μm到几纳米的级别。粒子的大小是区分气溶胶粒子的主要方法，并且可以通过尺寸信息对粒子加以区分[35]。气溶胶粒子的最大质量分数是通过统计直径8～80μm的粒子得到的[36]。有研究表明[37]，风速与气溶胶粒子的沉降及捕捉有关。在该研究中，西班牙的含盐海风（风速超过临界值 3m/s）与氯盐的沉降有很强的相关性[37]。

气溶胶可以在形成后进入大气，或者通过物理或化学过程进入大气。气溶胶分为主要气溶胶和次要气溶胶。主要气溶胶是海水溅射和风吹来的灰尘。次要气溶胶则通过大气反应和沉淀生成，或者是蒸汽冷凝（气体到液体的转变）生成。气溶胶悬浮在大气中的过程中可以发生变化，如被消除或被破坏等。气溶胶不能在大气环境中永久存在，其平均寿命为几天到一周。所有粒子的寿命都取决于其尺寸和地域。气溶胶本身也有质量，它们向内陆迁移时也受重力、抗风性、液滴风干速度及固体表面反弹可能性等因素的影响。距离海岸线越近的地方（通常为 400～600m），气溶胶粒子沉降越快，并且如果气溶胶粒子的尺寸越大（$d > 10\mu m$），受重力的影响，它们在大气环境中停留的时间会越短[36, 37]。

大气环境中的固体颗粒物在金属表面的沉降会影响它们的大气腐蚀速率，特别是在大气腐蚀的初期，这些固体颗粒物产生的影响尤为显著。这种沉降对大气腐蚀的影响有三个方面：①这些颗粒物大多是可溶性的盐，它们的吸湿行为会显著降低金属材料发生大气腐蚀的临界相对湿度；②这些盐吸湿溶解后生成的阴离子会加速金属的阳极溶解过程；③沉降物的电位大多比金属的电位要正，这会使得金属发生阳极极化，从而加快金属腐蚀的阳极过程。

1.2.3　污染性气体

大气环境中包含多种污染性气体，如二氧化硫、臭氧、氮氧化物、硫化氢、氯化氢及氯气等。它们对金属材料大气腐蚀过程有重要的影响。

1. 二氧化硫

大气污染性气体中对金属材料大气腐蚀过程影响最大的是二氧化硫。二氧化硫是含硫煤矿、柴油、汽油和天然气等燃料燃烧产生的气体产物，在城市大气环境和工业大气环境中较常见。二氧化硫会吸附在金属的表面，由于它在水中的溶解度较大，所以它会迅速吸附在金属表面形成的电解液膜中，随后反应形成硫酸，从而使得金属表面上的薄电解液膜的 pH 降低，并导致金属表面的钝化膜被破坏，从而促进金属材料大气腐蚀的发生与发展。含硫酸根的大气腐蚀产物多数与大气环境中二氧化硫的污染有关。

2. 臭氧和氮氧化物

地表的臭氧（O_3）和氮氧化物（NO_x）主要是燃烧的产物。城市中的臭氧和氮氧化物主要来源于汽车尾气，其排放量有接近于二氧化硫的趋势[38]。臭氧和氮氧化物本身具有氧化性，它们的存在会加速金属材料的大气腐蚀过程，但加速效应有限。这与它们溶解进入金属表面的电解液层的速度有关。测试结果表明，臭氧和氮氧化物的沉降速率远低于二氧化硫的沉降速率[38]。但是，当臭氧和氮氧化物与二氧化硫污染性气体共存时，臭氧和氮氧化物会加速二氧化硫转化为硫酸的进程，因此它们和二氧化硫共存时会对金属材料的大气腐蚀过程产生协同作用。

3. 其他污染性气体

大气中的硫化氢、氯化氢及氯气等都可能在工业大气环境和城市大气环境中存在，它们都是与二氧化硫一样的酸性气体，会和二氧化硫一样快速吸附并溶解进入金属表面的薄电解液层中，从而加速金属材料的大气腐蚀过程[30]。硫化氢会腐蚀大多数金属/合金，特别是对铜基金属、锌基金属、银大气腐蚀过程有非常大的影响。氯气及氯化氢在金属表面的电解液中会呈现较强的酸性，因此，它们的腐蚀性比含氯离子的盐粒的腐蚀性强得多[30]。

此外，二氧化硫、氮氧化物及空气中生成的气溶胶粒子可以与水蒸气及紫外光发生反应，生成新的化学物质，并可以通过气溶胶粒子运输这些化学物质。在许多大城市中，夏天的大雾就是一个很好的例子。这些大雾至少含有 50%硫酸和硝酸的化合物。

1.2.4 二氧化碳

大气环境中二氧化碳的浓度约为 350ppm①[39]。研究表明，二氧化碳对氯化钠盐粒导致的金属材料大气腐蚀过程有重要的影响[40-50]。Falk 等[40-44]研究了二氧化碳对锌大气腐蚀的影响。他们认为大气环境中的二氧化碳会抑制氯化钠盐粒导致的大气腐蚀速率。该研究结果对于理解二氧化碳浓度较低的缝隙腐蚀及涂层覆盖处锌的大气腐蚀过程具有重要意义。同时，Falk 等的研究还发现，对于未沉降氯化钠盐粒的试样，浓度为 350ppm 的二氧化碳会导致锌的腐蚀速率略微增加[40]，该现象的出现是因为溶解在试样表面薄液膜中的二氧化碳会导致溶液酸化，进而造成电解液的电导率增大，最终使得锌的大气腐蚀速率增加。对于镁及镁合金，二氧化碳的作用与对锌的作用类似，也会使沉降氯化钠盐粒的该金属试样的大气腐蚀速率降低[41]。对于锌和铜，室外二氧化碳腐蚀通常会形成含碳酸根的腐蚀产物[42, 51]。

对于铝，二氧化碳在大气腐蚀中的作用更为明显。将沉降了氯化钠盐粒的铝试样置于二氧化碳浓度小于 1ppm 的大气环境中，其腐蚀速率是暴露在同等条件下但二氧化碳浓度为 350ppm 的大气环境中的 20 倍左右[43]。由此可见，二氧化碳

① ppm 为 10^{-6}。

对铝的大气腐蚀过程有重要的影响。

通过研究二氧化碳对不同材料大气腐蚀过程的影响，众多学者[40, 41, 43-45]认为二氧化碳会降低氯化钠盐粒导致的大气腐蚀速率，究其根本是由于二氧化碳溶于水生成的碳酸在腐蚀过程中生成了难溶性的腐蚀产物，这些难溶性腐蚀产物导致金属试样部分表面钝化，但是这个观点有局限性。事实上，人们要解释二氧化碳对金属大气腐蚀的作用机理还需要考虑氯化钠盐粒的沉降量、金属表面形成的薄电解液层的二次扩展、腐蚀产物种类及腐蚀产物中可溶性氯离子的含量等[46]。综上所述，二氧化碳对金属大气腐蚀过程的影响机理比较复杂。在大气腐蚀过程中，二氧化碳会参与反应并形成二次腐蚀产物。此外，二氧化碳在电解液层中溶解并改变电解液膜的 pH、电解液层及其边缘的表面张力，这些都会影响金属表面电解液膜的二次扩展，并改变腐蚀反应的阴极区的面积大小，并最终影响金属材料的大气腐蚀过程[46-49]。

1.2.5　温度

温度对大气腐蚀的影响较为复杂，主要体现在两方面：首先，温度升高会加速腐蚀电化学反应的反应速率及反应物和产物的扩散速率，从而使得金属材料的大气腐蚀过程随温度的升高而加速。理论上认为温度每升高 10℃，化学反应的速率提升为原来的 2～4 倍。如果相对湿度恒定，温度的升高一定会导致金属材料的大气腐蚀速率加快。其次，由于比热容不同，大气温度的变化比金属快。在夜间，大气的温度开始降低，而金属表面的温度仍然较高，因此液膜无法在金属表面形成，直至深夜露珠形成之后，露水才能在金属的表面沉降。而在早晨，温度回升时，金属的温度比大气低，这时金属表面仍然会持续存在液膜。

在封闭空间中，如室内大气环境，有研究指出相对湿度的提升与温度的降低有关，并对腐蚀速率有极为重要的影响[52]。这也正好表明，在有空调的环境中，温度的降低需要附加除湿，以降低大气腐蚀速率。

如果温度低于凝固点，电解液将会凝固，腐蚀电化学反应速率可以忽略不计。由于腐蚀电化学反应速率极低，所以在极冷的环境中大气腐蚀速率也非常低[53]。尽管如此，在海边寒冷的环境中，由盐沉降导致的大气腐蚀速率的影响仍然较高[54]，这可能与盐能够降低电解液的凝固点有关。

此外，在开放体系中，温度的升高通常会降低相对湿度，并会导致材料表面电解液快速挥发。同时，温度升高还可能造成润湿时间减少，因此，总的腐蚀速率也会有所降低。

1.2.6　腐蚀产物

在大气腐蚀过程中，金属表面会生成腐蚀产物。这些腐蚀产物会影响基底金属的大气腐蚀过程。铅、铝、铜在暴露的初期都会发生大气腐蚀，随着腐蚀的发生会在其表面生成一层具保护性的腐蚀产物膜[55]。在城市大气环境中，镍无法生成致密的保护膜，并且随着暴露时间的延长，腐蚀速率与时间呈抛物线关系[55]。锌的腐蚀速率在初期阶段随时间逐渐降低，之后与时间呈线性关系[55]。钢的大气腐蚀行为与钢中的合金元素成分密切相关。中碳钢和低合金钢的腐蚀速率会随着暴露时间的延长而逐渐降低，但中碳钢的腐蚀速率降低得更缓慢。这主要是由于低合金钢表面生成了致密、具保护性的锈层，因此，其腐蚀速率要比中碳钢的低。腐蚀产物对大气腐蚀速率的影响也很大，例如，将中碳钢从工业大气环境转移到乡村大气环境中，在随后的几个月内中碳钢的腐蚀速率仍和在工业大气环境中的一致[56]。

1.2.7　日照辐射

太阳能是地球表层能量的主要来源。太阳不仅对人类的生存产生了重大的影响，同时还对人类赖以生存的自然环境特别是大气环境产生了深远的影响。日照辐射是影响金属材料大气腐蚀过程的一个很重要的影响因子，不仅是因为在大气环境中光可以直接照射到材料表面，导致材料升温，更重要的是很多大气腐蚀产物具有半导体特性[57]，如氧化锌[58]、氧化铜、氧化亚铜、羟基氧化铁（γ-FeOOH 和β-FeOOH 是 n 型半导体，而δ-FeOOH 是电子绝缘体）和氧化铁等，这些具有半导体性质的腐蚀产物都具有光电化学效应。当受到合适波长的光照辐射时，这些具有半导体性质的腐蚀产物的价带上的电子会吸收光子，并被激发跃迁到其导带上，产生光生电子和光生空穴。光生电子具有还原性，光生空位则具有氧化性，它们的氧化还原能力与具有半导体性质腐蚀产物的价带电位和导带电位有关。这些具有氧化还原能力的光生空穴和光生电子会直接参与腐蚀电化学的阴、阳极反应过程中，从而对基底金属的大气腐蚀过程产生影响[59]。

1.3　大气腐蚀影响因素的检测

目前，已经有大量的方法可以检测影响大气腐蚀的环境因素，如大气中的污染物成分及浓度、在各种大气环境下污染物的沉降量等。同时，大气环境的温度、相对湿度、风向和风速、日照辐射强度及降雨量等都可以直接测量。尽管环境润湿时间、二氧化硫和氯化物含量的检测并不容易，但目前也都已经实现了对它们的精确检测。检测上述大气腐蚀的影响因素，并研究它们与金属材料大气腐蚀的关系，可以为研究大气腐蚀机理奠定坚实的基础。

Sereda 等曾发明了一种测试环境润湿时间的方法[60]。水分检测模块是采用双电极体系。阳极为金属铜，阴极为金属金，这两个电极分别做成梳子齿状交错分布，如图 1-3 所示。当水分沉降在检测仪上时，电池被激活产生一个微小的电压（0～100mV），并通过一个电阻在这个回路中产生电流，通过检测电流信号来检测环境润湿时间。这个检测模块需要尽量薄，以降低表面温度的影响。

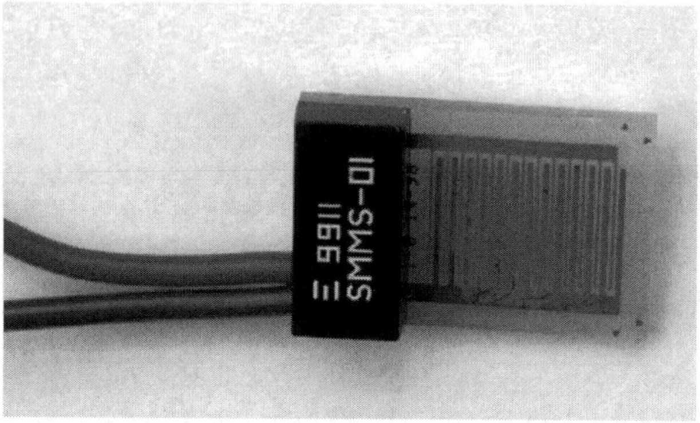

图 1-3　Sereda 等发明的一种测试环境润湿时间的呈梳子齿状分布的双电极体系[60]

二氧化硫的含量是通过测试单位体积大气中的二氧化硫的浓度（$\mu g \cdot m^{-3}$）来实现的。目前的测量方法已经能够连续精确地测量给定体积的大气环境中二氧化硫的含量。由于金属表面沉降的二氧化硫会影响腐蚀过程，所以通常还测试二氧化硫在金属表面的沉降速率（$mg \cdot m^{-2} \cdot d^{-1}$）。此外，该方法还可以检测雨水中溶解的硫酸盐的浓度，甚至还采用过氧化铅圆柱方法收集二氧化硫，并结合润湿时间分析二氧化硫与腐蚀速率之间的关系。

空气中的盐含量是指空气中悬浮盐和气溶胶盐的总含量，通常检测其在大气环境中的总浓度（$\mu g \cdot m^{-3}$）。因为盐在金属表面的沉降会影响其大气腐蚀过程，所以也通常测试其在金属表面的沉降速率（$mg \cdot m^{-2} \cdot d^{-1}$）。氯化物的含量还可以通过测试其在雨水中的浓度来确定。目前有大量的方法可以测试气溶胶携带的氯化物含量。湿蜡法是一种相对简单的测量大气环境中氯离子含量的方法，但其缺点是它只能检测到干的盐粒，而这些盐未必都会沉降在金属表面。湿蜡法是利用一个已知直径的蜡芯来测试气溶胶粒子的沉降，装置如图 1-4 所示。该蜡芯浸泡在水或者含 40%乙二醇的水溶液中。盐粒会被湿蜡捕捉并保留，随后测量蜡芯捕捉的氯化物的质量，并定期更换新的蜡芯。实际上，湿蜡法只能估算大气中的盐含量而不能精确给出沉降在金属表面的盐含量。

图 1-5 为完全暴露和半遮蔽试样的大气腐蚀监测站。该监测站配备环境润湿时间检测仪、温度测试及二氧化硫浓度测试等探头，同时还兼备相应的数据记录仪。

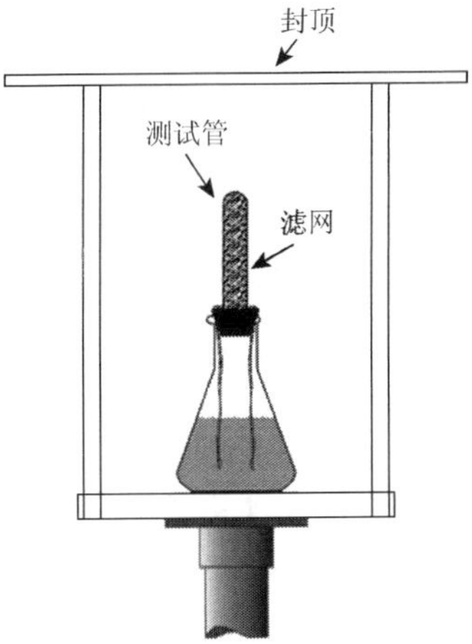

图 1-4 湿蜡法测量大气环境中的氯离子含量的装置示意图[61]

图 1-5 户外完全暴露和半遮蔽试样的大气腐蚀监测站。监测探头位于顶部，数据记录仪位于底部[62]

1.4 大气腐蚀的研究方法

由于影响大气腐蚀的因素很多，研究方法也多种多样，所以需要将这些方法标准化，同时还需要对实验结果进行统一化处理。目前国际标准化组织（ISO）制定了以下几种与大气环境腐蚀性相关的测试标准：

（1）ISO 9223：2012，Corrosion of metals and alloys. Corrosivity of atmospheres—Classification，determination and estimation。

（2）ISO 9224：2012，Corrosion of metals and alloys. Corrosivity of atmospheres—Guiding values for the corrosivity categories。

（3）ISO 9225：2012，Corrosion of metals and alloys. Corrosivity of atmospheres—Measurement of environmental parameters affecting corrosivity of atmospheres。

（4）ISO 9226：2012，Corrosion of metals and alloys. Corrosivity of atmospheres—Determination of corrosion rate of standard specimens for the evaluation of corrosivity。

同时，ISO 还在世界范围内开展名为 ISO CORRAG 的大气腐蚀暴露实验，旨在建立通用的大气腐蚀 ISO 标准体系。

1.4.1 室外暴露实验

大气腐蚀最直接、最简单的测量来源于实验室外的暴露实验，通过对经过暴露实验之后的试样进行腐蚀增重和失重测量、点蚀密度和点蚀深度测量及腐蚀形貌的观察和腐蚀产物成分的分析等来评价材料的大气腐蚀行为。研究大气腐蚀常用的试样主要有三种：①平板试样；②拉伸试样；③应力腐蚀试样。通常室外暴露实验用的平板试样的尺寸为：长 15cm、宽 10cm 和厚 2～4mm。拉伸试样则需要加工成哑铃状，以便于在暴露结束后直接装夹到拉伸试验机上检测其力学性能的变化，而应力腐蚀试样需要考虑应力的形式及夹具进行设计。

在暴露支架上暴晒的平板试样是大气腐蚀测试中最常用的试样形式。平板试样通常挂在与水平面成 30°的支架上，并朝南放置。平板试样码放在支架上并与支架绝缘，以保证相邻样品不会因液滴等相互污染。图 1-6 为暴露在海洋大气环境下的放置于大气腐蚀暴露支架上的平板试样。应力腐蚀的检测通常使用 U 弯形试样和 C 环形试样。除了平板试样、U 弯形试样和 C 环形试样外，大气腐蚀室外暴露实验还有圆柱形试样。和平板试样一样，圆柱形暴露试样也需要朝南放置，所不同的是圆柱试样需要水平摆放。圆柱试样可以依据实验的要求半遮蔽或完全暴露于大气环境中。

图 1-6　暴露在海洋大气环境下的放置于大气腐蚀暴露支架上的平板试样[62]

传统户外大气腐蚀暴露试样测试的一大缺点在于试样需要进行长时间的暴露以获得平均腐蚀速率数据，有些大气腐蚀试样的暴露时间长达 20 年[63]，甚至更长。在多数大气腐蚀暴露实验中，试样的取样周期为 1 年、2 年、3 年、5 年、10 年、20 年。这样的取样周期可以修正材料在大气腐蚀暴露初期 1～2 年内的腐蚀速率。短期的大气腐蚀测试结果可能会导致检测到的腐蚀速率有误差，因此，初期的暴露实验结果并不能完全反映材料在大气环境条件下的平均腐蚀速率。

有些大气腐蚀暴露实验需要持续到试样失效，如大气应力腐蚀测试。在许多大气暴露实验中，每年需要对试样进行表面腐蚀形貌的观测。在预定的时间间隔内，进行取样、失重测试、拉伸测试及点蚀数量测试。在多数情况下，还需要检测腐蚀产物的成分。经过大气腐蚀暴露之后，腐蚀试验的测试结果通常包括：①单位时间内的腐蚀增重/腐蚀失重；②拉伸强度的变化；③失效时间（大气应力腐蚀）；④穿孔时间（大气局部腐蚀）；⑤电阻升高 10%的时间；⑥金属材料表面开始生锈的时间、表面生锈 10%所需的时间、表面全部生锈所需的时间；⑦在有些实验中还需要测试材料延伸率的变化等。

1.4.2 加速腐蚀实验

大气腐蚀实验中不仅包括户外大气暴露实验，还包括实验室内加速实验。室内加速实验是基于户外大气腐蚀暴露实验的关键影响因素来进行加速的，因此，它的实验周期更短。加速腐蚀实验的本质在于将实验样品置于比实际大气腐蚀环境因素更严苛的环境中进行腐蚀加速，原则上要求加速实验不改变它原有的腐蚀机理。因此，加速大气腐蚀实验需要考虑如何加速的问题。升高温度能够加速大气腐蚀，但升温还可能引起表面膜的性质发生改变，而表面膜对于初期大气腐蚀的引发非常重要。增加盐雾实验中盐的浓度也能加速大气腐蚀，但在循环实验中可能并不需要增加盐雾的浓度。因为经过多次循环之后，初期的稀溶液也会最终变成高浓度的盐溶液。同时，在进行加速腐蚀实验时，还需要考虑加速因素的合理性及与实际大气腐蚀的一致性。

1.5 本书内容概述

国内外的腐蚀科学家们对材料大气腐蚀过程进行了广泛深入的研究，各环境因素对材料大气腐蚀过程的影响机理也很明确。但是，国内外关于日照辐射对金属材料大气腐蚀过程的影响方面的研究报道不多，日照辐射对金属材料大气腐蚀过程的影响机理也并不明确。然而，光照辐射是影响金属材料大气腐蚀过程的重要因素之一，特别是金属材料的海洋大气腐蚀过程。例如，金属材料在我国南海的海洋大气环境条件下遭受非常严重的腐蚀，许多金属在南海海洋大气环境条件下的腐蚀行为用常规的大气腐蚀机理无法解释。这其中光电化学的影响至关重要。因此，为了探究光照辐射对金属材料大气腐蚀过程的影响机理，本书结合作者在紫外辐射对金属材料大气腐蚀过程影响机制方面的研究结果，系统地阐述了紫外辐射对 09CuPCrNi 耐候钢、Q235 碳钢、锌和铜大气腐蚀过程的影响规律和机理，同时针对光照辐射对金属腐蚀过程影响的研究进行了综述，并对腐蚀（电化学和光电化学）过程的基本原理作了简单的介绍。在本书的第 2 章中，作者介绍了金属腐蚀过程的光电化学理论基础，阐述了半导体材料的光电化学理论基础、半导体材料在光照辐射下与金属之间的光电化学作用机理和金属大气腐蚀产物的半导体行为特征。同时，作者还针对半导体类型、基底金属的功函数和电解液的氧化还原电位等对光生电子和空穴的迁移方向的影响进行了较为系统的阐述。在本书的第 3 章中，作者针对光照辐射对暴露在本体溶液中金属材料的腐蚀行为的影响和暴露在大气环境中金属材料的腐蚀行为的影响进行了综述。在本书的第 4 章中，作者较为系统地介绍了光照辐射对金属大气腐蚀过程影响的研究方法。在本书的第 5 章至第 8 章中，作者分别介绍了紫外辐射对 09CuPCrNi 耐候钢、Q235 碳钢、锌和铜大气腐蚀过程的影响规律和机理。在本书的第 9 章中，作者针对光照辐射对金属材料大气腐蚀过程的影响进行了研究展望。

参 考 文 献

[1] Tringham T C E. Causes and prevention of corrosion in aircraft. Pitman，1958.

[2] Speller F N.Corrosion Causes and Prevention. New York：McGraw-Hill Book Company Inc，1951.

[3] Scully J C，The Fundamentals of Corrosion. 2nd ed. Oxford：Pergamon Press，1975：ix.

[4] Hoar T，Evans U.The velocity of corrosion from the electrochemical standpoint，Part II. Proceedings of the Royal Society A Mathematical Physical & Engineering Sciences，1932：343.

[5] Miller D.Corrosion control on aging aircraft：what is being done.Materials Performance，1990，29：10-11.

[6] Agarwala V，Bhagat P，Hardy G. Corrosion detection and monitoring of aircraft structures：an overview.AGARD Conference Proceedings，DTIC Document，1995.

[7] Baker E，Lee T.Calibration of atmospheric corrosion test sites. Atmospheric Corrosion of Metals，ASTM International，1982.

[8] Xu N，Zhao L，Ding C，et al. Laboratory observation of dew formation at an early stage of atmospheric corrosion of metals. Corrosion Science，2002，44（1）：163-170.

[9] Khan S U. Surface Electrochemistry：a Molecular Level Approach. New York：Plenum Press，1993.

[10] Brown P W，Masters L W，Ailor W H.Atmospheric Corrosion. New York：John Wiley & Sons，1982.

[11] Grossman P R.Atmospheric factors affecting engineering metals.ASTM STP 646，1978，（5）.

[12] Chawla S，Payer J.A thermodynamic perspective of copper tarnishing in moist air-SO_2.Corrosion，1990，46（10）：860-865.

[13] Walter G W.Laboratory simulation of atmospheric corrosion by SO_2-I. apparatus，electrochemical techniques，example results. Corrosion Science，1991，32（12）：1331-1352.

[14] Walter G W.Laboratory simulation of atmospheric corrosion by SO_2-II. electrochemical mass loss comparisons. Corrosion Science，1991，32（12）：1353-1376.

[15] Vassie P.Corrosion of structural steelwork in bridge enclosures，box sections，and anchorage chambers. British Corrosion Journal，1987，22（1）：37-44.

[16] Black H，Lherbier L.Metal corrosion in the atmosphere.ASTM STP，1968，435（3）.

[17] Thomas H，Alderson H.Metal Corrosion in the Atmosphere.ASTM STP，1968，435（3）.

[18] Briggs C. Metal Corrosion in the Atmosphere.ASTM STP，1968，435：271.

[19] Lipfert F.Effects of acidic deposition on the atmospheric deterioration of materials. Materials Performance，1987，26（7）.

[20] Stiles D，Edney E.Dissolution of zinc into thin aqueous films as a function of residence time，acidic species，and

pH.Corrosion，1989，45（11）：896-901.

[21] Pourbaix M，Pourbaix A.Recent progress in atmospheric corrosion testing.Corrosion，1989，45（1）：71-83.

[22] Feliu S，Morcillo M.The prediction of atmospheric corrosion from meteorological and pollution parameters-I. annual corrosion.Corrosion Science，1993，34（3）：403-414.

[23] Money K.Metals Handbook Corrosion. Metals Park，Ohio，ASM International，1987：204.

[24] Vilche J，Varela F，Acuna G，et al. A survey of Argentinean atmospheric corrosion：I-aluminium and zinc samples.Corrosion Science，1995，37（6）：941-961.

[25] http：//corrosion-doctors.org/ Corrosion-Atmospheric/Types-of-atmospheres.htm.

[26] Pohlman S L."Atmospheric Corrosion"Metals Handbook. American Society for Metals，Metals Park，Ohio，ASTM Internationl，1987：80-83.

[27] Mohn D E.Fifty years of corrosion on the Golden Gate Bridge：its cause，control，restoration，and future.Materials Performance，1989，28（10）：65-70.

[28] Baboian R，Baboian R，Bellante E L，et al. The Statue of Liberty Restoration. Houston：National Association of Corrosion Engineers，1990.

[29] Oesch S，Faller M.Environmental effects on materials：the effect of the air pollutants SO_2，NO_2，NO and O_3 on the corrosion of copper，zinc and aluminium. A short literature survey and results of laboratory exposures.Corrosion Science，1997，39（9）：1505-1530.

[30] Barton K.Protection against Atmospheric Corrosion：Theories and Methods. London：A Wiley-Interscience Publication，1976.

[31] Stratmann M，Streckel H.On the atmospheric corrosion of metals which are covered with thin electrolyte layers-II. experimental results. Corrosion Science，1990，30（6）：697-714.

[32] Shreir L L，Jarman R，Burstein G.Corrosion，vol. 1，Metal/Environment Reactions. London：Butterworth Heinemann，1994，4：125.

[33] Evans U R，Hoar T P.The velocity of corrosion from the electrochemical standpoint，part II.Proceeding of Royal Society A Mathematical Physical & Engineering Sciences，1931，131（817）：355-375.

[34] Duncan J R，Balance J A.Marine salts contribution to atmospheric corrosion.Degradation of Metals in the Atmosphere，ASTM International，1987.

[35] Hidy G.Aerosols：an Industrial and Environmental Science. Amsterdam：Elsevier，2012.

[36] Feliu S，Morcillo M，Chico B.Effect of distance from sea on atmospheric corrosion rate.Corrosion，1999，55（9）：883-891.

[37] Morcillo M，Chico B，Mariaca L，et al. Salinity in marine atmospheric corrosion：its dependence on the wind regime existing in the site. Corrosion Science，2000，42（1）：91-104.

[38] Kucera V，Mattsson E，Mansfeld F.Atmospheric corrosion.Corrosion mechanisms，1987：211-284.

[39] Butcher S，Charlson R，Orians G，et al. Global Biogeochemical Cycles. London：Academic Press，1992.

[40] Falk T，Svensson J E，Johansson L G.The role of carbon dioxide in the atmospheric corrosion of zinc a laboratory study. Journal of the Electrochemical Society，1998，145（1）：39-44.

[41] Lindström R，Svensson J-E，Johansson L-G.The influence of carbon dioxide on the atmospheric corrosion of some magnesium alloys in the presence of NaCl. Journal of the Electrochemical Society，2002，149（4）：B103-B107.

[42] Nassau K，Miller A E，Graedel T E.The reaction of simulated rain with copper，copper patina，and some copper compounds. Corrosion Science，1987，27（7）：703-719.

[43] Bengtsson Blücher D，Lindström R，Svensson J.The effect of CO_2 on the NaCl-induced atmospheric corrosion of

aluminum. Journal of the Electrochemical Society，2001，148（4）：B127-B131.

[44] Falk T，Svensson J E，Johansson L G.The Influence of CO_2 and NaCl on the atmospheric corrosion of zinc a laboratory study. Journal of the Electrochemical Society，1998，145（9）：2993-2999.

[45] Lindström R，Svensson J E，Johansson L G.The atmospheric corrosion of zinc in the presence of NaCl the influence of carbon dioxide and temperature. Journal of the Electrochemical Society，2000，147（5）：1751-1757.

[46] Chen Z Y，Persson D，Samie F，et al. Effect of carbon dioxide on sodium chloride-induced atmospheric corrosion of copper.Journal of the Electrochemical Society，2005，152（12）：B502-B511.

[47] Chen Z Y，Persson D，Nazarov A，et al. In situ studies of the effect of CO_2 on the initial NaCl-induced atmospheric corrosion of copper.Journal of the Electrochemical Society，2005，152（9）：B342-B351.

[48] Chen Z Y. The role of particles on initial atmospheric corrosion of copper and zinc：lateral distribution，secondary spreading and CO_2/SO_2 influence. Corrosion Science，2005.

[49] Chen Z Y，Persson D，Leygraf C.Initial NaCl-particle induced atmospheric corrosion of zinc-Effect of CO_2 and SO_2.Corrosion Science，2008，50（1）：111-123.

[50] Wiesinger R，Schreiner M，Kleber C.Investigations of the interactions of CO_2，O_3 and UV light with silver surfaces by *in situ* IRRAS/QCM and ex situ TOF-SIMS.Applied Surface Science，2010，256（9）：2735-2741.

[51] Graedel T.Corrosion mechanisms for zinc exposed to the atmosphere.Journal of the Electrochemical Society，1989，136（4）：193C-203C.

[52] Sharp S. Protection of control equipment from atmospheric corrosion. Materials Performance，1990，29：43-48.

[53] Revie R W，Uhlig H H. Corrosion and Corrosion Control. Wiley Online Library，1984.

[54] King G，Duncan J.Some apparent limitations in using the ISO atmospheric corrosivity categories.Corrosion and Materials，1998，23（1）：8-14.

[55] Tomashov N D.Theory of corrosion and protection of metals，1966，672 P.The Macmillan Company，60 Fifth Avenue，New York 10011，1965.

[56] Schikorr G.Mechanism of the atmospheric corrosion of iron.Werkstoffe Korrosion，1963，14：69-80.

[57] Mahmoud M G，Wang R，Kato M，et al.Influence of ultraviolet light irradiation on corrosion behavior of weathering steel with and without TiO_2-coating in 3 mass% NaCl solution. Scripta Materialia，2005，53（11）：1303-1308.

[58] Song S，Chen Z.Effect of UV illumination on the NaCl-induced atmospheric corrosion of pure zinc.Journal of the Electrochemical Society，2014，161（6）：C288-C293.

[59] Xu Y，Schoonen M A.The absolute energy positions of conduction and valence bands of selected semiconducting minerals. American Mineralogist，2000，85（4）：543-556.

[60] Sereda P J，Croll S，Slade H.Measurement of the time-of-wetness by moisture sensors and their calibration. Atmospheric Corrosion of Metals，1982.

[61] http：//corrosion-doctors.org/ Corrosion-Atmospheric/Measurements-factors.htm.

[62] http：//corrosion-doctors.org/ Corrosion-Atmospheric/Corrosion-tests.htm.

[63] Costas L.Atmospheric corrosion of copper alloys exposed for 15 to 20 years. Atmospheric Corrosion of Metals，1982.

第 2 章　金属腐蚀过程的光电化学理论基础

2.1　半导体材料的光电化学理论基础

2.1.1　半导体材料的定义

在固体物质中，电子的能量分布并不是连续的，这些不连续的能量分布便形成了能带（单位为 eV）。固体物质的能带由导带和价带构成，电子趋向于先占据能量最低的能带，在绝对零度能够被填满的能量最高的能带称为价带，价带之上的能带称为导带，导带和价带之间的宽度称为禁带宽度，如图 2-1 所示。禁带宽度为零时，即导带和价带发生部分重合时，固体物质导带上存在大量的可移动的自由电子，该类固体物质被称为导体。禁带宽度超过 4.5eV 的固体材料由于导带上存在的自由电子极少，因此其电导率极低，此类固体材料被称为绝缘体。当固体材料的禁带宽度位于 0～4.5eV 时，该固体材料被称为半导体材料。

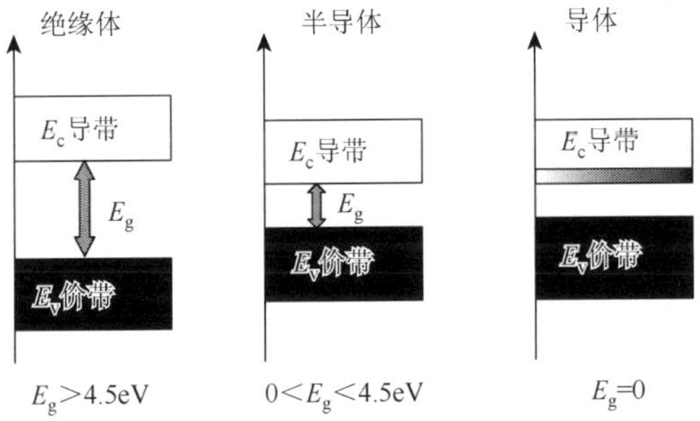

图 2-1　绝缘体、半导体及导体的能带结构示意图

禁带宽度对于半导体材料而言是非常重要的特征物理参量。半导体材料还可以进一步依据禁带宽度大小分为窄禁带半导体材料和宽禁带半导体材料。将禁带宽度位于 0～2.3eV 的半导体材料称为窄禁带半导体材料，将禁带宽度位于 2.3～4.5eV 的半导体材料称为宽禁带半导体材料。半导体材料价带上的电子容易受到外界能量的激发（如光、电、热、磁等）而跃迁到导带上，从而可以在很大程度上提升半导体材料的电导率[1]。

2.1.2 本征半导体、n 型半导体和 p 型半导体

根据费米能级的位置不同可以将半导体材料分为本征半导体、n 型半导体和 p 型半导体。费米能级是指系统的化学势，即当半导体材料系统自身处于热力学平衡状态，同时也不对外界做功的条件下，向该平衡系统中加进一个电子所引起的系统自由能的变化，它等于半导体材料的化学势，即费米能级[2]。

本征半导体的费米能级位于其禁带中间，本征半导体是指晶体纯净、不含杂质且没有缺陷的半导体材料。在本征半导体中空穴浓度和电子浓度处于相等的动态平衡。本征半导体的导电特征主要靠本征激发及价带电子向导带的激发来实现。但是，在半导体材料的合成过程中，无法避免其他杂质成分进入半导体晶体里，这些杂质的存在会引起半导体能带结构中空穴浓度和电子浓度出现差异，因而其费米能级将会从半导体禁带中央向两侧发生偏移，从而使得半导体材料的整流类型发生改变。当引入的杂质元素的外层电子数量多于半导体材料中被取代的元素的外层电子数量时，这种掺杂方式被称为施主杂质掺杂，这时半导体的费米能级将向其导带方向靠近，该类半导体也被称为 n 型半导体。相反，如果引入的杂质元素的外层电子数量少于半导体材料中被取代元素的外层电子数量，这种掺杂方式称为受主杂质掺杂，这时半导体的费米能级将向价带方向移动，这类半导体被定义为 p 型半导体。除了掺杂杂质本身的元素成分对半导体的类型有影响外，杂质的掺杂浓度对半导体的物理特性也有一定的影响。通常情况下，杂质的掺杂浓度与费米能级的移动程度呈正比关系，因此，掺杂浓度越高，半导体材料的 n 型或 p 型特征越明显[3, 4]。

2.1.3 半导体材料的光电化学行为

1839 年，光生伏打效应首次被法国物理学家 A. E. Becquerel 发现。1883 年 Charles Fritts 利用光生伏打效应制备出了第一块半导体-金属异质结（锗/金）薄膜太阳能电池，当时器件效率只有 1%[5]。在二十世纪中叶，硅系太阳能电池得到了快速发展，并逐渐演化成为目前广泛应用的商业化太阳能电池[6]。以上光伏技术主要是利用半导体材料的纯物理效应来实现光电转换，然而，当半导体材料受到入射光激发后，光生电子和光生空穴发生分离，这些光生电子和光生空穴是具有还原能力和氧化能力的，如果它们同周围环境的介质接触，在氧化还原电位匹配的情况下，必然会发生氧化还原反应。基于该原理，1972 年 Fujishima[7]制备了二氧化钛薄膜光电池，利用紫外光激发二氧化钛，发现它可以将水裂解成氢气和氧气，并在二氧化钛和电解液之间形成阳极电流。随后，半导体材料的光电化学效应的研究引起了全世界科学家们的广泛关注，他们认为开发利用半导体材料的光电化学效应是解决未来能源危机的最有效手段之一。

对于半导体材料而言，n 型半导体和 p 型半导体的光电化学行为存在明显区别，这主要是半导体材料中多数载流子的迁移速度不同造成的。在 n 型半导体材料中，光生电子的迁移速度明显大于光生空穴的迁移速度，当 n 型半导体光电极受到合适的入射光激发后，光生电子会迅速向导电基底迁移，光生空穴则会在电极表面发生氧化反应，从而形成阳极光电流。而对于 p 型半导体材料，光生空穴在半导体中的迁移速度明显大于光生电子的迁移速度，所以，当 p 型半导体光阳极受到合适的入射光激发后，光生空穴会迅速向导电基底迁移，同时，光生电子则会转移到半导体材料的表面，与周围电解液介质发生还原反应，从而形成阴极光电流。

1. n 型半导体的光电化学行为

对于 n 型半导体而言，其费米能级电位更接近于其导带电位，当该半导体光电极与电解液接触后，由于它的费米能级电位与电解液的氧化还原电位不同，半导体材料和电解液接触的界面的能带会发生不同方向的弯曲，如图 2-2 所示。当电解液的氧化还原电位较正时，半导体薄膜材料和电解液接触后，其费米能级将向电解液的氧化还原电位移动，最终达到同一平衡值，半导体能带就会在它与电解液接触的界面处形成向上的弯曲，如图 2-2（a）所示。如果这时半导体材料受到入射光的激发，光生电子将会沿着导带向导电基底迁移，而电解质中的电子会转移到半导体材料的价带上，填补光生空穴的位置，与光生空穴发生复合，从而在两相界面间形成阳极电流。当电解液的氧化还原电位比半导体费米能级电位更负时，半导体薄膜材料和电解液接触后，其费米能级将向电解液的氧化还原电位移动，并最终达到同一平衡值。这时半导体能带就会在它与电解液接触的界面处形成向下的弯曲，如图 2-2（b）所示。此时，导带电位被明显抬高，在受到

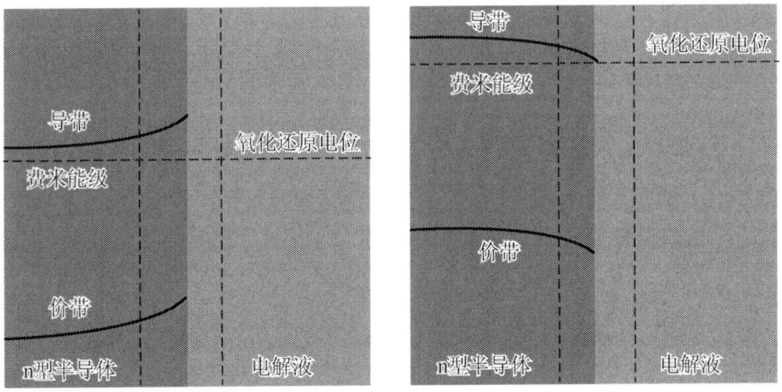

(a)　(b)

图 2-2　n 型半导体在具有不同氧化还原电位的电解液中的能带弯曲情况

（a）电解液的氧化还原电位较正的情况；（b）电解液的氧化还原电位较负的情况

光照激发时产生的光生电子具有更强的还原能力，从而使得光生电子更容易向基底迁移，并在电极表面形成更强的阳极光电流（如将二氧化钛光电极置于具有空穴捕获剂的电解液中的光电化学过程）。

2. p型半导体的光电化学行为

p 型半导体的费米能级更接近于其价带位置，而且光生空穴具有更快的迁移速度，因此，当 p 型半导体薄膜光电极在受到合适的入射光激发时，它产生的光生空穴会迅速向导电基底方向迁移，并在薄膜表面形成阴极电流，如图 2-3 所示。图 2-3（a）是电解液的氧化还原电位较负的情况。当 p 型半导体光电极浸入氧化还原电位较负的电解液中后，半导体的费米能级发生负移，从而在半导体材料与电解液接触的界面处形成向下的弯曲。当该光电极在受到合适的入射光激发后，光生电子会从价带激发到导带，并流向电解液，从而在电极表面形成阴极电流，同时，由于光生空穴具有更快的迁移速度，将会迁移至导电基底并从导电基底夺取光生电子发生复合。图 2-3（b）是电解液的氧化还原电位较正的情况。当 p 型半导体光电极浸入氧化还原电位较正的电解液中后，半导体的费米能级会发生正移，从而在半导体材料与电解液接触的界面处形成向上的弯曲。这时半导体材料的价带电位发生了明显的正移，从而增强了它产生的光生空穴的氧化能力，同时，由于电解液的氧化还原电位较正，有利于提升光生电子发生阴极去极化反应的速率，因而此时有利于提高半导体光电极的阴极光生电流密度。

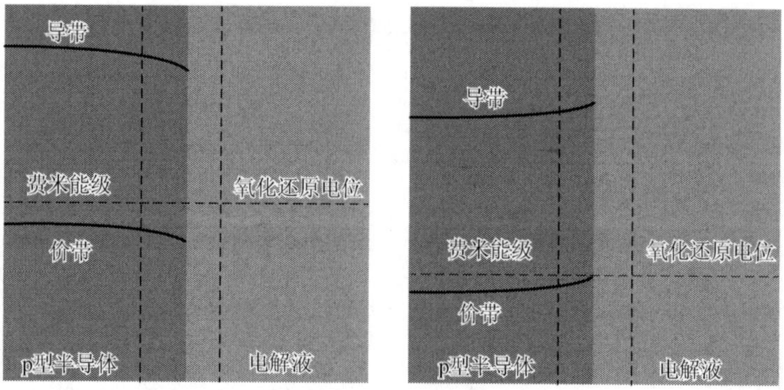

(a) (b)

图 2-3 p 型半导体在具有不同氧化还原电位的电解液中的能带弯曲情况

（a）电解液的氧化还原电位较负的情况；（b）电解液的氧化还原电位较正的情况

2.2 在光照辐射下半导体与金属间的光电化学作用机理

要理解半导体薄膜材料在光照辐射条件下与金属材料之间的光电化学行

为特征，首先必须明白几个物理概念。半导体的费米能级以及半导体和电解液界面的能带弯曲在 2.1 节已做介绍。除此之外，必须明确金属的功函数的概念。

金属的功函数：它是金属的重要属性，具体指使一个电子立即从金属表面逸出所必须提供的最小能量（单位为 eV）。这里“立即”一词表示最终电子位置从原子尺度上远离表面但从微观尺度上依然靠近金属，金属的功函数的大小大约是金属自由原子电离能的 1/2。

以下将具有不同整流类型的半导体薄膜材料和具有不同功函数的金属材料偶联起来，并且将其浸入具有不同氧化还原电位的电解液介质中，通过这些变化来分析半导体材料在暗态条件下的能带变化情况、在光照条件下的能带变化情况及光生电子和光生空穴的转移情况。

图 2-4 为 n 型半导体与功函数较正的金属偶联后，在氧化还原电位较正的电解液中，半导体材料的能带弯曲及光生电子的转移机制示意图。图 2-4（a）是在暗态条件下半导体的能带弯曲示意图。由于此时 n 型半导体的费米能级比电解液的氧化还原电位更负，所以，当半导体材料和电解液两相接触后，半导体材料的费米能级将向电解液的氧化还原电位靠近，最终与后者的电位平齐，此时半导体材料与电解液接触的界面间的能带发生向上的弯曲，以阻止半导体中的电子进一步流向电解液中。图 2-4（b）是在光照辐射条件下半导体能带弯曲及光生电子转移情况示意图。在光照辐射条件下，电子从半导体的价带激发并跃迁到其导带上形成光生电子，同时在它的价带上留下光生空穴。由于此时半导体材料导带上的电子浓度提高，其费米能级会发生负移，导带弯曲程度减小，重新向未与电解液接触前的平带靠近。当半导体材料在光激发下达到稳定

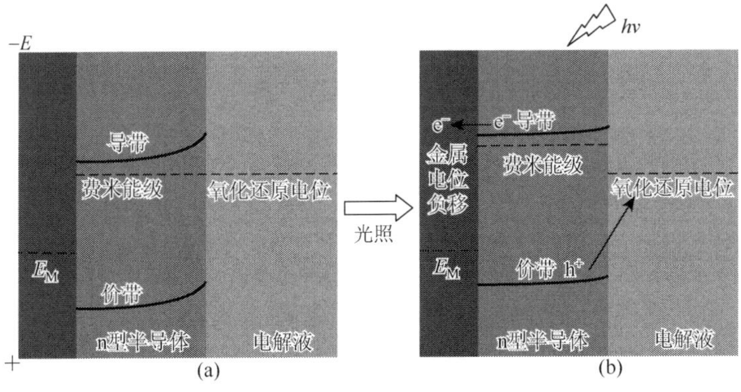

图 2-4　n 型半导体与功函数较正的金属偶联后，在氧化还原电位较正的电解液中，半导体材料的能带弯曲及光生电子的转移机制示意图

（a）在暗态条件下；（b）在光照辐射条件下

后，如果半导体的费米能级电位比金属的功函数更负，光生电子就可以从半导体导带注入金属中，使得金属的电位向负方向极化，对偶联金属形成光电化学阴极保护效应，并且注入的电子越多，金属的阴极极化程度越大，其光电化学阴极保护效果就越好。

图 2-5 为 n 型半导体与功函数较负金属偶联后，在氧化还原电位较正的电解液中，半导体材料的能带弯曲及光生电子的转移机制示意图。图 2-5（a）是在暗态条件下半导体的能带弯曲示意图。如图 2-5（a）所示，在暗态条件下，当半导体和电解液接触后，半导体的费米能级发生正移，移动到电解液的氧化还原电位，半导体材料会在与电解液接触的界面处形成向上的能带弯曲。当半导体受到入射光激发后，如图 2-5（b）所示，光生电子被激发到导带，同时在价带上留下光生空穴，费米能级负移，能带被重新拉平。此时，与半导体偶联的金属由于功函数较负，如果光照辐射下半导体材料的费米能级电位比金属的功函数更正，光生电子将无法转移到金属材料上，从而会与电解液发生还原反应，相反，光生空穴一方面会与电解液发生氧化反应，另一方面也会缓慢地从金属上夺取其阳极溶解产生的电子，从而使得金属的电位发生正移，并加速它的腐蚀过程。

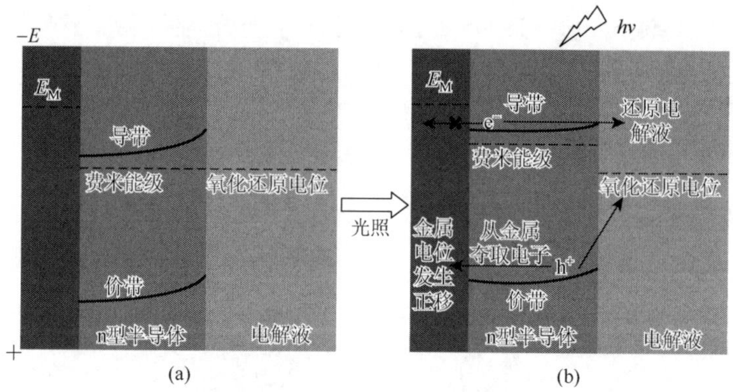

图 2-5　n 型半导体与功函数较负的金属偶联后，在氧化还原电位较正的电解液中，半导体材料的能带弯曲及光生电子的转移机制示意图

（a）在暗态条件下；（b）在光照辐射条件下

图 2-6 为 n 型半导体与功函数较正的金属偶联后，在氧化还原电位较负的电解液中，半导体材料的能带弯曲及光生电子的转移机制示意图。在暗态条件下，如图 2-6（a）所示，由于电解液的氧化还原电位很负，当 n 型半导体和电解液接触后，其费米能级将会向该氧化还原电位靠近，最终达到同一电位。当体系稳定后，半导体的费米能级电位很负，被钉扎在了电解液氧化

还原电位的位置，同时半导体材料的能带在它与电解液接触的界面处发生向下的弯曲。在光照辐射条件下，如图 2-6（b）所示，光生电子被激发到导带，费米能级不再发生移动，而此时费米能级电位明显比金属的功函数更负，所以半导体材料产生的光生电子可以快速转移到金属上，同时，由于电解液的氧化还原电位很负，价带上的光生空穴可以被电解液快速捕获，有效地抑制光生电子和光生空穴的二次复合，从而可以将更多的光生电子注入到金属上，使得金属的电位在很大程度上向阴极方向极化，从而减缓甚至完全抑制金属材料的腐蚀过程。

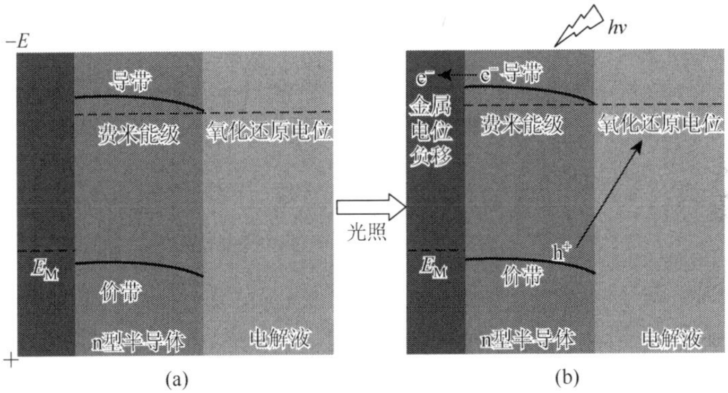

图 2-6　n 型半导体与功函数较正的金属偶联后，在氧化还原电位较负的电解液中，半导体材料的能带弯曲及光生电子的转移机制示意图

（a）在暗态条件下；（b）在光照辐射条件下

图 2-7 为 n 型半导体与功函数较负金属偶联后，在氧化还原电位较负的电解液中，半导体材料的能带弯曲及光生电子的转移机制示意图。与图 2-6（a）类似，在暗态条件下，半导体的费米能级会被电解液的氧化还原电位拉到很负的位置，如图 2-7（a）所示，半导体材料会在与电解液接触的界面处形成向下的能带弯曲。在光照辐射条件下，如图 2-7（b）所示，即使与半导体偶联的金属功函数很负，由于电解液氧化还原电位的拉动，半导体的费米能级电位已经达到了比金属功函数更负的位置，所以，在半导体材料受到入射光激发后，光生电子依然可以注入到金属上，使得金属的电位向阴极方向极化，从而可以减缓甚至完全抑制金属的腐蚀过程。

图 2-8 为 p 型半导体与金属偶联后，在氧化还原电位较正的电解液中，半导体材料的能带弯曲及光生电子的转移机制示意图。在暗态条件下，如图 2-8（a）所示，由于 p 型半导体的费米能级更靠近其价带位置，所以它的费米能级电位相对较正，在一般情况下，它的费米能级电位会比电解液的氧化还原电位更正。

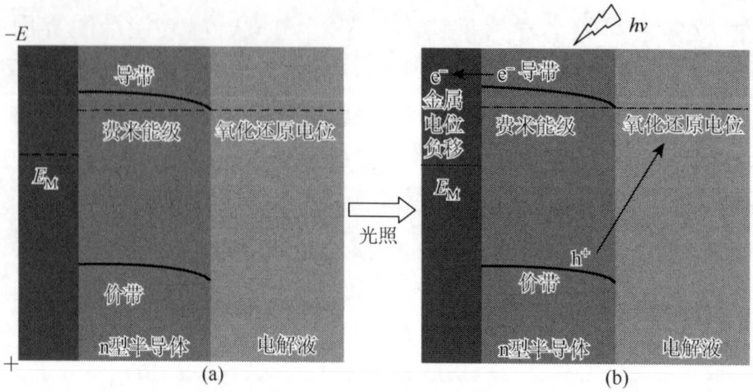

图 2-7　n 型半导体与功函数较负的金属偶联后，在氧化还原电位较负的电解液中，半导体材料的能带弯曲及光生电子的转移机制示意图

（a）在暗态条件下；（b）在光照辐射条件下

当该半导体材料浸入氧化还原电位较正（但仍比该半导体材料的费米能级更负）的电解液中后，费米能级向该氧化还原电位移动，并最终达到后者的电位位置，半导体材料的能带会在它与电解液接触的界面处出现向下的弯曲。在光照辐射条件下，半导体的价带电子被激发到导带形成光生电子，同时在价带上留下光生空穴。由于在 p 型半导体材料中，光生空穴的迁移速度远远大于电子的迁移速度，所以光生空穴将迅速向金属基底迁移，夺取金属上的电子，从而加速金属腐蚀，金属的电位向正方向移动，光生电子则会与电解液发生还原反应而消耗掉。

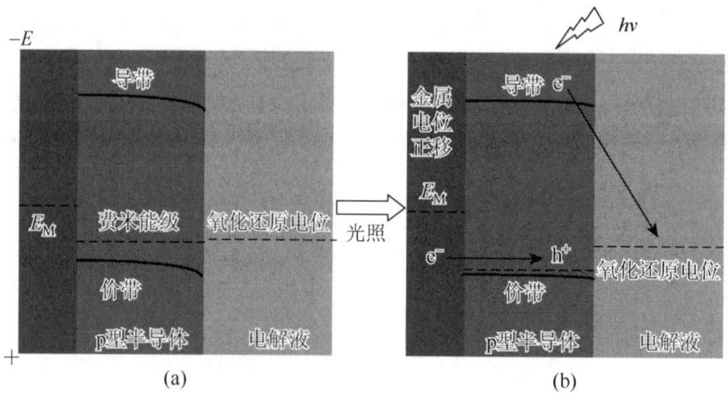

图 2-8　p 型半导体与金属偶联后，在氧化还原电位较正的电解液中，半导体材料的能带弯曲及光生电子的转移机制示意图

（a）在暗态条件下；（b）在光照辐射条件下

图 2-9 为 p 型半导体与金属偶联后，在氧化还原电位比 p 型半导体的费米能级还正的电解液中，半导体材料的能带弯曲及光生电子的转移机制示意图。图 2-9（a）是在暗态条件下半导体材料的能带弯曲示意图。从图 2-9（a）中可以看出，当半导体浸入电解液中后，半导体的费米能级会向电解液的氧化还原电位移动，达到平衡后最终停留在电解液氧化还原电位处，此时，半导体材料的能带会在它与电解液接触的界面处发生向上弯曲。受到合适的入射光激发后，相应的能带变化如图 2-9（b）所示，价带费米能级电位重新负移，此时光生空穴依然可以快速地从金属基底夺取电子，加速金属的氧化腐蚀过程。

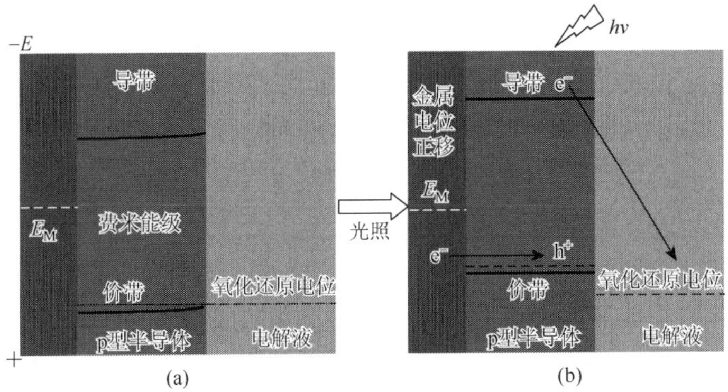

图 2-9　p 型半导体与金属偶联后，在氧化还原电位很正的电解液中，半导体材料的能带弯曲及光生电子的转移机制示意图

（a）在暗态条件下；（b）在光照辐射条件下

图 2-10 为 p 型半导体与功函数较正金属偶联后，在氧化还原电位较负的电解液中反型成为 n 型半导体后的能带弯曲及光生电子的转移机制示意图。当 p 型半导体的费米能级受到外界能量的作用发生负移后，如果负移量足够大，使得负移后的费米能级离导带的距离小于离价带的距离后，p 型半导体将会转变为 n 型半导体。如图 2-10（a）所示，在暗态条件下，当将 p 型半导体置于氧化还原电位很负的电解液中后，半导体的费米能级将被拉动到电解液的氧化还原电位处，此时半导体材料会在它与电解液接触的两相界面间出现很大的能带弯曲，费米能级电位更接近于它的导带，所以，原先是 p 型的半导体材料，在这种情况下它的整流特性会转变为 n 型。在受到光照激发后，如图 2-10（b）所示，此时费米能级电位明显比金属的功函数更负，所以光生电子可以转移到金属上，将金属的电位向阴极方向极化，同时，光生空穴会与电解液中的空穴捕获剂发生反应，实现它的阳极去极化过程。

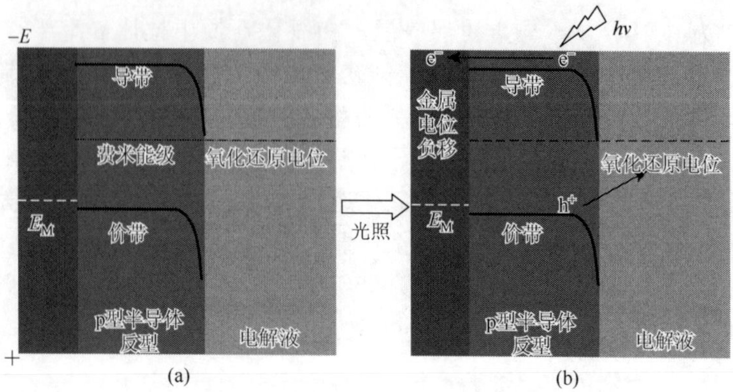

图 2-10　p 型半导体与功函数较正金属偶联后，在氧化还原电位较负的电解液中反型成为 n 型半导体后的能带弯曲及光生电子的转移机制示意图

（a）在暗态条件下；（b）在光照辐射条件下

2.3　金属大气腐蚀产物的半导体行为特征

金属材料在大气环境中会生成各种各样的腐蚀产物，这些腐蚀产物的种类、成分及性质与金属材料本身和大气环境有很大的关系。本节将粗略介绍各类金属材料在大气环境中生成的腐蚀产物的半导体行为特征。

2.3.1　铁基金属的半导体腐蚀产物

铁及铁基钢材在各行各业中得到了广泛应用。在不同的使用环境中，铁的腐蚀产物也存在区别。总体而言，铁的半导体腐蚀产物包括羟基氧化铁（FeOOH）、四氧化三铁（Fe_3O_4）及氧化铁（Fe_2O_3），这三种腐蚀产物均具有半导体性质[8]。其中，羟基氧化铁主要包括四种同分异构体：δ-FeOOH、α-FeOOH、β-FeOOH 和 γ-FeOOH[9]。在这四种同分异构体中，α-FeOOH 是最稳定的相，δ-FeOOH、β-FeOOH 与 γ-FeOOH 是不稳定相，这四种同分异构体的稳定顺序为 α-FeOOH > β-FeOOH > γ-FeOOH > δ-FeOOH。在铁基金属的大气腐蚀产物中，一般 γ-FeOOH 是最先生成的腐蚀产物，之后再逐步转变为 α-FeOOH。β-FeOOH 不是纯相，其体相内包含 6.2%（质量分数）的氯离子[9]，在含氯离子的海洋大气环境中经常可以发现这种腐蚀产物，它也会随着大气腐蚀的进行而逐步转变为 α-FeOOH。δ-FeOOH 是最不稳定的相，在铁基金属的大气腐蚀产物中一般找不到它。在这几种羟基氧化铁腐蚀产物中，γ-FeOOH 和 β-FeOOH 具有半导体性质，而 α-FeOOH 是电子绝缘体，不具备半导体性质。

在铁基大气腐蚀产物中，羟基氧化铁、四氧化三铁及氧化铁都具有半导体性质，但是这三种半导体腐蚀产物由于能带结构不同，性质也存在很大的差异。下面就这三种腐蚀半导体产物进行简单的介绍[8]。

羟基氧化铁是铁基金属大气腐蚀过程中最常见的 n 型半导体腐蚀产物。羟基氧化铁的禁带宽度为 2.6eV，它具有一定的可见光响应能力，其导带电位为 0.58V（vs SHE），价带电位为 3.18V（vs SHE）。从羟基氧化铁的禁带宽度和能级电位来看，在波长小于 477nm 的入射光激发下，该半导体材料可以吸收光子并分别在导带和价带上产生光生电子和光生空穴。由于羟基氧化铁的导带电位偏正，所以它产生的光生电子的还原能力不足，但是它的价带电位很正，达到了 3.18V（vs SHE），它产生的光生空穴具有极强的氧化性。因而当铁基金属材料的表面经过大气腐蚀过程生成羟基氧化铁后，在受到波长小于 477nm 的光照激发后，产生的光生空穴可能具有加速基底金属铁的腐蚀过程的能力。

氧化铁在铁的大气腐蚀产物中所占比例较少。氧化铁是一种常见的 n 型半导体材料，它的禁带宽度为 2.2eV，其禁带宽度明显小于羟基氧化铁的禁带宽度，波长小于 564nm 的光均可以被氧化铁吸收。氧化铁的导带电位为 0.28V（vs SHE），价带电位为 2.48V（vs SHE）。目前，氧化铁在光电化学领域已经得到了广泛的研究，它是一种具有应用潜力的光催化氧化水产氧的材料。在金属腐蚀领域，通常情况下认为铁表面产生一层致密的氧化铁和羟基氧化铁后可以起到阻隔铁和空气、水接触的作用，从而减缓铁基金属的腐蚀过程，但是，在光照辐射条件下，氧化铁和羟基氧化铁具有相同的作用机制，通过其强氧化能力的光生空穴，可以起到加速铁基金属进一步发生氧化腐蚀的作用。

相比于羟基氧化铁和氧化铁两种半导体腐蚀产物，四氧化三铁具有特殊性。四氧化三铁是一种典型的窄禁带宽度的半导体材料，其禁带宽度为 0.1eV，它的导带电位为 1.23V（vs SHE），价带电位为 1.33V（vs SHE），由于四氧化三铁导带和价带之间距离很短，所以其价带上的电子受到极弱的光、电、热等能量的激发便可以跃迁到导带上，使得导带电子的浓度升高，并使得四氧化三铁导电能力急剧提高，因而它体现出一些类似于导体的性质。一般认为，四氧化三铁在光照辐射条件下是电子的良导体。在铁基金属的大气腐蚀过程中，四氧化三铁并不是主要的腐蚀产物，一般在羟基氧化铁或氧化铁等腐蚀产物生长到一定厚度以后，在靠近铁基金属表面腐蚀产物包覆的地方的氧浓度很低，因而在这些地方会生成氧化铁腐蚀层。虽然氧化铁腐蚀产物一般不会直接受到光照辐射，但是它可以利用自身很高的电子迁移能力，持续地夺取铁基金属阳极溶解产生的电子，并将其转移至腐蚀产物的表层，与其他半导体腐蚀产物产生的光生空穴发生复合反应，从而大大提高在腐蚀产物层增厚后基底金属的大气腐蚀速率。因此，虽然光生空穴的扩散距离较短，但是，当腐蚀产物层中出现四氧化三铁以后，其可以间接起到提高光生空穴扩散距离的作用，从而可以使得日照辐射因子长时间地影响铁基金属的大气腐蚀过程。

2.3.2 锌基金属的半导体腐蚀产物

在锌基金属材料的大气腐蚀过程中，氧化锌是最常见的具有半导体性质的大气腐蚀产物，其他的大气腐蚀产物均不具有半导体性质。氧化锌是典型的 n 型宽禁带半导体材料，它的禁带宽度为 3.2eV，它不具备可见光响应性能，只能吸收波长小于 388nm 的紫外光。氧化锌的导带电位为–0.31V（vs SHE），价带电位为 2.89V（vs SHE）[8]。目前，氧化锌半导体材料在太阳能转换领域已经得到了深入的研究，它的导带电位较负，产生的光生电子具有还原水产氢的能力，同时，它的价带电位较正，产生的光生空穴具有很强的氧化性。在金属腐蚀防护领域，氧化锌为一种优异的光电化学阴极保护材料，可以对电位较正的金属如不锈钢、铜等起到光电化学阴极保护效果，甚至对一些电位较负的碳钢也可以在一定的条件下起到一定程度的光电化学阴极保护作用。然而，在没有特别的空穴捕获剂存在的情况下，当锌基金属表面生成氧化锌腐蚀产物后，在光照辐射条件下，氧化锌不能对基底金属形成光生阴极保护电流，这主要是因为锌的自腐蚀电位远负于氧化锌的导带电位，所以氧化锌产生的光生电子无法转移到基底金属锌上起到阴极保护效果，相反，氧化锌产生的光生空穴会从金属锌上夺取电子，从而加快它的大气腐蚀过程。

2.3.3 铜基金属的半导体腐蚀产物

铜基金属的大气腐蚀产物种类较多，包括氧化亚铜（Cu_2O）、氧化铜（CuO）、碱式氯化铜、碱式硫酸铜、碱式碳酸铜等。在这些腐蚀产物中，只有氧化亚铜和氧化铜是具有半导体性质的大气腐蚀产物[8]。与铁基金属和锌基金属的半导体腐蚀产物不同的是，在铜基金属上生成的氧化亚铜和氧化铜腐蚀产物一般是 p 型半导体，这就意味着在这两种半导体腐蚀产物中，光生空穴的“移动”速度远快于光生电子的迁移速度。在光照激发下，光生空穴从导电基底夺取电子的速度会明显大于光生电子向基底迁移的速度，因此，在光照辐射条件下，氧化亚铜和氧化铜腐蚀产物产生的光生电子在腐蚀产物表面发生阴极去极化反应，而它们产生的光生空穴则从导电基底夺取电子，加快基底金属的腐蚀过程。

氧化亚铜禁带宽度为 2.2eV，它对波长小于 564nm 的可见光具有响应能力，它的导带电位为–0.28V（vs SHE），价带电位为 1.92V（vs SHE）。氧化亚铜在光电转换领域已经得到了广泛的研究，在光电化学裂解水领域被认为具有很高的应用潜力。氧化亚铜也是铜基金属的主要腐蚀产物，当铜基金属表面生成氧化亚铜腐蚀产物后，在可见光激发下，氧化亚铜产生的光生空穴可以极大程度地加快基底金属的腐蚀过程。氧化铜也是典型的 p 型半导体材料，其禁带宽度为 1.7eV，它的导带电位为 0.46V（vs SHE），价带电位为 2.16V（vs SHE），氧化铜的导带电位偏正，且禁带宽度较氧化亚铜的更短，因此，当氧化铜和氧化亚铜在铜基金属表面共存时，在光照辐射条件下，可能会在这两种半导体材料之间建立异质结体系，从而进一步提高它们产生的光生电子和光生空穴的分离效率，这样就会进一步加速铜基金属的大气腐蚀过程。

2.3.4　钛基金属的半导体腐蚀产物

钛基金属是具有强烈钝化倾向的金属，在空气中和氧化性或中性水溶液中能迅速生成一层稳定的氧化性保护膜，即使某些原因导致钝化膜遭受破坏，它也能迅速自动恢复。因此，在自然环境中，钛基金属具有非常好的抗腐蚀能力。然而，二氧化钛的半导体光电化学效应对其基底金属的抗蚀性的贡献也是不可忽视的。在钛基金属的腐蚀产物中，二氧化钛是具有半导体性质的腐蚀产物[8]。二氧化钛是典型的 n 型半导体材料，它的禁带宽度为 3.2eV，导带电位为–0.29V（vs SHE），价带电位为 2.91V（vs SHE）[8]。在金属腐蚀防护领域，大量的实验证明二氧化钛可对自腐蚀电位较正的金属材料形成光电化学阴极保护。钛基金属本身的自腐蚀电位较正，当它们表面生成二氧化钛腐蚀产物层后，在合适的入射光激发条件下，二氧化钛腐蚀产物就会吸收光子激发产生光生电子和光生空穴，光生电子可以转移到基底金属上，并对基底金属提供光电化学阴极保护。因此，在钛基金属表面生成二氧化钛半导体腐蚀产物层后，可以通过物理隔绝和光电化学阴极保护的双重作用，确保钛基金属很难被腐蚀。

2.3.5　银的半导体腐蚀产物

银在大气腐蚀过程中产生的主要的半导体腐蚀产物为氧化银（Ag_2O）。氧化银是一种可见光响应的半导体材料，它的禁带宽度为 1.2eV，导带电位为 0.19V（vs SHE），价带电位为 1.39V（vs SHE）[8]。银在暗态条件下，腐蚀速率相对较慢，但是，一旦受到入射光的激发，银的腐蚀速率会增加。这可能有两个原因：首先是氧化银在受到入射光激发后，产生的光生空穴会加速银的氧化；其次是银具有表面等离子体共振效应，即当入射光以临界角入射到银和银晶体不同折射率的界面时，可引起银的自由电子的共振，共振致使电子吸收了光能量，从而激发形成自由电子，并在原来轨道内留下空穴，而这些空穴也可能引起银的快速氧化。

2.3.6　铅、铬、镉等其他金属的半导体腐蚀产物

铅、铬、镉等重金属材料使用相对较少，它们的半导体腐蚀产物大都具有半导体性质。铅经过氧化后会在其表面生成一层氧化铅（PbO），氧化铅是一种 n 型

半导体材料，它的禁带宽度为2.8eV，具有可见光吸收性能，它的导带电位为–0.48V（vs SHE），价带电位为2.32V（vs SHE）[8]。当铅的表面形成氧化铅腐蚀产物层后，在光照辐射条件下，它产生的光生电子是可以转移到基底金属铅上的，并对铅产生阴极保护作用，因此，氧化铅的光电化学效应可以在很大程度上提高金属铅的抗腐蚀性能。

铬的腐蚀产物中，氧化铬（Cr_2O_3）是主要的半导体腐蚀产物[8]。氧化铬是一种 n 型半导体材料，其禁带宽度达到 3.5eV，它不具备可见光响应性能，只能吸收紫外光，它的导带电位为–0.57V（vs SHE），价带电位为2.93V（vs SHE）。在吸收适宜的紫外光后，氧化铬产生的光生电子具有很强的还原能力，这些光生电子可以转移到基底金属铬上，对其形成良好的光电化学阴极保护效应，并提高金属铬的抗腐蚀能力。

镉金属的半导体腐蚀产物主要为氧化镉（CdO），氧化镉的禁带宽度为2.2eV，具有较宽的可见光响应范围。它的导带电位为0.11V（vs SHE），价带电位为2.31V（vs SHE），该半导体材料导带电位相对较正，在合适的可见光激发下产生的光生电子难以转移到镉金属上，因此，氧化镉无法对基底金属起到光电化学阴极保护作用，相反，它产生的光生空穴还可能起到加速镉腐蚀的作用。

2.4 金属半导体腐蚀产物的光电化学行为特征

2.4.1 金属半导体腐蚀产物的能带结构对大气腐蚀过程的影响机制

1. 禁带宽度的影响

禁带宽度又称带隙宽度，其单位为电子伏特（eV），固体中电子的能量不是连续的，而是一些不连续的能带，固体要导电就要有自由电子，被束缚的电子要成为自由电子，就必须获得足够能量从价带跃迁到导带，这个能量的最小值就是禁带宽度。

禁带宽度决定着半导体材料对光的吸收范围，当半导体腐蚀产物的禁带宽度较窄时，半导体材料的光吸收范围就很宽，这有利于产生更多的光生载流子，但这种半导体材料产生的光生空穴和光生电子的氧化还原能力也会发生下降。如果光生空穴的氧化能力不足，那么它将无法在半导体材料表面与其周围的环境介质发生氧化去极化反应，那么，它就会和光生电子发生二次复合或直接氧化自腐蚀电位较负的基底金属，从而加速基底金属的腐蚀过程。如果光生电子的还原能力不足，那么它就无法转移到基底金属上对其形成阴极保护，相反，光生电子就会转移到腐蚀产物与电解液接触的界面并在此处加速氧的阴极还原反应，这时，光生空穴就会被分离出来，而这样分离出来的光生空穴会夺取基底金属阳极溶解产生的电子，从而加速金属腐蚀的阳极过程。

当半导体腐蚀产物的禁带宽度较宽时，它对光的吸收范围缩小到紫外光区，此时半导体激发产生的光生电子和光生空穴还原能力和氧化能力均较强。当这种半导体同自腐蚀电位较正的金属接触时，光生电子很容易转移到基底金属上并对其形成阴极保护。但是，一旦基底金属的自腐蚀电位较负，光生电子就无法转移到该金属上，同时，氧化能力非常强的光生空穴就会快速氧化金属，加快其腐蚀过程。

当半导体腐蚀产物的禁带宽度非常小时（低于 1eV），它的光学吸收范围可以扩展到红外光区，但它吸收光子产生的光生载流子会很快发生复合变成热量或荧光释放掉，因此，产生的光生载流子很难通过氧化还原反应影响金属的腐蚀过程。当半导体材料的禁带宽度缩小到一定范围后，其导带上的自由电子浓度将会提高，该半导体材料的电子迁移率得到几何数量级的增长，因此，这些窄禁带半导体材料（如 Fe_3O_4）可以在金属和宽禁带半导体腐蚀产物之间形成有效的电子迁移通道，利用它们很高的电子迁移率，传输外层半导体材料吸收光子激发产生的光生电子或光生空穴到达金属表面，因此，这类腐蚀产物的生成会加剧光照辐射对金属腐蚀的影响程度，并使得光照辐射可以长时间影响金属材料的大气腐蚀过程。

2. 能带电位的影响

在光照辐射条件下，金属半导体腐蚀产物的能带电位对金属的腐蚀过程有非常重要的影响。半导体的能带电位决定了它生成的光生空穴和光生电子的氧化还原电位，而该氧化还原电位（代表氧化还原能力）的大小对金属的腐蚀过程会产生不同的影响。

当半导体腐蚀产物的导带电位很负时，它产生的光生电子具有强还原能力，如果此时导带电位比金属的自腐蚀电位更负，那么光生电子将会转移到金属上，对该金属产生阴极保护效应。这种效应的形成还取决于另外两个条件，首先是半导体腐蚀产物的整流特性应该为 n 型；其次是其价带电位必须达到可氧化周围腐蚀介质的氧化电位，如果其价带电位不够正，光生空穴就无法发生阳极去极化反应，也就是说光生空穴无法通过氧化反应而消耗掉，那么它们将会以两种方式消耗掉，一种是拉动光生电子与之重新发生复合反应，另一种是从金属本身夺取电子，加速金属的腐蚀过程。

当半导体腐蚀产物的导带电位较正时，它产生的光生电子的还原能力就比较弱。这样的光生电子一般很难转移到基底金属上并对金属产生阴极保护效应，这些光生电子就会与周围容易还原的介质发生结合或直接被氧气捕获。相反，这类半导体腐蚀产物的价带电位会比较正，在光照激发条件下产生的光生空穴会具有很强的氧化能力。因此，在光照辐射条件下，这些光生空穴会加速金属的氧化腐蚀过程。

2.4.2　金属半导体腐蚀产物中光生电子的迁移机制

1. 薄层迁移机制

这里的薄层是指金属半导体腐蚀产物层的厚度还不能对光生载流子的迁移造成重大的影响。在薄层条件下，半导体腐蚀产物不仅可以吸收光子激发产生光生电子和光生空穴，同时，光生电子或光生空穴还可以通过这些半导体腐蚀产物层发生转移。

在薄层条件下，半导体腐蚀产物的光生电子迁移机制与半导体的类型、能带电位及周围腐蚀介质的氧化还原电位密切相关。

半导体类型对光生电子迁移路径的影响比较明晰，主要是通过 n 型或 p 型半导体不同的整流效应来影响。n 型半导体材料的光生电子迁移速度较快，光生电子可以更快地迁移到导电基底，而光生空穴将会转移到半导体材料表面与周围介质发生氧化反应。对于 p 型半导体材料而言，光生空穴在半导体腐蚀产物层中的迁移速度更快，因而光生空穴可以更快地到达金属基底，光生电子将会在半导体表面与周围介质发生还原反应。

半导体腐蚀产物层的能带电位对光生电子的迁移路径也存在影响。它的影响主要通过影响光生电子和光生空穴的还原和氧化电位产生。以 n 型半导体为例，当光生电子迁移到金属表面附近时，如果其还原电位比金属的自腐蚀电位更负时，光生电子就会进一步向基底金属转移，但是，如果光生电子的还原电位比金属自腐蚀电位更正，光生电子就无法转移到基底金属上，它就会与光生空穴发生复合反应。光生空穴也面临同样的问题，当光生空穴转移到半导体腐蚀产物表面时，它将与周围的环境介质发生氧化反应，但是如果光生空穴的氧化电位达不到氧化周围介质的水平（也就是光生空穴的氧化电位仍不比周围介质的氧化还原电位更正时），那么它们就会转而与光生电子发生复合。

腐蚀介质的氧化还原电位对腐蚀半导体光生电子的迁移路径的影响具有特殊性。它的作用机制主要是通过影响半导体材料的能带电位和整流类型来影响光生电子和光生空穴的迁移路径。以 n 型半导体腐蚀产物为例，当腐蚀介质的氧化还原电位很负时，它会拉动半导体费米能级向负方向移动，从而提高半导体的费米能级和半导体中电子的费米能级，当半导体受到入射光激发产生分离的光生电子和光生空穴后，光生电子的还原能力就得到提升，它们就可以迅速向金属基底迁移，将金属的电位向阴极方向极化。当腐蚀介质的氧化还原电位很正时，半导体的费米能级就会向正电位方向移动，使得电子的费米能级下降，入射光激发产生的光生电子还原能力就会下降，从而限制了光生电子向金属方向的迁移，相反，光生电子会与周围的介质发生还原反应。如果腐蚀产物是p型半导体，当腐蚀介质的氧化还原电位很负时，它将会拉动p型半导体的费米能级负移，如果负移量足够大，腐蚀产物半导体的整流特性会发生反转。p型半导体腐蚀产物会反转成为n型半导体，从而在光照激发下产生具有很强还原能力的光生电子，它们可以转移到基底金属上并将金属的电位向阴极方向极化，同时，光生空穴会转移到半导体腐蚀产物表面与周围的介质发生氧化反应。当腐蚀介质的氧化还原电位很正时，p型半导体的费米能级将进一步拉正，这样光生空穴的氧化能力进一步提高，光生电子的还原能力也会相应下降，此时，光生空穴可以迅速从金属表面夺取其阳极溶解产生的电子，从而促进基底金属的腐蚀过程，而光生电子转移到半导体腐蚀产物表面与周围介质发生还原反应，加速金属腐蚀的阴极过程。

2. 厚膜迁移机制

这里的厚膜是指金属半导体腐蚀产物层厚度提高到一定程度后，该厚度已经对光生电子和光生空穴向金属基底迁移能力产生了明显的阻碍作用。此时，在入射光照射下，腐蚀产物膜表层的半导体材料将被激发，由于此时半导体腐蚀产物层较厚，看似表层产生的光生电子和光生空穴均无法通过半导体转移到金属基底上，并与之发生氧化还原反应。然而实际腐蚀情况并非如此，光照对金属腐蚀过程的影响是贯穿于金属腐蚀的整个过程中的。以铁基金属的腐蚀为例，当铁基金属的腐蚀产物层厚度增加到一定程度后，在腐蚀半导体产物层和金属基底之间会出现四氧化三铁中间产物层，该半导体产物禁带宽度很小，具有很强的光生电子迁移能力，它的生成就会在腐蚀产物层中建立有效的电子迁移通道，从而使得光照辐射对大气腐蚀过程造成长时间的影响。

2.4.3　金属半导体腐蚀产物界面光电化学/电化学反应机制

1. 阳极反应过程

光生空穴的氧化去极化过程主要分为三个类型，即光生空穴直接氧化电解液、光生空穴直接从金属夺取电子、光生空穴氧化中间半导体腐蚀产物。光生空穴直接从金属夺取电子和光生空穴氧化中间半导体腐蚀产物这两个类型都会直接影响金属腐蚀的阳极过程。

光生空穴直接氧化电解液的反应主要出现在具有光电化学阴极保护性能的半导体腐蚀产物中，如钛基金属表面生长的二氧化钛、铬金属表面生长的氧化铬及铅金属表面形成的氧化铅等。此时半导体腐蚀产物在光照激发下，光生电子将通过半导体腐蚀产物层向金属基底迁移，而光生空穴具有较强的氧化力，将会转移到半导体材料的表面，直接氧化周围的环境介质，如水、微生物及有机污染物等。

半导体腐蚀产物在光照激发下产生的光生空穴直接从金属表面夺取其阳极溶解产生的电子的情况比较多。对于p型半导体，光生空穴移动速度很快，将会通过半导体腐蚀产物层直接从金属表面夺取电子，将金属氧化成离子形式或氧化物，从而直接加速基底金属的腐蚀过程。对于n型半导体材料，当光生电子的还原能力不足以转移到基底金属上时，光生空穴一方面会氧化周围电解液中的电解质，另一方面会通过半导体材料的传递，缓慢地从金属基底上夺取电子，并加快基底金属的腐蚀过程。

光生空穴氧化中间半导体腐蚀产物的情况主要是在半导体腐蚀产物膜层达到一定厚度之后，半导体腐蚀产物和金属之间出现具有高电子迁移率的窄禁带半导体材料的条件下发生的。在这种条件下，半导体腐蚀产物表层吸收光子，激发产生光生电子和光生空穴，光生空穴将会夺取这些中间半导体腐蚀产物的电子，中间半导体腐蚀产物再通过自身的高电子迁移能力，从金属基底夺取电子来弥补自身的电子丢失，最终加速了光生电子的迁移速度，从而导致金属的腐蚀速率增大。

2. 阴极反应过程

光生电子参与金属腐蚀电化学反应的阴极过程主要包含两种方式：一种是光生电子直接转移到基底金属上，并直接在金属的表面发生还原去极化反应。另一种方式是光生电子直接与电解液中的介质在半导体腐蚀产物和电解液接触的界面发生还原反应。当腐蚀半导体产物产生的光生电子可以转移到金属基底上时，光生电子的聚集可以将金属的电位向阴极方向极化，而这些光生电子会与金属表面的氧气、水、有机污染物、微生物等发生还原反应，实现阴极去极化反应，这种情况会减缓甚至完全抑制基底金属的腐蚀过程。如果半导体腐蚀产物产生的光生电子无法转移到金属基底上，它们会直接转移到半导体腐蚀产物的表面，与周围环境介质发生还原反应，这种情况会加速基底金属的腐蚀过程。

参考文献

[1] 刘恩科，朱秉升，罗晋生. 半导体物理学. 北京：电子工业出版社，2008.

[2] 谢希德. 能带理论的进展. 物理学报，1958，14：164.

[3] Sze S M.Physic of Semiconductor Devices. New York：Wiley，1968.

[4] Klaassen D B M，Slotboom J W，De Graaff H C.Unified apparent bandgap narrow in n and p-type Si. Solid State Electonics，1992，35：125.

[5] Lewis M F. History of solar cell development. Low-Cost Solar Electric Power，2014：1-12.

[6] Green M A. The path to 25% silicon solar cell efficiency.History of silicon cell evolution. Progress in Photovoltaics Research & Applications，2009，17：183.

[7] Fujishima A，Honda K.Electrochemical photolysis of water at a semiconductor electrode.Nature，1972，238：37.

[8] Xu Y，Schoonen M A A.The absolute energy positions of conduction and valence bands of selected semiconducting minerals.American Mineralogist，2000，85：543.

[9] Weckler B，Lutz H D. Lattice vibration spectra. Part XCV. Infrared spectroscopic studies on the iron oxide hydroxides goethite（α），akaganéite（β），lepidocrocite（γ），and feroxyhite（δ）.European Journal of Solid State and Inorganic Chemistry，1985，35：531-544.

第3章 光照辐射对金属腐蚀影响的研究现状

3.1 引 言

太阳是一个巨大的能量源，地球上几乎所有的能源，归根结底都来自于太阳。虽然太阳辐射到地球大气层的能量仅为其总辐射能的二十二亿分之一，但仍高达 1.7×10^{13}kW。在日照辐射中，可见光（400nm < λ < 800nm）约占 43%；而紫外光（200nm < λ < 400nm）的比例低于 5%。日照辐射几乎无处不在，它是自然环境中影响材料腐蚀（尤其是大气腐蚀）过程的重要环境因素之一，但是太阳光辐射/光子对金属腐蚀过程影响的研究成果比较少[1]。通常认为，光照辐射会使得暴露在大气环境中的金属试样的表面温度升高，并会引发该材料表面吸附的电解液层厚度、盐浓度和溶解氧浓度等变化，进而对金属的大气腐蚀过程产生影响；紫外光的辐射能够直接或者间接地与腐蚀反应物或产物发生反应，生成光敏感气体，如臭氧、二氧化氮等，从而影响腐蚀反应的过程[2]。随着研究的不断深入，人们发现金属表面腐蚀产物主要为金属的氧化物。对于一些耐蚀性强、可钝化的金属，其表面往往会形成致密的氧化物薄膜，并且这层薄膜具有很好的防护性能，从而使得基底金属具有良好的耐蚀性。金属的氧化物大多具有半导体性质，它们会响应特定波长范围的光（响应的波长范围由具有半导体性质腐蚀产物的禁带宽度决定）。这类金属氧化物受到光照激发后会表现出光电化学效应，激发产生光生电子和光生空穴，并能参与到腐蚀电化学反应过程中，从而对金属的腐蚀过程产生影响。半导体氧化层自身的整流性质、光照下产生的光生电子和光生空穴的迁移方向与氧化还原能力，以及反应生成的中间产物等都将决定光照辐射对基底金属的腐蚀是起抑制作用还是促进作用。因此，研究光照辐射对基底金属腐蚀的影响机制，弄清光照辐射下金属材料的腐蚀行为，对在强光照辐射环境下服役的金属构件提供更合适的防腐蚀对策，减少由腐蚀带来的经济损失，避免由腐蚀造成的灾害性事故具有重要意义。在本章中，作者将针对光照辐射对金属腐蚀过程影响的研究现状做简单的综述。

3.2 金属腐蚀产物的光电化学性质及其研究现状

金属表面腐蚀形成的氧化物膜层，特别是一些易钝化金属表面生成的氧化膜大多具有半导体性质。这层具有半导体性质的腐蚀产物膜会使光照辐射对金属的腐蚀产生两种不同的影响，即光照抑制金属腐蚀和光照加速金属腐蚀。光照辐射对暴露在自然环境中的金属腐蚀是重要的影响因素之一，因此，明白具有半导体性质腐蚀产物的光电化学效应对金属腐蚀的影响至关重要。多年来人们就光照辐射对金属腐蚀过程的影响机理展开了广泛的探讨，使得光照辐射对金属腐蚀过程的影响成为金属腐蚀与防护领域里一个新的研究热点。

光照辐射对金属腐蚀过程影响的研究，始于金属钝化层半导体效应和光电化学效应的研究。金属的钝化层一般为致密的金属氧化物，特别是不锈钢表面的钝化层更是多种复杂的氧化物的聚集层，它表现出极好的耐蚀能力。研究过程中人们发现不同材料钝化层的半导体整流特性对其腐蚀电位及腐蚀电流的影响都很大，而且在光照辐射下会表现出不同的效应。因此，科研工作者开始尝试从半导体物理和光电化学的角度来阐明耐蚀能力和钝化层半导体性质之间的关系。

1972 年，加拿大的 Vijh[3]开始研究金属腐蚀钝化膜的半导体性能，并探究其对铜、锡、铝、镍、铁、锌和铅的开路腐蚀电位的影响。他们认为各种金属材料的腐蚀电位与其表面生成的具有半导体性质的钝化膜的禁带宽度值有关。金属的腐蚀电位主要由阴极氧还原反应主导控制，并且金属表面高度绝缘的钝化膜易导致更大的阴极腐蚀电位。他们的研究数据表明：在钝化膜覆盖的金属上，半导体性质的钝化膜在光照激发下产生光生电子与光生空穴，这些生成的光生电子与光生空穴将参与自腐蚀情况下金属表面部分区域上的腐蚀反应。此后，很多研究者针对腐蚀钝化层的半导体行为及光照辐射对金属腐蚀的影响进行了研究，对其影响机理进行了探讨，并取得了一定的进展。

1978 年，华盛顿国家标准局冶金科的 Bertocci[4]研究了纯铜、Cu-Ni 和 Cu-Al 合金在中性溶液中，白光辐射对电流-电位影响的关系曲线。他们发现在恒电流和恒电位条件下金属合金成分导致的光响应效应对铜及其合金腐蚀的影响非常小，但金属表面氧化物层的形成带来的影响较大。光响应效应主要取决于铜及其合金表面是否生成氧化亚铜及由此引起的主要载流子浓度的变化。上述两种因素能够极大地影响基底铜及其合金的光致开路电位。此外，电极的极化也能改变电极的光响应，但是随后电压的变化并不支持表面氧化层结构发生变化这一观点。阻抗分析的结果表明光照辐射对电荷在溶液/半导体氧化层/基底金属之间迁移的影响远大于其对氧化层电阻率的影响。

1982 年，美国休斯敦莱斯大学的 Wilhelm 等[5]采用伏安法和光电化学技术研究了具有 p 型半导体性质的铜的氧化物性能，并指出铜及含铜的腐蚀产物薄膜产生了光电响应信号，通过光助电荷的传输行为可测定腐蚀产物的半导体性能和能带结构。伏安峰的位置和氧化物形成的标准电位与氧化亚铜和氧化铜的平带电位有关。他们还从半导体模型的角度讨论了光照对铜的缓蚀效应及铜在含氧气的溶液中的腐蚀行为的影响。

1985 年，意大利巴勒莫大学化学工程研究所的 Di Quarto 等[6]通过光电化学法研究了铜在充空气的硫酸钠缓冲溶液中（pH=3.0～6.0）表面自然形成的腐蚀产物层的光电化学性质。他们通过原位光电流谱检测到了氧化亚铜的形成，并发现 pH 决定氧化亚铜腐蚀产物层的半导体性质，同时 Cu^{2+}的存在会加速腐蚀产物层的生长。在 pH 为 5 左右的一个很窄的 pH 范围内，在有或没有 Cu^{2+}存在的情况下都可以观察到 n 型氧化亚铜腐蚀产物的形成。当 Cu^{2+}浓度小于 $5\times10^{-2}mol\cdot L^{-1}$时，可以在一个较大的 pH 范围内形成稳定的 n 型氧化亚铜腐蚀产物。在 pH 更低的酸性环境（pH≤3.5）中，无论溶液中存不存在 Cu^{2+}，都有利于形成 p 型氧化亚铜腐蚀产物。此外，氯离子存在与否不会影响上述结果，同时在含氯离子的环境中还发现了一些新现象。在较低的氯离子浓度（小于 $10^{-2}mol\cdot L^{-1}$）下，在光电流-时间曲线中发现随着浸泡时间的延长，有时会出现腐蚀产物的半导体类型从 p 型转变为 n 型（图 3-1 和图 3-2）的现象。在不同的入射光波长及膜层厚度下，光电流-时间曲线中复杂的变化似乎与氯离子的吸/脱附过程及铜表面与氯离子相关的表面态有关。氯离子的添加主要影响铜电极的腐蚀速率。在含氯离子溶液中铜电极高的腐蚀速率可以由光照下高的光电流和光电压值反映出来，此时，氯离子的浓度保持在很低（小于 $5\times10^{-2}mol\cdot L^{-1}$）的状态。同时，他们还发现氯离子含量的增加或降低都会对电极的光响应及电极表面存在的氧化物层的性质产生不利的影响。氯离子含量增加引起腐蚀速率增大，使得电极表面形成稳定膜层的最小 pH 也随之增加（pH≈4）。在高的氯离子浓度条件下，半导体性质及腐蚀产物层的性质都将发生变化，并且在最高氯离子浓度条件下，光电流谱的变化表明形成了一种含二

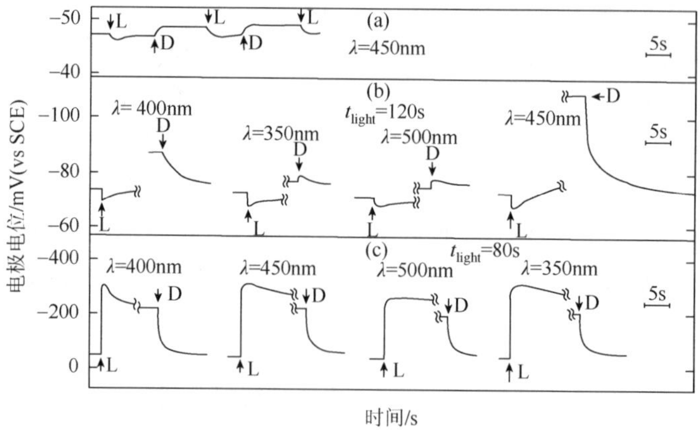

图 3-1　在暗态及不同波长的入射光辐射作用下，铜浸泡在 $0.1mol\cdot L^{-1}$ Na_2SO_4+$5\times10^{-3}mol\cdot L^{-1}$ NaCl 溶液中，在初始 pH=5 条件下，铜表面腐蚀产物层放置 1h 后（a）、3h 后（b）、24h 后（c）的电极电位曲线[6]

D 表示暗态；L 表示光照

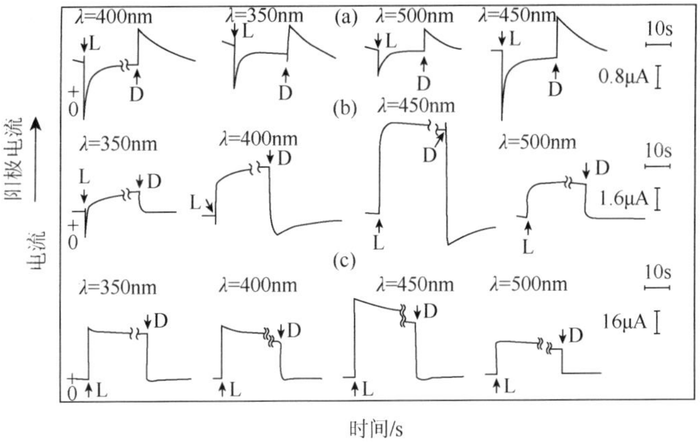

图 3-2　在暗态及不同波长的入射光辐射作用下，铜浸泡在 0.1mol·L^{-1} Na_2SO_4+5×10^{-3}mol·L^{-1} NaCl 溶液中，在初始 pH=5 条件下，铜表面腐蚀产物层放置 1h 后（a）、3h 后（b）、24h 后（c）的电流曲线[6]

D 表示暗态；L 表示光照

价铜的新相。他们的实验结果表明铜表面腐蚀产物层的半导体类型与环境息息相关，铜在长时间浸泡过程中会发生外腐蚀层半导体性能的改变。他们发现具有 n 型半导体性质的氧化亚铜的形成及稳定是发生在一个非常窄的化学-物理条件下的，与弱酸性溶液中铜表面腐蚀过程的情况相似。这些初步的研究结果进一步确定，对于研究金属和合金表面腐蚀产物层的化学-物理性质而言，光电化学技术与原位研究方法一样有着重要的作用。

1986 年，美国纽约哥伦比亚大学电化学实验室的 Stimming[7]总结了金、银、铜等不同金属表面形成的一层十几纳米厚、具有半导体性质的氧化膜层的光电化学行为。膜层的化学计量和结构性能可以从光电化学数据反映出来，无定形态和晶体态钝化膜产物的光电流和光电位谱是不同的。钝化膜的光电流与无定形态的钝化产物膜的局域电子分布态有潜在的关系。他们指出表面氧化物层的性质可以通过光电化学手段来研究。光电化学测试方法的优势是它不会毁坏膜层，并且它是一种原位的研究技术。图 3-3 是在没有考虑钝化膜表面存在任何吸附局域态情况下结晶钝化膜的示意图。当半导体中薄膜-电解液界面上建立了一个耗尽层后，电子空穴对被空间电荷层分离开。在这种耗尽层存在的条件下，可以观察到光响应。对于 p 型半导体钝化层［图 3-3（a）］，电子将向半导体表面迁移，在表面上它可以与电解液中未占据的态（即受主，它是一种氧化性化学物质）反应。同时，空穴将向反方向迁移，产生阴极电流。对于 n 型半导体膜层［图 3-3（b）］，情况则相反，光生空穴将向半导体表面迁移，与占据态（施主）反应，而电子则向反方向迁移，这时产生的光电流是阳极电流。在绝缘层中［图 3-3（c）］，薄膜中的电势梯度是恒定的，光电流是阳极电流或阴极电流取决于电场方向。总之，随着电场的改变，光电流信号也将改变。在光电流信号的方向发生变化的临界电势被称为平带电位（E_{FB}），其值可根据光电化学技术通过对比电容值测算得到。除了钝化膜的激发外，在基底金属中也能发生激发。对于薄的钝化层和绝缘层，很可能从金属的费米能级上激发产生电子和空穴，并会发生电子和空穴的连续发射，同时还可能存在内部的光电效应导致的电荷向钝化膜转移，如图 3-3（c）所示，在光照辐射下发生了金属基底电子的激发。

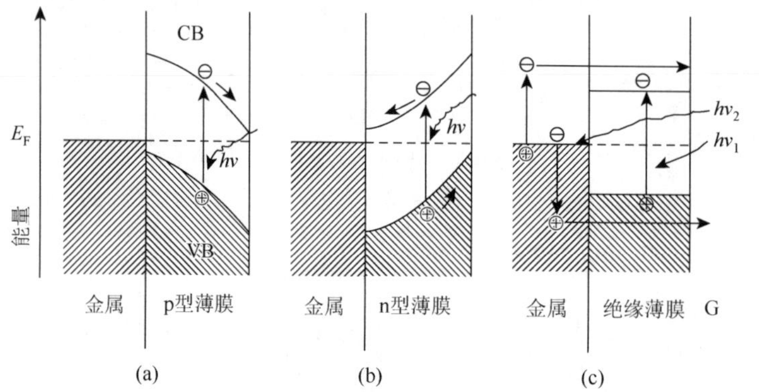

图 3-3　p 型（a）和 n 型（b）半导体钝化膜层在耗尽条件下和在光照辐射（$h\nu$）下的光生电子空穴分离与迁移示意图，以及在平带条件下的绝缘层（c）在膜层（$h\nu_1$）和基底金属（$h\nu_2$）同时受到光激发下的光生电子空穴分离与迁移示意图[7]

1989 年，美国密歇根州通用汽车实验室的 Carpenter 等[8]研究了镍表面生成的氢氧化镍层的光电化学行为。他们的研究结果表明氢氧化镍薄膜层既具有 n 型半导体性质，也具有 p 型半导体性质。在光照辐射条件下，其光电流先为阴极光电流，随后再转变成稳态的阳极光电流。由于在氧化反应和还原反应同时发生的电位下才能产生阴极光电流，所以他们认为这可能是由氢氧化镍层的双层半导体结构加速了表面层氧化还原反应的发生并激发了中间缺陷态造成的。同年，美国加利福尼亚罗克韦尔国际科学中心的 Menezes 等[9]将各种金属合金的抗腐蚀性能与其表面生成的具有半导体性质腐蚀产物的平带电位联系起来。他们指出各种金属合金的抗腐蚀能力与钝化膜的电子性能有关。铝与其合金的钝化膜在紫外光辐射下将产生光电流，钝化膜中的 Al_xO 具有比 Al_2O_3 更小的禁带宽度，Al 空位、O 空位和填隙 Al 等缺陷的存在将改变铝与其合金表面上具有半导体性质腐蚀产物的禁带宽度。美国纽约电化学实验室的 Dean 等[10]研究了钝化膜的电学性能，对于表征钝化膜半导体性能和光电化学行为而言，特别是无定形态的钝化层中，局域电子态和子带隙光电流都起着很重要的作用。他们采用非线性莫特-肖特基（Mott-Schottky）曲线研究了钝化膜的半导体性质，并采用激光扫描技术原位研究了钝化膜表面形貌变化。德国卡尔斯鲁厄理工大学的 Vilche 等[11]

通过光电化学的方法研究了锌、锌镍合金和锌钴合金在碱性溶液中形成的钝化膜的半导体性质。镍和钴在锌基体上的掺杂能够影响半导体层莫特-肖特基曲线的偏移和光量子的产生效率，镍钴的掺杂加深了施主能级，同时掺杂导致的缓蚀效应是由锌钝化层传输电子能力的改变引起的。除了测试钝化层的莫特-肖特基曲线外，他们还测试了钝化层的电子态分布和量子效率谱，并指出随着带弯曲的增大，所有阳极极化样品的带隙能量都会减小。费米能的减小导致在费米能级 E_F^0 以下形成一个电子态耗尽层。当费米能 E_F 随着电极电势和平带电位间电势差 $\Delta\phi_{sc}$ 的增加而向禁带下移时，从价带到第一未占据能级的光子跃迁能 $h\nu_1$ 降低，如图 3-4 所示。位于带隙中平带电位以下大于 0.7eV 处产生了由掺杂组分钴和镍带来的深能级，而它们不能用光学手段观测到。这种从价带到这些深能级的跃迁具有一个很小的光吸收系数或者两个小的量子产率，可通过他们工作中用到的电子态分布和量子效率谱来观测。

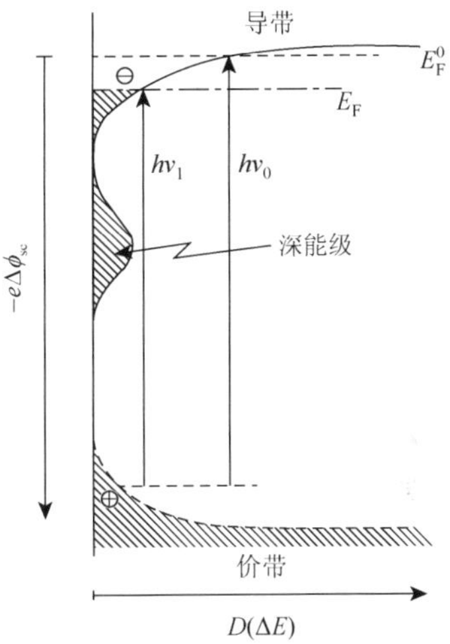

图 3-4　电子态分布示意图，其中 $\Delta\phi_{sc} = E_{SCE}$ (电极电势 vs SCE)$-E_{FB}$(平带电位)，$D(\Delta E)$为态密度，E_F 为费米能级，E_F^0 为平带条件下的费米能级[11]

1990 年，Gerischer[12，13]系统地总结了金属表面氧化层光电流产生的原因，以及与结晶半导体不同的原因，并举出大量的事例解释了一些特殊的光响应产生光电流的现象。光电化学实验证明光照下产生的光生电子和光生空穴在空间电荷层中具有重要的作用，即形成光致电流。通过比较半导体层对光的吸收光谱和光反应电流，人们可以更好地了解电子迁移过程，光并不能直接影响离子在金属表面氧化层中的传导，其传导过程受光电流和空间电荷引起的电场的改变影响，进而改变钝化膜中的组分。然而他们认为，光生少数载流子对金属和电解液接触界面上的离子电荷的迁移和腐蚀速率的影响机理尚不明确，而解决这个问题的关键是研究不均一的半导体薄膜层是如何影响光电流的。同年，葡萄牙的 Simões 等[14]采用莫特-肖特基曲线和光电化学测试手段对在不同电位下硼酸盐/硼酸溶液（pH=9.2）中的 AISI 304 不锈钢表面形成的钝化膜进行了研究。结果指出，在 pH 为 8.9 时 α-Fe_2O_3 的平带电位 E_{FB} 为−0.34V（vs SCE）。AISI 304 不锈钢表面的半导体层有两层，并且半导体性质由外加偏压电位决定。此半导体中的深能级是由八面体位上的离子导致的，Fe^{2+}和 Fe^{3+}共同占据了半导体中的四面体位和八面体位，该八面体位上的部分 Fe^{3+}由 Cr^{3+}取代。他们的研究结果还指出，在 0V 以下，含有反尖晶石结构的薄膜是由 Cr^{3+}取代的磁铁矿（Fe_3O_4）构成的，Cr^{3+}在一定程度上取代了八面体位上的Fe^{3+}，此时存在两个施主能级。而四面体位对应于浅能级，在 0V 以上时只检测到了这一个施主能级（图 3-5 中的 E_{D1}），该施主能级很可能是此四面体位上的Fe^{2+}导致的。他们进一步指出此施主能级处于导带下 0.1V 处，而深施主能级（图 3-5 中的 E_{D2}）则位于导带下 0.5V 的位置，并且在以前的研究中曾测算出第一电子供体的电离能为 0.1eV，这表明 E_{D1} 在平带电位下几乎与 E_F 重合。假设带隙宽度为 2.7eV，则含有两个施主能级的薄膜的能带结构分别在平带电位及在阳极极化电位（0.1V）下，具体情况如图 3-5 所示。E_{D2} 是深施主能级的能量，图 3-5（b）描述了这一电子供体在电离时的情况。

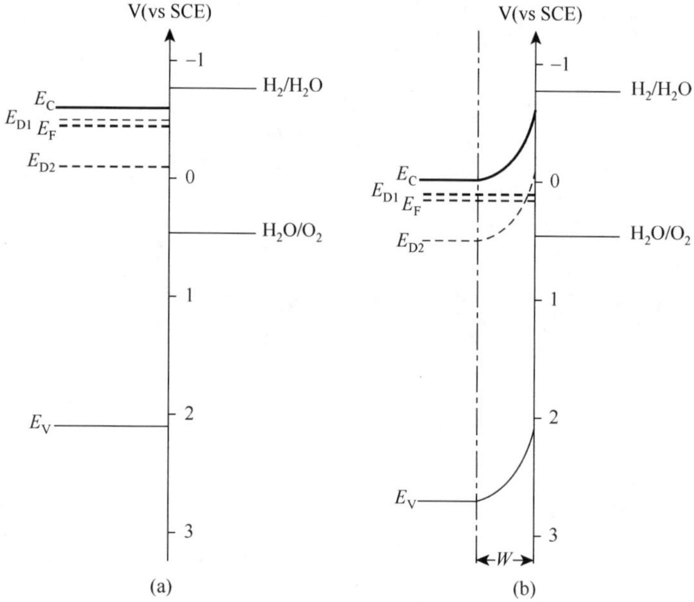

图 3-5　在不锈钢表面形成的氧化物层的电子能带结构表现为两个施主能级：在平带电位下（a）；在阳极极化电位（0.1V）下（b）[14]

同年，意大利巴勒莫大学的 Sunseri 等[15]研究了含铬钝化层的光电化学效应和半导体效应，并推测了三价铬的水合物的带隙宽度。金属表面在不同的电极电势下将出现不同的 Cr^{3+}的羟基氧化物。该结果表明在水溶液中，在任何 pH 及在钝化区范围内的电极电势下都不会形成纯的 Cr_2O_3。同时，在高的电极电势及低的 pH 下将会形成 CrOOH。通过增加 pH 或降低电极电势的方式，金属表面会出现更多的水合产物。在溶液中，$Cr(OH)_3$ 的形成是生长少量水合铬（Ⅲ）氧化物前的初始步骤。大多数水合氧化物相仅在低电势下、中性 pH 及长时间极化的条件下才稳定。光电流信号表明铬表面钝化层是绝缘的或略微具有 p 型半导体的性质。在 pH 接近 0 时，钝化层为两层不同的水合物，光电化学结果表明此时形成的钝化层为 p 型半导体。Sunseri 等还测试了电位极化薄膜过程中的全电流谱，即在将电位升至 0.25V{参比电极为硫酸亚汞电极[MSE，$E^{\ominus}$=0.65V（vs SHE）]}的过程中，在暗处及 300nm 单色光照射下进行不同极化电位下的电极全电流谱测试，结果如图 3-6 所示。从 0.25V（vs MSE）开始每 1.5h 降低电极电位 100mV。在高的阳极电位下检测到了阳极光电流，初始的光电流尖峰与平稳后的光电流是同方向的［图 3-6（a）与图 3-6（b）]。在继续向阴极电位极化的过程中［图 3-6（c）和图 3-6（d）］就很难辨别出这种阳极光电流信号。事实上，在极化电位位于–0.3～–0.6V 时，初始出现了阳极光电流峰，随后是平稳的阴极光电流。这些现象在非常薄的钝化层中和在光电流发生反转的电位附近是非常普遍的，它们可能与电极表面发生的光电化学反应的本质有关。

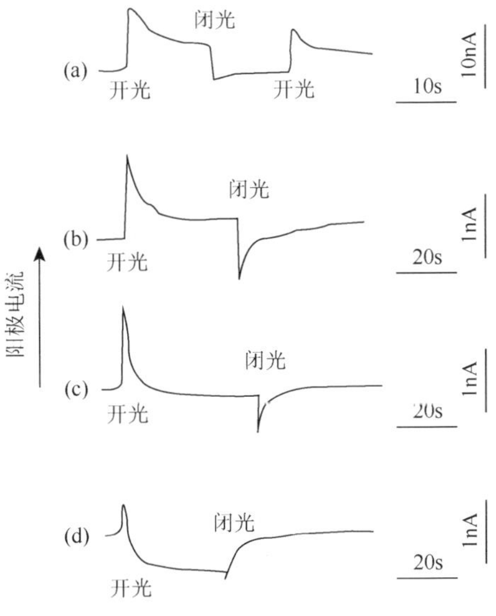

图 3-6　在 0.5mol·L^{-1} H_2SO_4 中，暗态及 300nm 单色光辐射下铬表面的钝化膜在不同电位下的光致电流曲线（参比电极为硫酸亚汞电极）

（a）0.25V；（b）–0.2V；（c）–0.5V；（d）–0.6V[15]

1991 年，意大利 Stimming 团队的 Di Paola 等[16]采用光电流和阻抗测试分析时指出，中性溶液中的 AISI 304 不锈钢表面钝化膜表现出了高度掺杂无定形态或高度无序的 n 型半导体的性质，同时 Di Paola 等还研究了 AISI 304 不锈钢表面钝化膜的光电流与入射光波长、电极极化电位和极化时间之间的关系。在不同电位下，AISI 304 不锈钢极化后得到的钝化膜的光电流谱没有表现出直接跃迁，并且存在一个 Urbach 带尾（即一个急增的或急减的峰）。该结果表明钝化膜中含有大量无定形态或无序的物质。光电流瞬变的出现说明表面镍的氧化物组分表现出了表面态行为，表面态的浓度与极化时间有潜在的关系。若假设钝化膜是一个铬铁氧化物固溶体，那么它的禁带宽度值取决于电极的极化电势。他们进一步指出，甚至可以采用光电化学法来研究不锈钢表面复杂的钝化膜体系，尤其是可以用原位光电化学测试方法来协助研究钝化膜中特殊组分富集状态的变化。

1992 年，瑞士联邦技术研究所的 Schmuki 等[17]研究了不锈钢表面钝化层点蚀与其半导体性能之间的关系。他们指出不锈钢表面钝化层表现为 n 型半导体性质，并且是具有高度缺陷的电子结构。半导体钝化层中的局域态和抗点蚀能力有着密切的关系，不锈钢抗点蚀性能越强，其带隙中具有的深局域态越少。在高度抗点蚀钝化膜中，局域态的分布更加离散。深局域态发生在钝化膜结构严重歪曲的位置，而且此位置将成为点蚀的成核位点。然而，引入深局域态的原因还不十分清晰，需要进一步明确化学组分、主体结构影响及内含物等因素对局域态的影响。通过上述研究可知，光电化学法是表征金属钝化层电子性质的一个强有力的研究方法。

1995 年，法国巴黎国立高等化学学院的 Millet 等[18]采用多种实验技术表征了在不同环境中铜表面形成的 Cu（Ⅰ）氧化物的性能。在开路条件下，铜表面生长的氧化层的电化学还原曲线不同，表明铜表面的 Cu（Ⅰ）氧化物具有不同的导电性能，并且其导电性能部分依赖于电解液的性质和暴露时间。XPS 测试结果表明，电化学还原曲线的不同与氧化物层中铜的氧化态有关。光电化学实验证实 Cu_2O 的导电性能发生了改变。开路电位条件下，铜在氯化钠溶液中长时间放置后检测到了双层 Cu_2O 层。在一些情况下，Cu（Ⅱ）氧化物演变成 Cu（Ⅰ）氧化物的过程会发生在氧化层的表面。此双层是由不同计量的半导体组分组成的，分别是 p 型半导体和 n 型半导体。n 型半导体组分位于金属/氧化物界面，与 Cu_2O 的还原峰向负值方向移动有关，经由电解液中 Cu（Ⅱ）或 Cu（Ⅰ）的溶解-沉降机制连续形成的氧化物层，其光谱响应表明光电流主要是阴极电流（p 型半导体），但是在高波长范围内变得略微的阳极化（n 型半导体行为），如图 3-7 所示。而过去的研究中，对于块体和阳极极化形成的氧化亚铜，通常仅可观测到 p 型的阴极光电流，所以他们最终总结出钝化膜氧化亚铜层中的半导体类型及量子特性是不同的，在一些情况下会形成 pn 结。

同年瑞士的 Schmuki 等[19]对比研究了铁和铬烧结的块体金属氧化物表面的自然钝化层的电子性能。此块体氧化物的半导体性能表明，铁表面钝化层可以被模拟成高度掺杂的三氧化二铁，铁氧化物中的掺杂浓度由 Fe^{2+}的含量决定。三氧化二铁中的杂质能级、平带电位、带隙能量、光电流强度及掺杂浓度与自然形成的

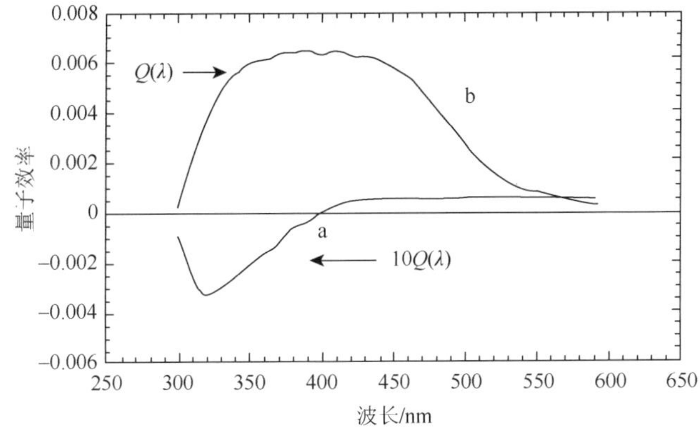

图 3-7　铜在 0.1mol·L^{-1} 乙酸钠溶液（a）和 0.1mol·L^{-1} 乙酸钠的饱和乙酸铜溶液（b）中浸泡 18h 后形成的氧化物层的光谱响应曲线[18]

钝化膜的行为能很好地符合。此块体氧化物作为自然形成钝化膜的模拟模型的优势是能将钝化层与底层金属相连的效应分开。铁和铬表面钝化层的光电流行为不是由底层金属的光电效应决定的，而是由能带间的跃迁决定的。块状铁氧化物的化学稳定性由其中 Fe^{2+}的含量决定，此外，三氧化二铬的添加可以增加其稳定性。1997 年，他们课题组的 Büchler 等[20]指出光漫反射技术是原位研究钝化膜形成和生长的有力工具。钝化层的吸收系数及厚度可通过此法校正后获得。这种原位技术特有的优势是信号采集时间短，可以用来研究钝化和溶解反应的动力学速率。此外，北京大学化学与分子工程学院的 Yang 等[21]通过光电化学实验研究了添加缓蚀剂的硼酸缓冲液中铁的腐蚀行为，他们对比测试了添加缓蚀剂前后钝化层的禁带宽度、光电压和光电流的变化，进而指出钝化层的半导体效应及对光的响应已经成为研究钝化层性质的基本手段。

1999 年，葡萄牙里斯本高等技术学院的 Belo 等[22]采用电容测试法、莫特-肖特基法和光电化学法研究了镍基合金 600 表面钝化膜在硼酸盐缓冲溶液中的半导体性能。用纯金属和 Ni-Cr-Fe 合金测试了合金成分 Fe、Ni、Cr 对薄膜性能的影响。薄膜中的镍铁氧化物形成了 n 型半导体。铬和混合的镍铁氧化物的存在形成了 pn 型异质结，由此控制了它们的电子结构，该电子结构与不锈钢类似。薄膜中镍的氧化物作为一种阻挡层提高了抗腐蚀保护性能。加拿大阿尔伯塔大学化学与材料工程系的 Cheng 等[23]采用莫特-肖特基法研究了钝化膜的半导体性质，指出在铬酸盐溶液中的 A516-70 碳钢表面形成的钝化膜表现出了无定形 n 型半导体的性质，施主电荷密度（即电子捐献体浓度）在 10^{26}～10^{27}m^{-3} 内变化，钝化膜的平带电位随着薄膜形成电势（预钝化电位）的增加而增加。二价铁阳离子空位的产生是形成点蚀的主要原因。对于研究方法，他们再次强调，深施主能级对电容及电位的影响可以由空间电荷密度的变化来解释，如纽约的 Dean 和 Stimming[10]及

Myamlin 和 Oleskov[24]所提议的，在平带条件下，在浅能级（E_{D1}）电离的施主的正电荷可以被同等浓度的导带电子中和（图 3-8）。由于跨越空间电荷层电位差值（$\Delta\phi_{sc}$）较小，所以电子可从近电极表面区域被移除，导致耗尽层形成，即由未被补偿的施主形成一个内部带正电的空间电荷。图 3-8（b）给出的耗尽层的生长是单独的、电位范围在$\Delta\phi_{sc} \geqslant (E_F - E_{D2})/e$ 区间内的浅施主能级的情形，E_F 和 E_{D2} 分别是费米能级和深施主能级的能量。

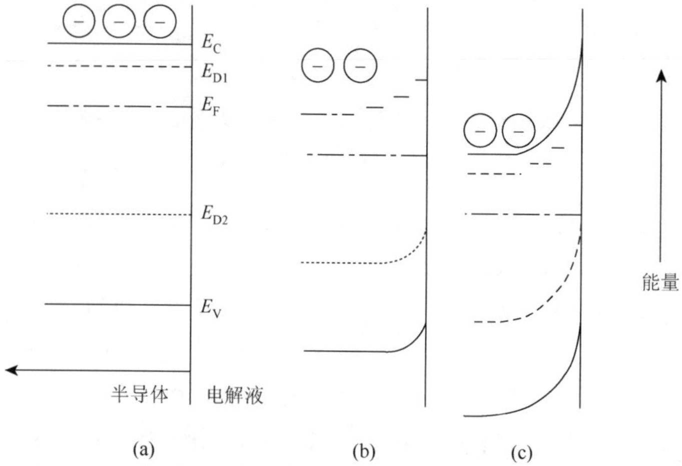

图 3-8　带有两个离散施主的半导体的能级示意图

（a）平带条件下，E_{D1} 处的施主态是完全电离的，而位于 E_{D2} 处的则填满了电子；（b）当 $e\Delta\phi_{sc} \leqslant E_F - E_{D2}$ 时，耗尽层的电荷是由 E_{D1} 处电离的施主导致的；（c）当 $e\Delta\phi_{sc} \geqslant E_F - E_{D2}$ 时，位于 E_{D2} 处的施主被电离并贡献于空间电荷

对于在腐蚀电位和–200mV（vs Ag/AgCl）极化下形成的腐蚀钝化膜，测试的莫特-肖特基曲线在大约–50mV（vs Ag/AgCl）电势的地方有一个破裂点，此破裂点的电势定义为临界电势（E_c）（图 3-9）。对于在 200mV 下形成的腐蚀钝化膜，两个斜率的行为已消失，莫特-肖特基曲线表现出一个单一的线性行为，这是钝化膜在–50mV（vs Ag/AgCl）的极化电位以上形成时的普遍现象。莫特-肖特基直线在临界电势（E_c）处发生破坏的原因可由空间电荷层中深能级电离的临界电势来解释。这种情况下，施主态位于 E_{D2} 的部分电离。随着 $\Delta\phi_{sc}$ 值大于 E_c–E_{FB} 的电势值，费米能级下降到低于 E_{D2}。施主态的浅能级和深能级都贡献于电极电容。浅能级的施主浓度和深能级的施主浓度可以通过公式从莫特-肖特基曲线的两个斜率 S_1 和 S_2 来分别确定：

$$S_1 = \frac{2}{\varepsilon\varepsilon_0 e N_{D1}} \qquad 对于E < E_c$$

$$S_2 = \frac{2}{\varepsilon\varepsilon_0 e(N_{D1} + N_{D2})} \qquad 对于E > E_c$$

其中，N_{D1} 和 N_{D2} 分别为浅能级的施主浓度和深能级的施主浓度。

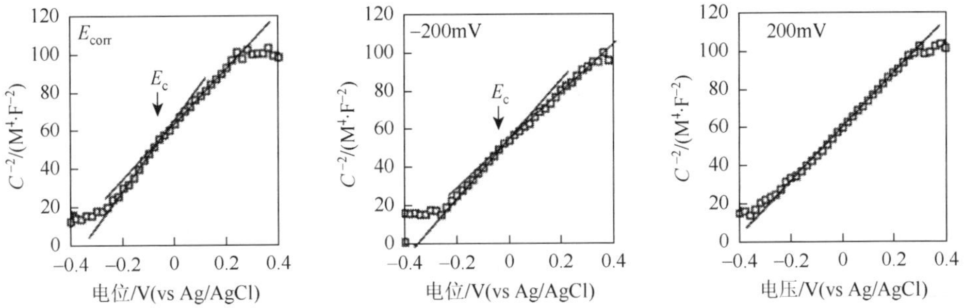

图 3-9　在 $0.01mol \cdot L^{-1}$ Na_2CrO_4 溶液中，频率为 1000Hz 时，在三个不同薄膜形成势下形成的钝化膜的莫特-肖特基曲线

2001 年，韩国高等科学技术学院的 Kim 等[25]在对铬在 pH 为 8.5 的缓冲溶液中形成的钝化膜进行研究时，发现钝化膜为单层或双层结构，并且膜层结构取决于膜形成电势（预钝化电势）。在低的膜形成电势–300mV（vs SCE）下，铬表面会形成单层 $Cr(OH)_3$；在膜形成电势 0mV（vs SCE）下，铬表面会形成双层，内层为 CrOOH，外层为 $Cr(OH)_3$，并且外层的 $Cr(OH)_3$ 在 300mV（vs SCE）下表现为 n 型半导体的性质，禁带宽度 E_g 为 2.75eV，而后在应用电势降到 0mV（vs SCE）或更低时，钝化膜表现出 p 型半导体的性质。内层 CrOOH 是 E_g=3.0eV 的 n 型半导体，且与外加电位无关。莫特-肖特基曲线表明，铬表面在外加电位为–100mV（vs SCE）以上时为 p 型半导体。他们指出外加电位对铬钝化膜的光电流谱及莫特-肖特基行为的影响可通过铬表面在 300mV（vs SCE）下形成腐蚀钝化膜的电子能带模型（图 3-10）进行解释，这个钝化膜由内部的 n 型 CrOOH 和外层的 p 型 $Cr(OH)_3$ 构成，并含有两个空间电荷层（SCL）。根据该模型可知，电子跃迁可能在三个位置上发生：SCL Ⅰ 中的 CrOOH 边（跃迁Ⅰ）；SCL Ⅰ 中 $Cr(OH)_3$ 边（跃迁Ⅱ）；最终的 SCL Ⅱ（跃迁Ⅲ）。在金属和钝化层间存在欧姆接触，因此在金属/膜层界面处没有空间电荷层。显然，由跃迁Ⅰ和跃迁Ⅱ导致的光电流是阳极电流，而由跃迁Ⅲ导致的光电流是阴极电流。图 3-10（a）模拟了在外加电位 200mV（vs SCE）时形成钝化层的情形，由于 SCL Ⅰ 处的电位梯度大于位于 SCL Ⅱ 处的电位梯度，因此主要发生跃迁Ⅰ和跃迁Ⅱ，最终对 CrOOH 和 $Cr(OH)_3$ 双层造成表观的阳极光电

流［图 3-11（a）］。当外加电位下降到 0V（vs SCE）时，由于 SCL Ⅰ的厚度降低，所以由跃迁Ⅰ和跃迁Ⅱ造成的光电流下降，而同时由于 SCL Ⅱ的厚度增加，所以由跃迁Ⅲ导致的光电流增加。最终，CrOOH 的光电流降低，而 $Cr(OH)_3$ 的光电流信号转变至负值方向［图 3-11（b）］。当外加电位进一步降低到–200mV（vs SCE）后，CrOOH 对光电流谱的影响几乎消失，仅是由 $Cr(OH)_3$ 导致的光电流，其仍为阴极电流信号［图 3-11（c）］。

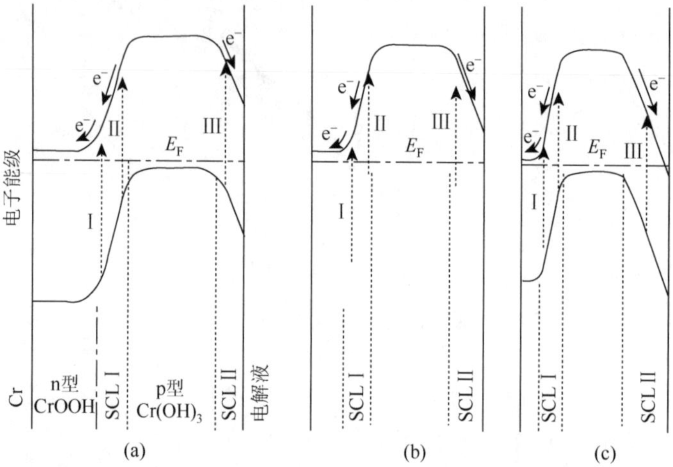

图 3-10 铬表面形成的腐蚀钝化膜的电子能带模型及铬表面在 300mV（vs SCE）下形成的钝化膜的外加电位对电子能带结构的影响示意图。外加电位：200mV（vs SCE）（a），0mV（vs SCE）（b）和–200mV（vs SCE）（c）[25]

同年，韩国高等科学技术学院的 Lee 等[26]在研究 Zr-4 合金表面钝化膜的光电化学性能时发现，表面钝化层表现出了 n 型半导体的性质，且该钝化膜的性能取决于薄膜生成电势、极化时间和外加电位。在 0V（vs SCE）极化电位下形成了单一的水合 ZrO_2，带隙能量为（2.98±0.29）eV。在 0.25V（vs SCE）极化电位下形成了外层为水合 ZrO_2，内层为无水 ZrO_2 的双层钝化膜，无水 ZrO_2 的带隙能量为（4.30±0.15）eV，该值与在 400℃形成的结晶 ZrO_2（4.77eV）的相近。内层的无水 ZrO_2 层随着膜生成电势和极化时间的增加而继续生长。通过测量外加电位对 1V（vs SCE）下形成的钝化层的每一层光电流谱的影响，确定了外层水合氧化物层的平带电位为–0.61V（vs SCE），内层无水 ZrO_2 层的为–1.2V（vs SCE）。

2004 年，日本大阪大学的 Tsuchiya 等[27]研究了 Fe-18Cr 钝化膜在硼酸缓冲液中的钝化性能和半导体性质间的关系，发现 Fe-18Cr 钝化层由内层氧化物和外层氢氧化物构成，并且这两层均为 n 型半导体，其禁带宽度分别为 3.4～3.5eV 和

2.4eV，同时他们还认为光照辐射能改变能带结构，从而导致光电流突变及空间电荷层的电容发生变化。此外，他们还探讨了硼酸溶液和硫酸溶液中 Fe-Cr 合金钝化层不同的生长动力学参数和腐蚀行为。

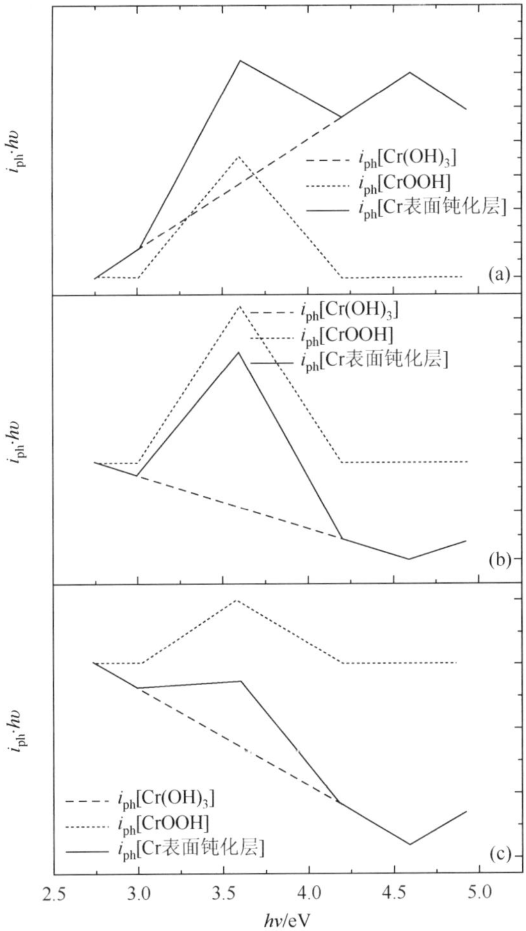

图 3-11　对于在 300mV（vs SCE）下铬表面形成的钝化膜，在外加电位为 200mV（vs SCE）(a)，0mV（vs SCE）(b) 和–200mV（vs SCE）(c) 下得到的光电流谱示意图[25]

2005 年，韩国先进科学技术研究院的 Jang 等[28]采用光电化学测试方法研究镍的钝化性能时，发现镍在 pH 为 8.5 的缓冲溶液中形成的钝化膜由 NiO 内层和 $Ni(OH)_2$ 外层组成，禁带宽度分别为（4.8±0.1）eV 和（3.05±0.1）eV，这两层都表现为 p 型半导体的性质，并且内层 NiO 是结晶态。NiO 和 $Ni(OH)_2$ 的平带电位（E_{FB}）不同，$Ni(OH)_2$ 的平带电位为 0.3eV，NiO 的平带电位为 0eV，并且它们组成了 pp 型异质结。日本广岛大学的 Mahmoud 等[29]从电容测试中发现，耐候钢表面形成的钝化膜是一种高度掺杂的 n 型半导体，其费米能级在–0.5V 以上，其电子捐献密度为 $10^{21}cm^{-3}$，并随着形成时间和形成势的增加而降低。

2008 年，西安交通大学材料科学与工程学院的 Li 等[30]采用光电化学测试方法和莫特-肖特基法，研究了膜的形成势和形成时间、氯离子浓度、溶液 pH 和外加电位对重碳酸盐/碳酸盐缓冲溶液中的 X80 管线钢的光电流行为的影响，发现形成势对金属或合金的钝化膜的组分和结构有重要影响。为了研究形成势对光电流的影响，他们将 X80 管线钢工作电极分别在 0V、0.2V、0.4V、0.6V（vs SCE）下极化，指出钝化膜的电化学行为由钝化膜的组分和结构控制，并与它们的半导体性能密切相关。他们强调若要更好地理解金属和合金表面的钝化膜的性质，需要对钝化膜的半导体性能进行更多的了解，以及对影响钝化膜半导体性能的各种因素，如形成势、形成时间、氯离子浓度等进行更多了解。他们在对钝化层的光电化学行为研究时发现，此钝化层表现出了 n 型半导体性质，光电流为正值，光电流随着钝化层生成势的增加、形成时间的延长、氯离子浓度的降低、外加电位的增加及溶液 pH 的降低而增加。电容测试中，莫特-肖特基曲线的斜率为正，且斜率随着生成势的增加而增加，这表明钝化层中的电子捐献密度随之减少。

2011 年，俄罗斯沃罗涅日国立大学的 Ganzha 等[31]对在除氧的碱性溶液中，铜阳极氧化形成的铜的氧化物的性质进行了研究，同步分析了其光电压和光电流的变化，指出铜很容易和溶液中的溶解氧反应生成氧化亚铜，但是氧化亚铜形成后会阻碍后续氧化的发生。通过阳极氧化和腐蚀反应形成的铜的氧化物均为 p 型半导体。在铜的阳极氧化的初始阶段，形成的一价铜的中间产物可能是氢氧化亚铜，这是一种 n 型的半导体。氧化亚铜层是一个薄层，且是禁带宽度为 2.2eV 的直接跃迁半导体。在形成氧化铜的电位范围内，阳极极化导致形成较厚的氧化物层，其成分为氧化亚铜和氧化铜的混合物。

上述研究表明金属表面生成的氧化物层，不管是钝化层还是腐蚀产物都是不同类型的半导体，具有半导体性质和光响应能力，通过分析氧化物层的半导体性质和光响应能力不仅可以更好地研究氧化物层的行为，而且可以从不同程度上改变腐蚀反应的速率，对金属起到保护或加速腐蚀的作用。

3.3　光照下的金属缓蚀的研究现状

1986 年，英国牛津 AERE Harwell 腐蚀技术组的 Marsh 等[32]发现 γ 射线照射 304 SS 可使其在含 300ppm Cl^-的溶液中的稳定电位增加 200～300mV，最终达到 320mV（平均值），相似的现象也在富氧和缺氧溶液中观察到。稳定电位变正是光照辐射分解水生成的氧自由基的阴极去极化作用导致的，也可能是钝化层表面光辐照后氧化性自由基和分子物增加了表面氧化层的保护作用导致的。在含氧溶液中电势的快速增加是因为溶解氧提高了产生的氧化性产物。光照能抑制低电位下点蚀的发生，但对于已建立的点蚀的再钝化没有影响，同时也不影响点蚀的形貌。1987 年，美国斯坦福国际研究院 Macdonald 团队的 Lenhart 等[33]研究发现，镍在 pH 9.2 的含氯缓冲溶液中采用白光照射镍表面时，表面点蚀数目明显减少，钝化膜击破电位变正，表现为光缓蚀效应。这是由钝化膜中产生的光生电子-空穴对所导致的，它易于泯灭电场，并由此降低了阳离子空位迁移穿过钝化膜所需的驱动力。最终导致的核心效应是击穿电压变得更正，正如钝化层破裂的点缺陷模型（PDM）所预测的一样，最终表现为钝化膜的光缓蚀效应（PIPB）。

1992 年，英国牛津哈威尔实验室的 Stewart 等[34]研究指出，在中性氯化物溶液中点蚀成核主要发生在硫化物富集处。合金中块体硫化物含量不是控制点蚀敏感性的关键因素，更重要的是硫化物内含物的尺寸和分布。激光熔融的试样中熔合区的硫化物含量为 0.07%，相反，该合金表现出极高的抗点蚀性，这一现象表明合金中硫化物含量不是控制点蚀敏感性的关键因素。合金腐蚀过程中点蚀的成核频率和微点蚀都因激光处理而极大地降低。而内含物的尺寸对不稳定的微点蚀的频率和寿命有较大影响，推断可能是硫化物的尺寸低于一定数值时（还没有最终确定，但是对于球形，可能是位于 0.008～0.5μm^3），单独的硫化物太小以致不能形成毁坏性的点蚀。在点蚀形成的早期，内含物的形状会影响融化的动力学速率。这些结果表明控制微观结构可以提高抗点蚀性能。测试入射光的波长及合金中不稳定的微点蚀成核的频率，是一个快速对比和评估合金抗点蚀性能的方法。

1995 年，瑞士的 Schmuki 等[35]研究发现，在 0.01mol·L^{-1} 的氯化钠溶液中，用 325nm 的光（光强密度为 300mW·cm^{-2}）照射纯铁时，点蚀电位明显正移，且当停止光照时，这种光缓蚀效应仍然存在。他们认为这并不是由钝化膜中光辐照下场分布的改变所导致的，而是由于在钝化膜和溶液表面有光生活性基团（如羟基），其相对稳定，这是因为实验表明光照和暗态下钝化膜的电学性能不同，光照下钝化膜的表面态密度增加。而铁表面钝化膜的表面态密度很可能与羟基离子的吸附有关，从 Cl^-/OH^-吸附模式的竞争角度来看，抗腐蚀性能提高的原因可能是光生羟基离子的吸附压制了氧化物表面 Cl^-的吸附。此外，光照还导致膜层逐渐变厚。同年他们在另一篇文章[36]中再次指出，铁的点蚀电位和光辐照强度有着明显的关系，点蚀敏感性降低的原因不是场分布的改变，而是光照改变了钝化层的性质，特别是电子性质（即增加了表面态密度）。这种钝化层的表面态离子可以吸收溶液中的氢氧根，这可能是点蚀电阻增加的原因，氢氧根和氯离子竞争吸附抑制了氯离子的吸附和穿透作用。

1995 年，巴西圣玛丽亚联邦大学的 Chagas 等[37]研究了 1.0mol·L^{-1} H_2SO_4 中，在有/无丙炔醇条件下，光照对铜电化学行为的影响。电化学方法证实电极和有机化合物界面的氧化/还原过程可由体系的光照条件影响。光照下，铜在充气的硫酸中的失重速率高于其在暗态下的失重速率。动电位极化曲线表明这与铜的氧化物的溶解有关系。丙炔醇的加入可以阻止铜在这一介质中的腐蚀过程，但是仅限于在有光照的条件下。丙炔醇和铜之间的相互反应包括吸附步骤，而对于铜的氧化物，吸附过程比金属上的吸附过程更强烈。在含有丙炔醇的溶液中，与铜的氧化物还原相关的阴极电流将下降。这个证据证明了在含有丙炔醇的溶液中电极表面形成的铜的氧化物的数量比溶液中没有丙炔醇时低，且在光照下这一影响更加显著。

1996 年，Macdonald 等[38]进一步解释了紫外光照可极大地阻止不锈钢表面点蚀形成的原因。光照下 n 型半导体钝化膜受到具有充足能量光子的激发产生了可移动的电荷（光生电子-空穴对），导致薄膜/溶液界面上电场降低。电场强度的降低使晶体缺陷结构（阳离子空位）被压制，这进一步使得阳离子空位流动穿过阻碍层的能力降低了，因此钝化膜具有更大的抗腐蚀活性。他们认为发生钝化膜的击穿是阳离子空位从膜/溶液界面流向金属/膜界面的结果。这种流动出现于吸附的侵蚀性 Cl^-向阻挡层/溶液界面的氧空位流动时，并且阳离子空位的流动也是 Cl^-流动所导致的。如果阳离子空位流动的速率超过阳离子空位在金属/膜界面泯灭的速率（J_m），过量的空位将凝结形成阳离子空位浓缩点。当浓缩点超过其临界面积尺寸时，薄膜将变得不稳定，发生击穿。他们发现在 1mol·L^{-1} NaCl 中，用 300nm 的紫外入射光照射 304 SS 金属表面时，击穿电压与其在暗处的击穿电压相比将正移，表面点蚀的成核被极大地降低，不锈钢抗腐蚀性能是由其钝化膜局部击穿的敏感性决定的。

1997 年，美国滨州州立大学先进材料中心的 Breslin 等[39]发现用单色紫外光照射 304 和 316L 不锈钢时，能提高其在含氯离子溶液中的抗点蚀性能。对中性和酸性溶液中浸泡的不锈钢表面进行光照后，在光照停止后的 220h 仍能继续提高抗点蚀形成的能力。用高能量的光（$\lambda < 375$nm）照射不锈钢时，点蚀击穿电压增高，点蚀诱导期增长，此时这些光子具有比禁带能量还高的能量。光抑制效应将随着光照时间的增加而增加，在光照 5h 后此效应达到最大。而当样品放在碱性溶液中极化时表现出了光抑制效应降低。这是由于在薄膜/溶液界面形成了沉淀层，其阻碍了入射光的反应。同时他们指出，光生电子-空穴对的产生及随之带来的电场的泯灭是非常重要的。当且仅当入射光的能量超过钝化膜半导体材料的禁带能量时，才能提高抗点蚀形成性能。Fe-Cr 合金的禁带能量为 2.0～3.2eV，在 275～375nm 光照下会产生相当大的光电流，当光的波长大于 375nm 时光阻止腐蚀的效应开始减弱。这种光抑制行为也与其子带隙的光吸收性能有关。不锈钢表面钝化膜中含有 n 型半导体氧化物，这一阻挡层被认为是高度缺陷型的和无定形态的物质，它可产生光生电子-空穴对，电场强度的泯灭增加了其抗点蚀形成的性能。同年，他们采用 λ=300nm 的紫外光照射 316 SS[40]，发现预钝化阶段的感应时间增加，

并且点蚀成核效应速率减小。这说明光照对钝化层的改变甚至在光去除后也仍然存在。钝化层点蚀电阻的增加可以用半导体性质和点缺陷模型（PDM）来解释。暗态和光照下预钝化样品的实验测试结果与理论计算的诱导期（诱导阶段）能相互印证。

1998 年，Breslin 和 Macdonald[41]又研究了含氯离子溶液中光照辐射（300～450nm）对含铜合金（CA-715、CDA-614）的影响，结果证明它们的抗侵蚀能力在光照辐射的作用下增强，光照阻止了铜的氧化，研究者又根据钝化膜的半导体性质和钝化膜破坏的点缺陷模型给予了解释。结晶 Cu_2O 是一种 n 型半导体，带隙能量为 2.2～2.3eV。在光照下，铜的氧化物将被光还原。$CuCl_2$ 是一种 n 型半导体，在 Cu-Ni 合金中，由于光致钝化效应，电场被泯灭。Fujimoto 等[42]发现在紫外光照射下，304 SS 表面抗点蚀能力增强，点蚀形成速率减小。根据点缺陷模型，空位在金属/膜界面上的积累将导致点蚀的形成，而光照下空位的传输将被降低，所以光照在发生点蚀前就改变了钝化膜中的空位结构，从而导致抗点蚀性能增强。

1999 年，Heaney 和 Macdonald[43]研究了铁在硼酸缓冲液中的光缓蚀效应（PIPB），他们的研究证实了 Schmuki 等[35,36]的研究结果。在引入氯离子后，阳极极化至点蚀电位时，将高强度的大于禁带宽度的光照射在铁表面，使金属表面不敏感，减缓了发生成核点蚀的反应，也确定了在停止光照后的缓蚀效应的持续性。最后，研究者探讨和解释了 PIPB 两种机理各自的优势（即光致电场的猝灭与缺陷结构和电子结构的改变使体掺杂和表面态密度增加），印证了用点缺陷模型（PDM）来解释钝化破裂的正确性。

2000 年，Macdonald 和 Heaney[44]又研究了 AISI 304 型不锈钢在 $0.5mol \cdot L^{-1}$ 氯化钠和加硼酸缓冲溶液中的钝化击穿行为。他们观测到在低强度的紫外光照射下，光会抑制点蚀发生，而在高强度的紫外光照射下则会加速点蚀。在前面工作中对 Fe、Ni、Cu-Ni 合金和不锈钢都观测到低强度光缓蚀效应，该效应是由电场的猝灭和随后在阻挡层中空位结构的被修复导致的，这个过程能减缓金属和阻挡层界面处的临界阳离子空位的凝聚浓缩。他们还指出击穿电位发生在内在阳离子空位流动较快的区域，包括阻挡层与夹杂物（如 MnS）或第二相颗粒（如 Cr_2O_3）的交界处。因此，在低强度光（强度小于 $100mW \cdot cm^{-2}$，λ=325nm）照射下，尽管最终将发生夹杂物 MnS 的溶解，并在夹杂物附近形成酸性的裂缝，但是夹杂物周围的阳离子空位的凝结/周围的溶解却被认为是腐蚀发生的最基本的起因。另一方面，高强度光（强度大于 $100mW \cdot cm^{-2}$）照射下，钝化层破裂加速也归因于光活性及 MnS 夹杂物的溶解，并且该过程与空位的凝结同时发生。在 $0.5mol \cdot L^{-1}$ 氯化钠溶液中，不锈钢的点蚀电位在高强度（即能量超过禁带宽度）的紫外光照射下将会正移，但是在更高浓度的 $1mol \cdot L^{-1}$ 氯化钠溶液中将不会发生变化。2001 年，英国伦敦的 Moussa 等[45]也发现了类似的结果，他们指出光照将改变 304 不锈钢上的电子流动，导致光照和暗处下电极电势不同，从而减缓点蚀的发生，使不锈钢的钝化膜击破电位正移。

2002 年，同济大学化学系的 Li 等[46]研究碳钢的钝化层在含抗腐蚀剂磷-聚马来酸的硫酸锌微碱性溶液（PPMA-$ZnSO_4$）中的伏安-光电流响应中发现，在硼酸盐缓冲溶液中（pH=8.4），在不存在/存在 PPMA-$ZnSO_4$ 时碳钢电极表面的氧化还原过程使得其表面形成了具有 n 型半导体性质的 γ-Fe_2O_3 膜。他们发现在碳钢表面半导体钝化层的形成过程中，光电势和光电流都会发生变化，钝化膜具有光电流响应，可以进一步证实其具有半导体性质。在 0.8V（vs SCE）的正向电压扫描极化时，钝化层的厚度将增加，形成 γ-Fe_2O_3 钝化层，其阻止金属的进一步腐蚀和溶解。此钝化层的直接和间接跃迁带隙能量（E_g）分别为 3.0eV 和 2.3eV。实验中，随着阳极极化电势的增加，光电流正向增大，该结果表明碳钢电极的钝化膜是一种 n 型半导体，通常认为该半导体膜是 γ-Fe_2O_3，它的存在使碳钢表面的钝化和抗腐蚀效应提高。在含抗腐蚀剂磷-聚马来酸的溶液中，在铁表面形成的钝化膜为铁的氧化物，或 Fe（Ⅱ）和 Fe（Ⅲ）的复合物，它们的存在将导致光电流响应增大，当钝化膜被击穿后，光电流将快速下降，而在阴极极化过程中，光电流是阳极极化扫描时的几倍，该结果再次表明了钝化膜的光电流是腐蚀钝化层所表现出来的性质。

2005 年，日本的 Mahmoud 等[29]采用阳极极化、浸泡及坠落测试方法研究了在耐候钢表面涂覆一层 TiO_2 后，其在氯化钠溶液并在紫外光照下的腐蚀行为。极化测试发现在紫外光照射下，涂覆 TiO_2 的耐候钢的腐蚀电位明显负移。这是因为紫外光照射下生成的光生电子会促进阴极反应，同时阳极电流比不涂覆 TiO_2 的情况下要低，涂覆的 TiO_2 降低了基体的阳极溶解。浸泡实验中的失重结果表明紫外光照射加速了涂覆和不涂覆 TiO_2 的耐候钢的腐蚀，对腐蚀后的试样进行坠落实验，并测试腐蚀产物掉下来的重量。坠落实验的结果表明紫外光照射后耐候钢的失重降低，这是因为浸泡试验中紫外光照射会促进纳米尺寸的、致密的、高结合力的腐蚀钝化层形成。这是由紫外光照射下的光电化学反应生成了活性氧自由基导致的，从而由半导体氧化物的光电化学效应生成这种高结合力锈层，该锈层最终提高了对耐候钢基底的保护作用。

综上所述，光照抑制不锈钢、镍、铜、碳钢腐蚀的行为的原因不止一种。其中一部分原因是光照下产生的光生电子-空穴对会形成一种内部电场，它易于泯灭金属自腐蚀过程中所形成的电场。这种光致电场将减少阳离子空位向溶液中的流动，或减少电子的流动，减小金属钝化击穿的敏感性，增大钝化膜的击穿电压，从而降低缺陷和点蚀数量。这种光致电场的强度与钝化膜的平带电位有关，也受其本质电子结构的制约。而另一部分原因是光照下金属表面将形成致密的、高结合力的或厚的钝化膜层，阻隔金属与电解液间的直接接触，提高金属的抗蚀性能。

然而对于其他种类的金属，具体的光致缓蚀机理仍需进一步研究确定。

半导体的光响应可以产生光生电子，从而带来缓蚀性能，由此研究者们提出了光电化学阴极保护方法。20 世纪 90 年代日本学者研究发现，TiO_2 薄膜在紫外光（$\lambda < 387nm$）激发下，可使金属铜[47]、不锈钢[48]、碳钢[49, 50]的自腐蚀电位负移，给金属提供阴极保护作用。2001 年东京大学的 Ohko 等[51]利用紫外光照射涂覆在不锈钢表面的 TiO_2 层时发现光照使不锈钢的电位负移，从而对基底金属提供光电化学阴极保护作用。国内学者针对半导体膜对金属的光致阴极保护性能也进行了广泛的研究[52-55]，研究结果也可借鉴到光照对金属腐蚀的影响机理研究中。了解半导体薄膜对金属的光致阴极保护性能有助于分析光照金属表面钝化膜对金属基底产生的光电化学影响机理，弄清电子的传输路径及界面电荷的传输情况。厦门大学的李静等[53]和漆海清等[54]发现有序 TiO_2 纳米管阵列不仅在紫外光照下可对金属起到阴极保护作用，而且在停止光照后的较长时间内仍可对金属提供持续的保护。纳米管状结构的 TiO_2 阵列膜具有更大的比表面积，能与电解液更有效地接触，这种结构易于捕获光激发产生的电子-空穴对，降低其二次复合概率，从而增大界面电荷传输速率，提高量子产率，因此提高了光电转换及光致阴极保护性能。浙江大学化学系曹楚南院士和张鉴清教授团队的冷文华等[56]报道了 WO_3 在可见光照射下并在空穴捕获剂的协助下，可对暴露在氯化钠溶液中的铜进行光电化学阴极保护。在对用掺杂改性 TiO_2 进行的光致阴极保护性能的研究[57-61]中发现，半导体 TiO_2 中掺入 Fe、Co、N 后，金属表现出更好的光致阴极保护性能。这是由于掺杂物质将协助捕获光生电子-空穴，促进光生电子-空穴转移分离。在对 TiO_2-SnO_2[62, 63]、TiO_2/Sb_2O_5[64]复合半导体的光致阴极保护性能研究中发现，Sn 和 Sb 均是具有多价态的金属元素，它们具有储存光生电子的功能，在停止光照后，不稳定的低价态氧化物将储存的光生电子注入到金属基底，从而达到延时阴极保护的作用。在对碳纳米管/TiO_2 复合薄膜进行的光致阴极保护性能研究中发现[65, 66]，半导体 TiO_2 与强导电性物质复合后，其转移电子能力增强，可提高对金属的光致阴极保护性能。电解质捕获光生空穴的能力直接制约半导体材料的光致阴极保护效应，电解质捕获光生空穴的能力越强，半导体材料的光致阴极保护活性越高[67]。此外，半导体材料的生长形貌也会影响其光致阴极保护效应[68, 69]。

2009 年，华南理工大学化学与化工学院的曾振欧等[70]研究了纳米 TiO_2 涂层在 3%氯化钠溶液中对 304 SS 的防腐蚀性能的影响，他们进一步解释了 TiO_2 涂层光致阴极保护的作用机理。n 型半导体 TiO_2 在紫外光激发下产生电子-空穴对，大多数光生电子与光生空穴重新复合而不具有光电化学效应，少数未复合的光生电子具有两种反应途径：①注入 304 SS 基体使其开路电位降低，实现光致阴极保护；②与溶液中的氢离子作用（$2H^+ + 2e^- \longrightarrow H_2$）或与氧化态物质发生还原反应。同时，未复合的光生空穴也具有两种反应途径：①向涂层/溶液界面迁移形成正电荷层；②涂层/溶液界面累积的光生空穴达到一定浓度后与溶液中的水分子作用（$H_2O+2h^+ \longrightarrow 2H^++1/2O_2$）或与还原态物质发生氧化反应。这些反应都有利于减少光生电子-空穴对的复合概率和提高光电化学效应。当停止紫外光照后，纳米 TiO_2 不产生电子-空穴对，不锈钢基体一侧的电子和溶液一侧的光生空穴又重新迁移至纳米 TiO_2 涂层并迅速复合，开路电位回升并使得阴极保护作用消失。最近，作者所在的课题组通过制作偶联的光电极/金属电极体系，采用电化学工作站和光电化学反应装置相结合的方式，测定了半导体薄膜/金属之间的电荷流向及电流强度，以及光致开路电位的变化[71]。针对白光照射 ZnO 薄膜对 Zn、Q235 CS、304 SS 的腐蚀研究发现，光照下半导体薄膜对金属腐蚀所起的作用由半导体和金属的开路电位决定。光照激发 ZnO 产生的光生电子积累到导带上使 ZnO 的开路电位负移，当 ZnO 的开路电位比金属的开路电位更负时，光照激发 ZnO 产生的光生电子才可转移到偶联的金属上对其提供光致阴极保护。若 ZnO 在光照下的开路电位仍比金属的开路电位正，ZnO 上产生的光生电子就无法转移到偶联的金属基底上。反之，积累的光生空穴会直接夺取偶联金属阳极溶解产生的电子，加速基底金属的腐蚀[71]。

3.4 光照加速金属腐蚀过程的研究现状

与光致缓蚀现象不同，在一些情况下，光辐照会加速金属的腐蚀过程。1986 年，英国曼彻斯特大学腐蚀与防护中心的 Bastidas 等[72]研究了低碳钢在柠檬酸溶液中腐蚀的光响应效应。他们的研究表明光照下的低碳钢电位和电流相对于暗态下的电极电位和电流均发生了负移。对于浸泡较长时间（27d）后的低碳钢，光照下其光致电位和光致电流的响应均是先正移到最大值然后负移回稳定值，该现象与金属表面产物的种类有关系。电化学测试的结果表明光照下的腐蚀速率比暗态下快 65%。表面的腐蚀产物在开光照射时表现出颜色转变，即从黄色转变为黑色。金属表面黄色的腐蚀产物表现出正的光电响应（电压增加），这些黄色的腐蚀产物可能是 FeO 或 FeOOH。在继续进行光照反应后，电压和电流都向负的方向移动，腐蚀产物的颜色转变为黑色。这可能是形成了 Fe_3O_4，从而产生了负的光响应信号。此外，形成的柠檬酸铁络合物也具有光敏感性。同时，如果用乙烯基漆涂覆碳钢，将降低光照带来的影响。

1990 年，英国南安普顿大学化学系的 Peter 等[73]研究了 n 型的硅（Si）在氟化铵溶液中的光溶解过程，这一过程是多级的电子传递反应，在光照下，光生空穴从中间产物中竞争获得电子，使得量子效率比单一过程中的大大提高。1995 年，立陶宛维尔纽斯化学研究所的 Juzeliūnas 等[74]报道了在波长为 488nm 的离焦激光束照射下，锌在 5%氯化钠溶液中的腐蚀速率会增加，并且锌在光照下表面形成的腐蚀产物比暗处下更多。腐蚀的速率取决于电子和/或离子在膜中的传输速率。单晶 ZnO 和 Zn 表面阳极氧化形成的钝化膜是一种 n 型半导体，光照能够影响该钝化层的导电性，并且光照加速了电子向电解液中的氧的传输，从而导致腐蚀加速。1996 年，他们[75]在相似的研究中再次指出，光致加速金属腐蚀现象有两种解释，一是光照增加了表面保护层的导电性，即加速了离子或电子传输穿过表面层；二是光致表面层溶解，毁坏了保护层。他们通过石英晶体微天平研究了在氯化钠溶液中锌在低强度光照下的腐蚀过程，研究发现光照加速锌腐蚀更可能的原因是光照增加了氧化物层的传导性，而没有证据证明是光照导致表面氧化物层瓦解。他们进一步认为光照能够加速电子从金属经由氧化物层传输到氧上的过程或者能够加速 Zn^{2+}穿过氧化物层的扩散，或者两者兼而有之。在此情况下，ZnO 相当于一个 p 型半导体，光照加速了电子向电解液中的氧的传输，从而加速了腐蚀。氧化物层的光致效应导致钝化层的导电性增加。光照下，电子向膜/电解液界面传输，空穴向相反的方向传输。希腊塞萨洛尼基大学化学系的 Spathis 和 Poulios[76]也发现带有 ZnO 涂层的 Zn 在 3.5%氯化钠溶液中进行阳极极化时，其腐蚀速率随着光照而增加，他们指出光照下的 E_{corr} 值比暗处下的更负，腐蚀敏感性增加。此外，他们还认为光照和暗处下电流密度不同是由光照产生的光生电流引起的。最后，他们总结出当腐蚀产物层为薄层时，腐蚀速率在光照下的较大，并加速形成厚的氧化物层，因此基底金属将被厚的钝化层保护起来。锌的腐蚀产物钝化层能阻止反应离子在金属表面的阴极区和阳极区间传输。而在暗处下，表面只能缓慢形成薄的氧化物层，此时虽然薄氧化物层具有一定的阻挡效应，但锌的腐蚀速率仍然较大。

2000 年，爱尔兰国立梅努斯大学化学系的 Rudd 联合 Breslin[77]报道了波长为 200～900nm 的光照辐射导致的锌在碱性溶液中极大的光致溶解现象，并认为该现象是由 ZnO 的 n 型半导体性能引起的。ZnO 在光照下产生光生空穴，并且生成的光生空穴会传到钝化膜/溶液界面并参与电化学反应。光生空穴与 ZnO 反应，导致 ZnO 发生光分解，最终导致锌的溶解被加速。然而，在其他的文献报道中，这种解释很难得到进一步的证明。2001 年，立陶宛的 Kalinauskas 等[78]报道了在波长为 488nm 的光照射下，不同溶解氧浓度的氯化钠溶液中，ZnO 附着在锌表面的光腐蚀行为。该报道证实了光照会加速锌的腐蚀，光致电位会正移，同时阴极电流密度会增加。而在除氧的溶液中，光照却没有加速锌的腐蚀行为。对比以上两个实验结果，可以表明光照加速了锌/溶液界面氧的还原反应。随着时间的延长，光照生成了更具有保护效应的氧化层，并由此导致腐蚀速率降低。

2003 年，美国新墨西哥州材料与冶金工程学院的 Burleigh 等[79]研究了不同金属长期（三个或五个月）暴露在紫外光下的光腐蚀行为。失重结果表明暴露在紫外光下的纯锌、碳钢、铝 6061（UNSA96061）、纯铜、纯银试样的失重量大于暗处下的失重量，因此纯锌、碳钢、铝 6061（UNSA96061）、纯铜、纯银都发生了光致加速腐蚀。而钛、锆、典型 304（UNS S30400）不锈钢、纯镍在此条件下质量增加，但导致质量增加的原因尚不明确。纯镍和铝 5052（UNS A95052）没有表现出可重复性的趋势。他们通过加滤光片的方式测得的光电势结果表明光效应是由可见光和紫外光导致的带隙跃迁引起的，而不是由红外加热引起的。当腐蚀后的锌、铝 6061、镍试样暴露在紫外光下时，开路电位跳跃到更正的电位，而对于腐蚀后的黄铜、铜、银、不锈钢、钛和锆，暴露于紫外光下时开路电位（OCP）跳跃到更负的电位，同时他们采用能带结构模型解释了此光伏效应。光子能在氧化物膜中激发产生出光生电子-空穴对。如果在水界面处的导带和价带向上弯曲，电子将流向金属，使金属带负电。另一方面，如果在水界面处的价带和导带向下弯曲，正的空穴将流向金属，使金属带正电，同时电子向相反的方向流动，流到与电解液接触的界面上，加速阴极过程。如果阴极反应被加速，则点蚀同时也将被加速，进而导致失重量增加。在紫外光下，具有较正光电势的金属（Al 和 Zn）的点蚀增加，而具有较负电势的金属（Zr、Ag、Cu）将由于紫外光照而在表面发生更加均匀的腐蚀，即比暗处下的腐蚀变得更均匀。

2007 年，美国的 Thompson 和 Burleigh[80]研究发现，紫外光照射下，锌合金在废水中暴露 4 个月后的腐蚀速率比在暗态下的腐蚀速率大。他们认为这种腐蚀加速是由光生电子向电解液界面的迁移导致的，该过程加速了阴极反应并因此加速了这些合金的点蚀过程。他们发现这种光腐蚀与平带电位有关，平带电位越负，腐蚀速率越大。2013 年，伊朗阿巴丹石油工程学院的 Riazi[81]等研究了 AISI 1015 低碳钢在紫外光照下氯化钠溶液中的腐蚀行为。极化曲线测试结果表明在紫外光下，AISI 1015 低碳钢的腐蚀电流密度增加。电化学阻抗谱（EIS）数据表明紫外光照射减小了腐蚀过程的电荷传递电阻。他们认为紫外光主要影响了表面生成的半导体氧化层，半导体层在光照下生成的空穴改变了金属氧化物与溶液接触面的电势差，促进了金属的电子从氧化物流向溶液，而且这种效应减弱了氧化物中金属与氧的连接，形成了氧空位。另外，光生空穴会与氧气发生反应，生成 OH·、O_2^-·、O^-、HO_2·等活性基团，加速低碳钢的腐蚀。美国俄亥俄州立大学方塔纳腐蚀中心的 Lin 等[82]研究了紫外光辐射对于铜的大气腐蚀的影响。在不同的腐蚀暴露环境中，赤铜矿（Cu_2O）为主要的腐蚀产物。紫外光辐射能够明显加速腐蚀产物中 Cu_2O 的形成，而对于二价铜腐蚀产物的形成影响则很小。紫外光辐射对 Cu 的大气腐蚀速率的加速作用主要是通过紫外光子与 Cu_2O 之间的相互作用，形成了活性氧原子，进而加速了 Cu 的大气腐蚀。

光照对腐蚀过程的影响，并不局限于表面氧化层的半导体效应，除此之外，在光照下生成的一些光敏气体，或在溶液中生成的活性基团也能促进腐蚀反应的发生，或者直接参与腐蚀反应。1978 年，美国新墨西哥州立大学化学系的 Davis 和 Johnson[83]研究发现在含氯离子的厌氧酸介质中，在可见光照射下铜的腐蚀被极大地加速，可见光照射 8h 后的腐蚀是暗处下试样腐蚀的 50 倍。腐蚀加速的原因是在卤素环境中，生成的主要产物 $CuCl_3^{2-}$ 在光照下会和 H^+ 生成 $CuCl_3^-$ 和 H_2，生成的二价铜会继续和铜基体反应从而加速腐蚀过程。

1984 年，美国新泽西贝尔实验室的 Graedel 等[84]研究了大气腐蚀过程中硫化物和铜的反应，他们指出太阳光和普遍存在的大气臭氧能够加速多种晶体类型的铜的硫化反应。该发现可以解释城市地区铜腐蚀速率很快是由于光照参与了硫化反应的多个光反应过程。1998 年，加利福尼亚大学化学系 Finlayson-Pitts 组的 Oum 等[85]的研究指出海洋环境中的氯化钠在光照下会和氮氧化合物生成氯原子前驱体，光照分解臭氧也会导致氯原子生成。随后更多的学者研究发现在本体溶液中，引入紫外光照后生成的 OH 活性原子团可以与氯离子反应生成活性基团 $HOCl^-$，最终生成氯气，其反应机理如下[85-87]：

$$H_2O_2(aq)+h\upsilon\,(\lambda=254nm) \longrightarrow 2OH(aq)$$

$$OH(aq)+Cl^- \longrightarrow HOCl^-$$

$$HOCl^-+H^+ \longrightarrow H_2O+Cl$$

$$Cl+Cl \longrightarrow Cl_2$$

$$Cl+Cl^- \longrightarrow Cl_2^-$$

$$2Cl_2^- \longrightarrow Cl_2+2Cl^-$$

$$Cl_2+H_2O \longrightarrow HOCl+H^++Cl^-$$

$$HOCl+H^++Cl^- \longrightarrow Cl_2+H_2O$$

$$Cl_2(aq) \longrightarrow Cl_2(g)$$

即使生成的 Cl_2 浓度很低，也会对金属造成很严重的腐蚀，同时，生成的 Cl_2 还能够加快其他污染性气体对金属大气腐蚀的影响[88]。

2003 年，Finlayson-Pitts[2]发表的综述指出，太阳光照中的紫外光照能够与腐蚀产物发生反应，产生一些氧化物，如光敏感气体臭氧、NO_2 等。紫外辐射能明显加速臭氧及 NO_2 的光催化反应，产生具有攻击性的活性氧原子[89]。活性的氧原子可以与水分子反应生成具有侵蚀性的·OH 自由基或者直接氧化金属[90]。活性氧原子及·OH 自由基能够明显加快大气环境下的腐蚀性，从而加速金属的腐蚀反应。

$$O_3+h\upsilon\,(\lambda < 370nm) \longrightarrow O+O_2$$

$$NO_2+h\upsilon\,(\lambda < 397nm) \longrightarrow O+NO$$

$$O+H_2O \longrightarrow 2OH$$

2010 年，著者[91]在弗吉尼亚大学材料科学与工程系的研究工作及联合 Liang

等[92]在俄亥俄州立大学的实验均表明臭氧及紫外辐射能够共同促进银的腐蚀，其主要原因为紫外光照能够促使氧气和臭氧的光分解，从而产生活性氧原子，由此进一步促进 Ag_2O 的生成。在紫外光照条件下，环境的相对湿度对于银的腐蚀反应影响不大，主要原因是在干燥条件下活性氧原子会与金属直接反应，而在一定的相对湿度下，活性氧原子会与水分子进行反应，生成·OH 自由基。活性氧原子及·OH 自由基与 Ag 的反应均是一个化学反应吸附的过程，两者反应过程相似。在臭氧及紫外光照存在条件下，银的腐蚀被加速。不同于裸露的银，沉降了氯化钠盐粒的银即使在暗黑条件下，都能表现出较快的腐蚀速率。

2010 年，奥地利维也纳理工大学的 Wiesinger 等[93, 94]针对紫外辐射对银大气腐蚀的影响进行了一系列原位测试，并搭建了原位测试装置。该原位测试系统包括红外反射吸收光谱（IRRAS）、石英晶体微天平（QCM）及飞行二次离子质谱法（TOF-SIMS）三大主体测试部分。该装置可以将样品暴露在可控的特定气氛中，同时能够接受紫外光的辐射。通过调控一系列的暴露环境参数（如气体组分及环境湿度、温度等），研究发现银会被臭氧氧化而在表面形成 Ag_2O/AgO ($Ag^{I}Ag^{III}O_2$)组分，此氧化物的形成及腐蚀速率与环境的相对湿度密切相关。紫外光照与臭氧的存在可以明显地加速腐蚀产物的形成，具体而言，紫外辐射能够直接加速 AgOH、Ag_2CO_3 的形成速率，O_3 则可促进 Ag_2O 组分的形成及进一步促进 AgOH、Ag_2CO_3 的生成。

2014 年，作者所在的课题组研究了锌[95]、Q235 低碳钢[96, 97]和 09CuPCrNi 耐候钢[98, 99]在紫外辐射条件下的腐蚀过程及表面锈层的光电化学效应对基体金属腐蚀的影响。增失重实验和电化学实验结果都表明紫外辐射将加速这三种金属的腐蚀。实验还探究了表面氧化层的半导体性质和光电压、光电流的变化，发现光电压正移，光电流负移。我们尝试从半导体光伏效应产生的电子和空穴的流向来解释光照会加速腐蚀的现象。从半导体能带和金属功函数及溶液氧化还原电位的位置关系，可以得出半导体的表面能带会发生能带弯曲，开光后半导体上产生的光生电子和光生空穴的流向不同，电子流向溶液半导体界面，空穴流向基体金属，由于氧化性的空穴从基体金属夺取电子，所以加速了腐蚀。

总之，光照加速铜、锌、银、碳钢、铝的腐蚀行为受多种因素的影响，主要原因可分为两种，一种是紫外光照下产生了光生电子-空穴对，它们会改变锈层的空间电荷层的电容、电导率和电位等，产生的光生空穴和光生电子的流向会不同，空穴流向金属夺取电子，或是加速电子向溶液中的流动，电子迁移到与电解液接触的界面上，加速阴极反应。一旦阴极反应被加速，金属的阳极溶解也将被加速。第二种是光照产生的光生空穴或光生电子会与溶液直接发生反应生成活性自由基如活性氧原子，或者光照能促进一些光敏气体的生成和转化，这些光敏气体能直接参与和加速腐蚀反应的发生。

综上所述，光照对金属腐蚀造成的影响仍有很多值得研究的科学问题。光照加速金属腐蚀和减缓金属腐蚀，以及光照下金属表面半导体氧化物层的变化、金属的变化与溶液界面反应的变化都值得探讨。光照及暗态下金属表面生成的腐蚀产物不同，不同腐蚀产物的光电化学效应对基底金属的作用有何不同，光照下腐蚀产物膜产生的光生电子和光生空穴的迁移路径仍不十分明确，因此亟须探索光电化学效应作用于金属时所导致的钝化膜/金属界面间的电子、空穴、离子的转移路径，以及反应界面的性质变化，为分析光电化学效应对金属腐蚀的影响提供科学依据。

参 考 文 献

[1] Amin M A. Uniform and pitting corrosion events induced by SCN-Anions on Al alloys surfaces and the effect of UV light. Electrochim Acta，2011，56（5）：2518-2531.

[2] Finlayson-Pitts B J. The tropospheric chemistry of sea salt：a molecular-level view of the chemistry of NaCl and NaBr. Chemical Reviews，2003，103（12）：4801-4822.

[3] Vijh A K. The corrosion potentials of some common metals in oxygenated solutions in relation to semi-conductivity of the corrosion films. Corrosion Science，1972，12（2）：105-111.

[4] Bertocci U. Photopotentials on copper and copper alloy electrodes. Journal of the Electrochemical Society，1978，125（10）：1598-1602.

[5] Wilhelm S M，Tanizawa Y，Liu C Y，et al. A photo-electrochemical investigation of semiconducting oxide films on copper. Corrosion Science，1982，22（8）：791-805.

[6] Di Quarto F，Piazza S，Sunseri C. Photoelectrochemical study of the corrosion product layers on copper in weakly acidic solutions. Electrochim Acta，1985，30（3）：315-324.

[7] Stimming U. Photoelectrochemical studies of passive films. Electrochim Acta，1986，31（4）：415-429.

[8] Carpenter M K，Corrigan D A. Photoelectrochemistry of nickel hydroxide thin films. Journal of the Electrochemical Society，1989，136（4）：1022-1026.

[9] Menezes S，Haak R，Hagen G，et al. Photoelectrochemical characterization of corrosion inhibiting oxide films on aluminum and its alloys. Journal of the Electrochemical Society，1989，136（7）：1884-1886.

[10] Dean M H，Stimming U. The electronic properties of disordered passive films. Corrosion Science，1989，29（2）：199-211.

[11] Vilche J R，Jüttner K，Lorenz W J，et al. Semiconductor properties of passive films on Zn，Zn-Co，and Zn-Ni substrates. Journal of the Electrochemical Society，1989，136（12）：3773-3779.

[12] Gerischer H. The impact of semiconductors on the concepts of electrochemistry. Electrochim Acta，1990，35（11）：1677-1699.

[13] Gerischer H. On the interpretation of photoelectrochemical experiments with passive layers on metals. Corrosion Science，1990，31：81-88.

[14] Simões A M P，Ferreira M G S，Rondot B，et al. Study of passive films formed on AISI 304 stainless steel by impedance measurements and photoelectrochemistry. Journal of the Electrochemical Society，1990，137（1）：82-87.

[15] Sunseri C, Piazza S, Di Quarto F. Photocurrent spectroscopic investigations of passive films on chromium. Journal of the Electrochemical Society, 1990, 137 (8): 2411-2417.

[16] Di Paola A, Shukla D, Stimming U. Photoelectrochemical study of passive films on stainless steel in neutral solutions. Electrochim Acta, 1991, 36 (2): 345-352.

[17] Schmuki P, Böhni H. Metastable pitting and semiconductive properties of passive films. Journal of the Electrochemical Society, 1992, 139 (7): 1908-1913.

[18] Millet B, Fiaud C, Hinnen C, et al. A correlation between electrochemical behaviour, composition and semiconducting properties of naturally grown oxide films on copper. Corrosion Science, 1995, 37(12): 1903-1918.

[19] Schmuki P, Büchler M, Virtanen S, et al. Bulk metal oxides as a model for the electronic properties of passive films. Journal of the Electrochemical Society, 1995, 142 (10): 3336-3342.

[20] Büchler M, Schmuki P, Böhni H. Formation and dissolution of the passive film on iron studied by a light reflectance technique. Journal of the Electrochemical Society, 1997, 144 (7): 2307-2312.

[21] Yang M, Chen L, Cai S. Photoelectrochemical study of pitting on iron in borate buffer solution containing inhibitor.Corrosion Science, 1997, 53 (1): 11-15.

[22] Belo M D C, Hakiki N E, Ferreira M G S. Semiconducting properties of passive films formed on nickel–base alloys type Alloy 600: influence of the alloying elements. Electrochim Acta, 1999, 44 (14): 2473-2481.

[23] Cheng Y F, Luo J L. Electronic structure and pitting susceptibility of passive film on carbon steel. Electrochim Acta, 1999, 44 (17): 2947-2957.

[24] Myamlin V A, Oleskov Y V. Electrochemistry of Semiconductors.New York: Plenum Press, 1967.

[25] Kim J S, Cho E A, Kwon H S. Photo-electrochemical analysis of passive film formed on Cr in pH 8.5 buffer solution. Electrochim Acta, 2001, 47 (3): 415-421.

[26] Lee S J, Cho E A, Ahn S J, et al. Photo-electrochemical analysis of the passive film on zircaloy-4. Electrochim Acta, 2001, 46 (17): 2605-2611.

[27] Tsuchiya H, Fujimoto S, Shibata T. Semiconductive properties of passive films formed on Fe-18Cr in borate buffer solution. Journal of the Electrochemical Society, 2004, 151 (2): B39-B44.

[28] Jang H J, Park C J, Kwon H S. Photoelectrochemical analysis on the passive film formed on Ni in pH 8.5 buffer solution. Electrochim Acta, 2005, 50 (16): 3503-3508.

[29] Mahmoud M G, Wang R, Kato M, et al. Influence of ultraviolet light irradiation on corrosion behavior of weathering steel with and without TiO_2-coating in 3 mass% NaCl solution. Scripta Mater, 2005, 53 (11): 1303-1308.

[30] Li D G, Feng Y R, Bai Z Q, et al. Photo-electrochemical analysis of passive film formed on X80 pipeline steel in bicarbonate/carbonate buffer solution. Applied Surface Science, 2008, 254 (9): 2837-2843.

[31] Ganzha S V, Maksimova S N, Grushevskaya S N, et al. Formation of oxides on copper in alkaline solution and their photoelectrochemical properties. Protection of Metals and Physical Chemistry of Surfaces, 2011, 47 (2): 191-202.

[32] Marsh G P, Taylor K J, Bryan G, et al. The influence of radiation on the corrosion of stainless steel. Corrosion Science, 1986, 26 (11): 971-982.

[33] Lenhart S, Urquidi-Macdonald M, Macdonald D D. Photo-inhibition of passivity breakdown on nickel. Electrochim Acta, 1987, 32 (12): 1739-1741.

[34] Stewart J, Williams D E. The initiation of pitting corrosion on austenitic stainless steel: on the role and importance of sulphide inclusions. Corrosion Science, 1992, 33 (3): 457-474.

[35] Schmuki P，Böhni H. Illumination effects on the stability of the passive film on iron. Electrochim Acta，1995，40（6）：775-783.

[36] Schmuki P，Böhni H. Light induced inhibition of local passivity breakdown.Materials Science Forum，1995，185：1065-1074.

[37] Chagas L V，Erich W G，Reinaldo S G. Some evidence of the influence of light on the electrochemical behavior of copper in the presence and absence of propargyl alcohol. Electrochim Acta，1995，40（11）：1735-1740.

[38] Macdonald D D，Sikora E，Balmas M W，et al. The photo-inhibition of localized corrosion on stainless steel in neutral chloride solution. Corrosion Science，1996，38（1）：97-103.

[39] Breslin C B，Macdonald D D，Sikora E，et al. Photo-inhibition of pitting corrosion on types 304 and 316 stainless steels in chloride-containing solutions. Electrochim Acta，1997，42（1）：137-144.

[40] Breslin C B，Macdonald D D，Sikora J，et al. Influence of uv light on the passive behaviour of SS316-effect of prior illumination. Electrochim Acta，1997，42（1）：127-136.

[41] Breslin C B，Macdonald D D. The influence of UV light on the dissolution and passive behavior of copper-containing alloys in chloride solutions. Electrochim Acta，1998，44（4）：643-651.

[42] Fujimoto S，Yamada T，Shibata T. Improvement of pitting corrosion resistance of type 304 stainless steel by modification of passive film with ultraviolet light irradiation. Journal of the Electrochemical Society，1998，145（5）：L79-L81.

[43] Heaney D F，Macdonald D D. On the photoinhibition of passivity breakdown on iron in chloride-containing solutions. Journal of the Electrochemical Society，1999，146（5）：1773-1776.

[44] Macdonald D D，Heaney D F. Effect of variable intensity ultraviolet radiation on passivity breakdown of AISI Type 304 stainless steel. Corrosion Science，2000，42（10）：1779-1799.

[45] Moussa S O，Hocking M G. The photo-inhibition of localized corrosion of 304 stainless steel in sodium chloride environment. Corrosion Science，2001，43（11）：2037-2047.

[46] Li Y，Wu B，Zeng X，et al. The voltammetry-photocurrent response study of passivation of carbon steel in slightly alkaline solutions containing the corrosion inhibitor phosphor-polymaleic acid-$ZnSO_4$. Thin Lolid Films，2002，405（1）：153-161.

[47] Yuan J，Fujisawa R，Tsujikawa S. Photopotentials of copper coated with TiO_2 by sol-gel method. Zairyo-to-Kankyo. 1994，43：433-440.

[48] Imokawa T，Fujisawa R，Suda A，et al. Protection of 304 stainless steel with TiO_2 coating.Zairyo-to-Kankyo，1994，43：482-486.

[49] Yuan J，Tsujikawa S. Photo-effects of sol-gel derived TiO_2 coating on carbon steel in alkaline solution. Zairyo-to-Kankyo，1995，44：534-542.

[50] Huang J，Shinohara T，Tsujikawa S. Protection of carbon steel from atmospheric corrosion by TiO_2 coating. Zairyo-to-Kankyo，1999，48：575-582.

[51] Ohko Y，Saitoh S，Tatsuma T，et al. Photoelectrochemical anticorrosion and self-cleaning effects of a TiO_2 coating for type 304 stainless steel. Journal of the Electrochemical Society，2001，148（1）：B24-B28.

[52] 肖正伟，曾振欧，赵国鹏. 纳米 TiO_2 涂层在低碳钢上的防腐蚀性能. 电镀与涂饰，2006，25：33-35.

[53] 李静，云虹，林昌健. TiO_2 纳米管阵列的制备及其对 316 不锈钢光生阴极保护作用的研究. 电化学，2007，13：367-371.

[54] 漆海清，朱燕峰，张娟，等. TiO_2 纳米管阵列膜的制备及对 304 不锈钢的光生阴极保护效应. 功能材料，2012，9：1147-1150.

[55] 万冰华，费敬银，冯光勇，等. Zn-Co-TiO_2纳米复合镀层的光生阴极保护特性. 中国腐蚀与防护学报，2012，32：327-332.

[56] 冷文华，刘东坡，程小芳，等. 电沉降制备 WO_3 电极及其对 Cu 可见光光电化学保护. 金属学报，2007，43：764-768.

[57] 李静，云虹，林昌健. 铁掺杂 TiO_2 纳米管阵列对不锈钢的光生阴极保护. 物理化学学报，2007，23：1886-1892.

[58] 云虹. 改进型纳米复合膜的光生阴极保护研究. 厦门：厦门大学博士学位论文，2008.

[59] 林成钢，林泽泉，李静，等. 钴离子（Co^{2+}）掺杂 TiO_2 纳米管阵列的光生阴极保护行为，2011，17：312-317.

[60] 王爱萍. 改性纳米二氧化钛薄膜制备及其在模拟海水中光生阴极保护性能研究.青岛：中国海洋大学博士学位论文，2010.

[61] 高家诚，谢奉妤，张敏. 温度对 Zn 掺杂 TiO_2 薄膜光电化学性能的影响. 功能材料，2013，6：826-830.

[62] 沈广霞，陈艺聪，李静，等. 纳米 TiO_2-SnO_2 复合薄膜的光生阴极保护作用及机理研究.中国腐蚀与防护学报，2006，26：109-114.

[63] 贺明辉. TiO_2、SnO_2 复合纳米膜的制备及光生阴极保护性能研究. 青岛：中国海洋大学硕士学位论文，2010.

[64] 周民杰，曾振欧，钟理，等. 纳米 TiO_2/Sb_2O_5 涂层的光生阴极保护研究.无机材料学报，2009，24：525-530.

[65] 王永刚. MWCNT/TiO_2 复合薄膜的制备与光生阴极保护性能研究. 青岛：中国海洋大学博士学位论文，2012.

[66] 王永刚，柳伟，曹立新，等. 多壁纳米碳管/TiO_2 复合薄膜的制备与光阴极保护性能研究. 中国腐蚀与防护学报，2012，32：485-490.

[67] 张娟，朱燕峰，郭亚，等. 电解质对 TiO_2 纳米管阵列膜光生阴极保护效应的影响.高等学校化学学报，2013，34：2408-2414.

[68] 李洪义，王金淑，冉津，等. 热处理温度对 TiO_2 纳米管阵列薄膜光生阴极保护性能的影响.中国有色金属学报，2009，19：1119-1123.

[69] 朱燕峰，杜荣归，李静，等. 水热法制备 TiO_2 纳米线薄膜的光生阴极保护性能.物理化学学报，2010，26：2349-2353.

[70] 曾振欧，周民杰，赵国鹏，等. 304 不锈钢纳米 TiO_2 涂层的结构形貌与防腐蚀性能.材料保护，2009，42：63-66.

[71] Sun M，Chen Z，Bu Y，et al. Effect of ZnO on the corrosion of zinc，Q235 carbon steel and 304 stainless steel under white light illumination. Corrosion Science，2014，82（2）：77-84.

[72] Bastidas J M，Scantlebury J D. The influence of light on corrosion phenomena：the behaviour of mild steel in citric acid solution. Corrosion Science，1986，26（5）：341-347.

[73] Peter L M，Borazio A M，Lewerenz H J，et al. Photocurrent multiplication during photodissolution of n-Si in NH_4F：Deconvolution of electron injection steps by intensity modulated photocurrent spectroscopy. Journal of Electroanalytical Chemistry & InterfacialElectrochemistry，1990，290（1）：229-248.

[74] Juzeliūnas E，Kalinauskas P，Stankevičiūte A，et al. Study of zinc oxygen corrosion kinetics in neutral solution under laser illumination. Corrosion，1995，51（9）：672-678.

[75] Juzeliūnas E，Kalinauskas P，Miečinskas P. Electrochemical quartz crystal microgravimetry study of zinc electrode behavior in a neutral solution by laser illumination. Journal of the Electrochemical Society，1996，143（5）：1525-1531.

[76] Spathis P，Poulios I. The corrosion and photocorrosion of zinc and zinc oxide coatings. Corrosion Science，1995，37（5）：673-680.

[77] Rudd A L，Breslin C B. Photo-induced dissolution of zinc in alkaline solutions. Electrochim Acta，2000，45（10）：1571-1579.

[78] Kalinauskas P，Valsiūnas I，Samulevičienė M，et al. Zinc photo-corrosion in neutral solutions. Corrosion Science，2001，43（11）：2083-2092.

[79] Burleigh T D，Ruhe C，Forsyth J. Photo-corrosion of different metals during long-term exposure to ultraviolet light. Corrosion，2003，59（9）：774-779.

[80] Thompson E A，Burleigh T D. Accelerated corrosion of zinc alloys exposed to ultraviolet light. Corrosion Engineering Science and Technology，2007，42（3）：237-241.

[81] Riazi H R，Danaee I，Peykari M. Influence of ultraviolet light irradiation on the corrosion behavior of carbon steel AISI 1015. Metals and Materials International，2013，19（2）：217-224.

[82] Lin H，Frankel G S. Atmospheric corrosion of cu during constant deposition of NaCl. Journal of the Electrochemical Society，2013，160（8）：C336-C344.

[83] Davis D D，Johnson D L. Photo-assisted corrosion of copper. Journal of the Electrochemical Society，1978，125（11）：1889-1891.

[84] Graedel T E，Franey J P，Kammlott G W. Ozone- and photon-enhanced atmospheric sulfidation of copper. Science，1984，224（4649）：599-601.

[85] Oum K W，Lakin M J，De Haan D O，et al. Formation of molecular chlorine from the photolysis of ozone and aqueous sea-salt particles. Science，1998，279（5347）：74-76.

[86] Thoms J L，Jimenez-Aranda A，Finlayson-Pitts B J. Gas-phase molecular halogen formation from NaCl and NaBr aerosols：When are interface reactions important? Journal of Physical Chemistry A，2006，110（5）：1859-1867.

[87] Yu X Y，Barker J R. Hydrogen peroxide photolysis in acidic aqueous solutions containing chloride ions. I. Chemical mechanism. Journal of Physical Chemistry A，2003，107（9）：1313-1324.

[88] Rice D W，Peterson P，Rigby E B，et al. Atmospheric corrosion of copper and silver. Journal of the Electrochemical Society，1981：275-284.

[89] Morrell C，Breheny C，Haverd V，et al. The 248 nm photolysis of NO_2/N_2O_4：time-resolved fourier transform infrared emission from NO and NO_2，and quenching of NO（v=5～8）. Journal of Chemical Physics，2002，117（24）：11121-11130.

[90] Dickens P G，Heckingb R，Linnett J W. Oxidation of metals and alloys. Part 2.-Oxidation of metals by atomic and molecular oxygen. Transaction of the Faraday Socience，1969，65：2235-2247.

[91] Chen Z Y，Liang D，Ma G，et al. Influence of UV irradiation and ozone on atmospheric corrosion of bare silver. Corrosion Engineering Science and Technology，2010，45（2）：169-180.

[92] Liang D，Allen H C，Frankel G S，et al. Effects of sodium chloride particles，ozone，UV，and relative humidity on atmospheric corrosion of silver. Journal of the Electrochemical Society，2010，157（4）：C146-C156.

[93] Wiesinger R，Kleber C H，Schreiner M. Investigations of the interactions of CO_2，O_3 and UV light with silver surfaces by *in situ* IRRAS/QCM and *ex situ* TOF-SIMS. Applied Surface Science，2010，256：2735-2741.

[94] Wiesinger R，Martina I，Kleber C H，et al. Influence of relative humidity and ozone on atmospheric silver corrosion. Corrosion Science，2013，77：69-76.

[95] Song S H，Chen Z Y. Effect of UV illumination on the NaCl-induced atmospheric corrosion of pure zinc. Journal of the Electrochemical Society，2014，161（6）：C288-C293.

[96] Song L Y，Chen Z Y. The role of UV illumination on the NaCl-induced atmospheric corrosion of Q235 carbon steel. Corrosion Science，2014，86：318-325.

[97] Song L Y，Chen Z Y. Effect of γ-FeOOH and γ-Fe_2O_3 on the corrosion of Q235 carbon steel under visible light. Journal of the Electrochemical Society，2015，162（3）：C79-C84.

[98] Song L Y，Ma X M，Chen Z Y，et al. The role of UV illumination on the initial atmospheric corrosion of 09CuPCrNi weathering steel in the presence of NaCl particles. Corrosion Science，2014，87：427-437.

[99] Song L Y，Chen Z Y，Hou B. The role of the photovoltaic effect of *γ*-FeOOH and *β*-FeOOH on the corrosion of 09CuPCrNi weathering steel under visible light. Corrosion Science，2015，93：191-200.

第 4 章 光照辐射对金属大气腐蚀过程影响的研究方法

大气腐蚀属于腐蚀科学范畴，因此，在进行大气腐蚀研究时，所使用的大多数研究方法都可以从腐蚀科学中借鉴。但是，大气腐蚀有其独特性，除了腐蚀科学的研究方法外，还有很多大气腐蚀独有的研究方法，这在本书作者的另一部专著中有单独的一章对其进行了较为系统的阐述[1]。在本章中，作者将介绍光照辐射对大气腐蚀过程影响研究中所涉及的研究方法，包括户外和实验室内大气腐蚀暴露实验、腐蚀速率的评价、腐蚀形貌和产物分析、腐蚀产物的电化学性质分析及腐蚀产物的光电化学性质分析等。其中，腐蚀产物的光电化学性质分析是光照辐射对大气腐蚀过程影响研究中独有的研究方法，因此，作者在本章中对其进行了较为详细的论述，而其他的研究方法在其他的腐蚀教科书中有相应的阐述，因此，在本章中作者就只作简要的介绍。

4.1 大气腐蚀暴露实验方法

大气腐蚀研究最基本的实验方法是户外暴露实验和实验室内暴露实验。将待研究的材料按一定的尺寸要求切割制样，并按要求进行打磨抛光。对于在户外暴露的试样，抛光后即可直接进行户外暴露实验。而对于在实验室内进行暴露的试样，在抛光后，还需按模拟环境的要求沉降一定数量的盐粒。例如，对于模拟海洋环境的大气腐蚀暴露的试样，在实验前需在抛光的试样表面沉降一定数量的氯化钠盐粒，具体沉降的数量取决于要模拟的海洋大气环境的盐浓度。

4.1.1 户外大气腐蚀暴露实验方法

大气腐蚀的户外暴露实验方法在许多教科书中都有介绍。在本节中，作者将介绍光照辐射对大气腐蚀过程影响研究必须涉及的户外暴露实验方法。海洋大气环境的光照辐射强度比内陆地区强很多，同时海洋大气环境的紫外线含量也比内陆地区强很多。因此，研究金属材料在海洋大气环境条件下腐蚀行为就必须考虑光照辐射对大气腐蚀过程的影响，并需要获得在有光照辐射和暗态环境下材料的大气腐蚀行为。在设计暗态的户外暴露实验时，需要尽量避免其他海洋环境因素对金属材料大气腐蚀过程的影响。鉴于此，我们采用如下的设计制作了遮光箱。

遮光箱为立方体中空结构，设计示意图如图 4-1 所示。顶端设置三层隔板，隔板上开有相互交错的正六边形孔，起遮光和透水的作用。底板设置漏水格栅，防止雨水在箱内聚集。箱体的四个侧面设置固定式百叶窗，起挡光和通风的作用。试样架放置并固定在遮光箱内，试样架的设计与普通的户外暴露试样架的设计一样，在遮光箱中与地面呈 45°角放置，试样之间及试样与试样架之间保持电绝缘。暴露在这种遮光箱内的试样与直接暴露在遮光箱外的试样的差别就是光照辐射的影响，其余的环境因素，如温度、湿度、降雨、盐雾等均无差别。

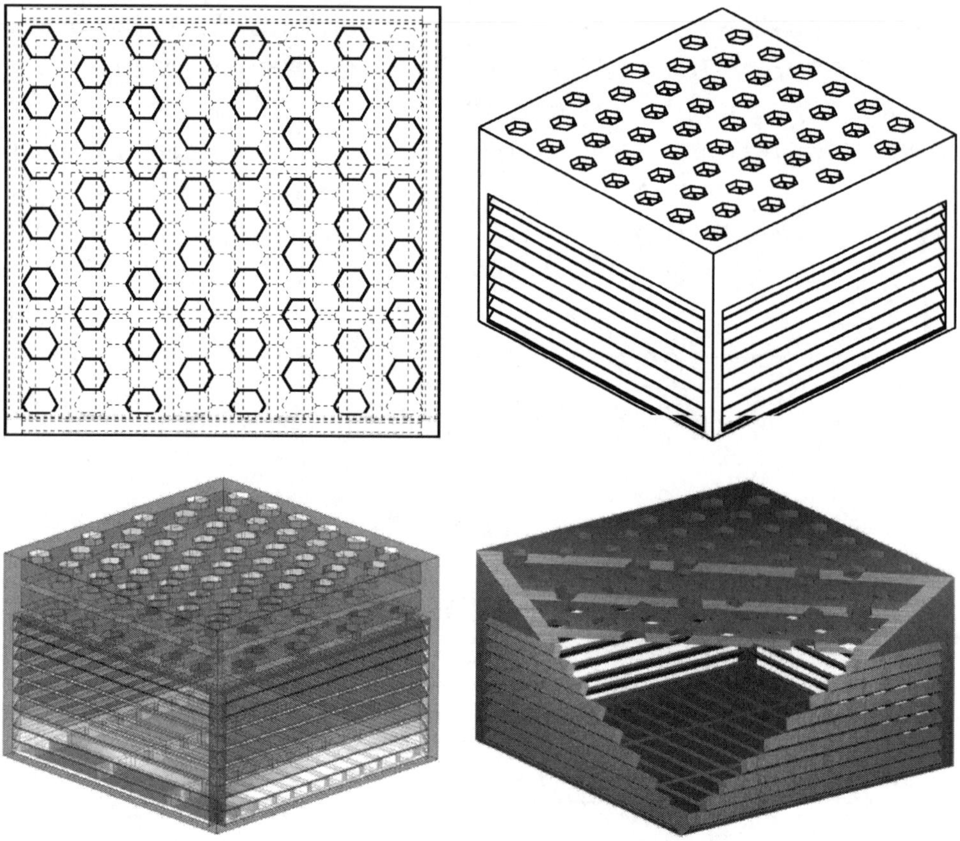

图 4-1　户外暴露实验用遮光箱设计示意图

4.1.2　实验室内大气腐蚀暴露实验方法

户外大气腐蚀暴露获取的数据最为可靠，因为它可以完全真实地反映材料在自然环境条件下的腐蚀状况，也可以获得材料在真实环境下的腐蚀速率。但是，由于影响材料大气腐蚀过程的因素较多，户外暴露往往是多因素共同作用的结果，所以，它无法研究材料的大气腐蚀机理。实验室内大气腐蚀暴露实验则容易控制各环境因素，因而可以用于研究各环境因素对金属材料大气腐蚀过程的影响机理。光照辐射对金属材料大气腐蚀过程影响的实验室内暴露研究，需要在普通的实验室内大气腐蚀暴露实验装置的基础上进行避光设计及加装辐射光源。

图 4-2 是在本书作者实验室内使用的用于研究光照辐射对金属材料大气腐蚀过程影响的暴露实验装置示意图[2]。暴露实验箱主体为由玻璃制备而成的长 30cm、宽 15cm、高 10cm、厚 0.5cm 的箱子。箱体分为上下两部分，下方箱体高度为 4cm，箱体内壁粘有一周高度为 4cm 的玻璃，以便在其上部放置 15cm×3cm×0.5cm 的玻璃条，玻璃条之间留有约 1cm 的空隙，可以实现上下方的空气对流。下方箱体中倒入饱和盐溶液，通过饱和盐溶液的蒸发来控制箱体内的相对湿度。例如，如果此盐溶液为饱和的硫酸钾溶液，那么暴露箱内的相对湿度在 25℃时为 97%。如果此盐溶液为饱和氯化钠溶液，那么暴露箱内的相对湿度在 25℃时为 75%。上方箱体在前后对侧玻璃上打孔作为通气口，孔径为 5mm。箱体顶端放置石英玻璃，紫外光可以透过此石英玻璃照射到试样表面（图 4-3）。试样放置在特制的玻璃样品台上，实物图如图 4-4 所示。根据试样规格，按照样品倾斜 15°接受紫外辐射，计算出玻璃条和玻璃棒的间距，用玻璃胶粘在玻璃板上。倾斜 15°是为了使试样能有更大的有效面积来接受光照辐射，同时试样面对光源一面所受到的光照辐射在表面的各个部分分布较为均匀。为避免不同试样接触及试样滑动，在玻璃条顶端设置了玻璃胶结点。暴露箱连同样品台一同置于恒温水浴箱中，控制温度为（25±0.5）℃。恒温水浴箱外用 316 不锈钢罩覆盖，钢罩顶部安装功率为 15W 的紫外灯管（T8，上海四通有限公司），所产生的紫外光波长为 220～300nm，其中 90%集中在 253.7nm。经测试，暴露试样表面接受的紫外光强度为 $0.135\text{mW}\cdot\text{cm}^{-2}$。

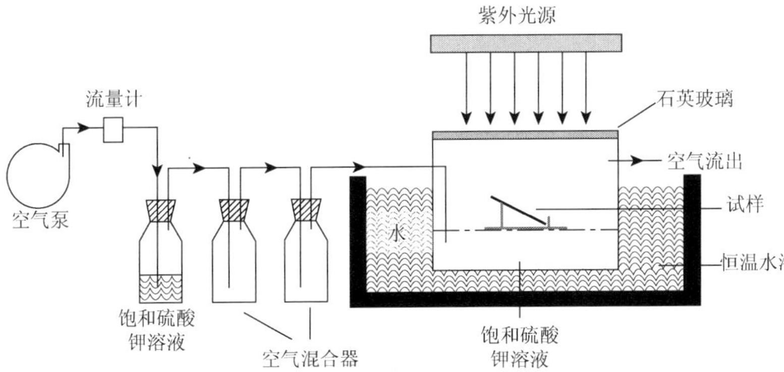

图 4-2　本书作者实验室内使用的用于研究紫外光照辐射对金属材料大气腐蚀过程影响的暴露实验装置示意图

(a) (b)

图 4-3 暴露箱实物图

（a）俯视图；（b）侧视图

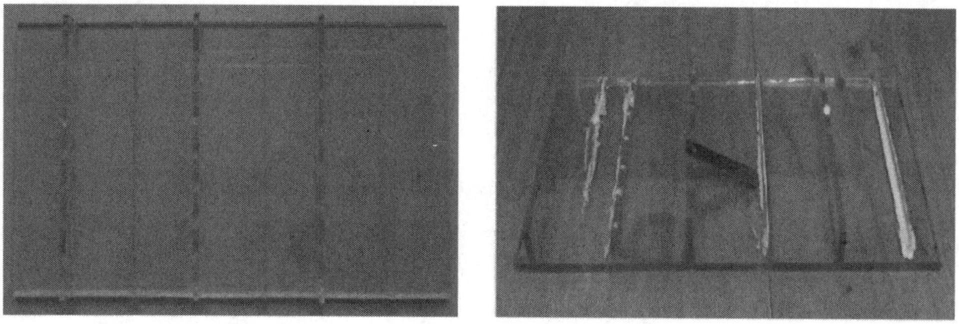

(a) (b)

图 4-4 放置试样的样品台实物图

（a）俯视图；（b）侧视图

暴露实验装置搭建好后，由空气泵产生一个空气流，通过气体流量计控制空气的流速。在作者的实验室中气体的流速一般控制为 30mL·min^{-1}。气体经过流量计后，首先通入装有饱和盐溶液的瓶子，然后经由两个空瓶最终通入暴露箱内。设置空气流速为 30mL·min^{-1} 是为了确保相对湿度恒定的同时避免将含盐的微液滴带入大气环境中，气体流经两个空瓶也是为了让空气中可能含有的微液滴沉降在玻璃瓶的瓶壁上。最后，具有恒定相对湿度的潮湿空气流经试样暴露箱。试样暴露箱的温度通过恒温水浴控制。紫外辐射在金属试样表面可能会改变试样表面的温度，从而产生热效应。为此，采用一个金属探头的温度传感器来研究紫外辐射的热效应。将温度传感器置于试样放置的位置，并将金属探头对准紫外光源，让紫外光长时间直接辐射探头的金属面，测量数据表明紫外辐射对金属试样表面的温度的改变小于 1℃。

4.2 重量法

重量法是测量腐蚀速率最准确的方法，它是测试试样在腐蚀前后质量的变化。重量法的精度受称量试样的天平精度的限制，天平的精度越高，重量法获得的腐蚀速率数据越精确。对于大气腐蚀，重量法包括增重法和失重法，一般是以 $mg\cdot cm^{-2}\cdot d^{-1}$ 或 $\mu g\cdot cm^{-2}\cdot d^{-1}$ 为单位。大气腐蚀增重量是试样暴露后的质量减去试样暴露前的质量再除以试样的暴露面积和暴露时间后所得到的值。大气腐蚀失重量是指试样沉降盐粒前的质量减去试样暴露后并清除腐蚀产物后的质量再除以试样的暴露面积和暴露时间后所得到的值。

用重量法来衡量大气腐蚀速率有它的优缺点。优点是精度高，缺点是获得数据耗时长。本书作者的另一部专著中有该方法的详细阐述[1]。

4.3 大气腐蚀形貌和产物成分分析

大气腐蚀研究中，腐蚀形貌和腐蚀产物的成分分析非常重要，它是判断腐蚀类型、评价腐蚀程度及研究腐蚀规律与特征的重要依据。大气腐蚀形貌分析手段包括：视频显微镜、扫描电子显微镜、透射电子显微镜、扫描隧道显微镜、原子力显微镜等。大气腐蚀产物成分分析手段包括：红外光谱、拉曼光谱、X 射线光电子能谱、飞行时间二次离子质谱、俄歇电子能谱、X 射线衍射等。由于这些方法并不是大气腐蚀所独有的研究方法，而且普通的教科书中对这些技术手段有较为详细的阐述，所以，本书中不再对其原理与应用进行说明，感兴趣的读者可以参阅相关资料。

4.4 腐蚀产物的电化学性质分析

金属大气腐蚀大多是以电化学反应机理进行的，因此，大气腐蚀可以采用电化学手段进行研究。电化学测试包括：极化曲线、交流阻抗谱、电化学噪声、扫描电化学显微镜、开尔文探针等。这些电化学技术在很多腐蚀教科书中都有详细的描述，感兴趣的读者可以参阅相关资料。由于大气腐蚀过程存在很大的电阻极化，所以大气腐蚀的电化学研究中存在许多问题，包括：对电极和参比电极的放置问题、电位和电流在工作电极表面的分布不均匀等。

4.5 腐蚀产物的光电化学性质分析

4.5.1 光致电位-时间变化曲线

大气腐蚀暴露后的金属表面会生成大气腐蚀产物，其中的大多数腐蚀产物具有光电化学性质。腐蚀产物的光电化学性质可以定性地用光致电位的数值来描述。在具有合适波长的入射光激发下，具有半导体性质的腐蚀产物会产生光生电子和光生空穴，这些载流子会在腐蚀产物层中迁移并参与到基底金属的大气腐蚀过程中，从而影响基底金属的腐蚀电位。因此，测量具有半导体性质腐蚀产物层覆盖下基底金属的开路电位在光照与暗态下的变化情况，可以定性地获得腐蚀产物的光电化学性质。

开路电位是指金属腐蚀体系在无任何外加偏压作用的开路状态下的电位。在电化学腐蚀体系中，实际测量的是工作电极相对于参比电极的相对电极电位，因此，开路电位采用双电极体系即可测量。锈蚀后的金属电极在稳定条件下，其阴、阳极反应趋向于平衡，反映在开路电位随时间变化的曲线中就是较为稳定的电压值。但是，如果腐蚀产物具有半导体性质，那么在具有合适波长的入射光照射下，具有半导体性质腐蚀产物的价带中的电子会受到光子激发而跃迁到其导带上，并在其价带上留下一个空穴，从而产生了电子和空穴的分离。分离的光生电子和光生空穴会对该腐蚀体系的开路电位造成影响。光照前后半导体电极开路电位的变化值称为该半导体电极的光致电位。测量锈蚀后含有不同腐蚀产物的金属材料在暗态与光照辐射条件下的开路电位随时间变化的关系曲线，就可以得出光致电位数值。对比光致电位的大小，可以定性地判断腐蚀产物的光电化学性能。

在光电化学和金属防腐领域，测量腐蚀体系的开路电位变化曲线均有非常大的作用。图 4-5 为不同的材料电极在暗态和光照辐射条件下的开路电位随时间的变化曲线[3]。如图 4-5 所示，曲线 a 为单纯的 304 不锈钢电极的开路电位随时间的变化曲线。它的开路电位值在光照辐射下没有发生明显的变化，说明 304 不锈钢电极没有光电化学性能。曲线 c 是 g-C_3N_4 光电极在暗态条件下的开路电位随时间的变化曲线，由图可知，g-C_3N_4 光电极在暗态条件下的开路电位比 304 不锈钢电极的电位更负。将 304 不锈钢电极与 g-C_3N_4 光电极偶联后（如图 4-5 曲线 b 所示），该偶联体系的开路电位在光照辐射条件下发生了明显的负移。在可见光辐射条件下，该偶联体系的混合电位负移了 150mV 左右，表明在可见光辐射条件下，g-C_3N_4 光电极能够为偶联的 304 不锈钢提供光电化学阴极保护。在白光（含紫外光）辐射条件下，该偶联体系的混合电位负移了 300mV 左右，说明在白光辐射条件下，

$g\text{-}C_3N_4$ 光电极可以为偶联的 304 不锈钢提供更好的光电化学阴极保护。

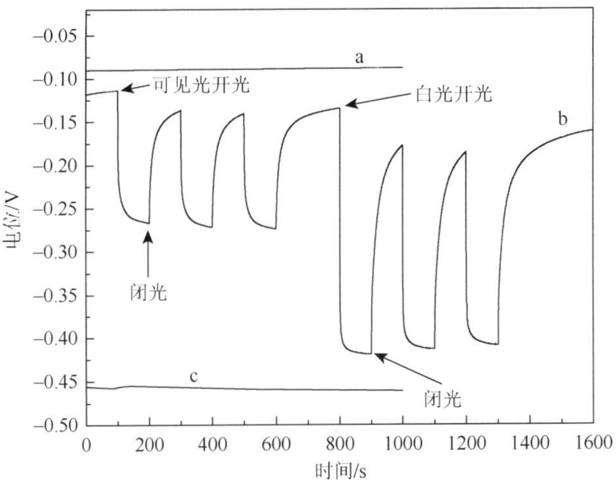

图 4-5 在暗态和光照（包括可见光和白光）辐射条件下，304 不锈钢电极在 3.5%氯化钠溶液中（a）、304 不锈钢电极与 $g\text{-}C_3N_4$ 薄膜光电极的偶联体系（b）的开路电位随时间的变化关系曲线，以及 $g\text{-}C_3N_4$ 薄膜光电极（c）在暗态下的开路电位随时间的变化关系曲线[4]

在光照辐射和暗态条件下，锈蚀后的金属的开路电位的测量非常简单。可以直接将锈蚀后的金属作为工作电极，利用银/氯化银电极或饱和甘汞电极作为参比电极，直接将它们插入电解质溶液中，并在开光（光照）、闭光（暗态）条件下，利用电化学工作站记录锈蚀后金属的开路电位的变化，计算其光致电位值，该值的大小与正负可以定性地说明具有半导体性质腐蚀产物的光电化学效应对基底金属腐蚀过程的影响。

为了更好地研究腐蚀产物的光电化学性质，在某些研究中会将腐蚀产物剥离下来并沉降到导电玻璃（如 ITO 或 FTO 导电玻璃等）上制备成腐蚀产物光电极。这种光电极可以用来测量开路电位、电流、莫特-肖特基曲线、紫外-可见漫反射光谱、光致发光光谱、光生载流子寿命曲线等，从而更加全面地分析腐蚀产物的光电化学性质。在这种情况下，测量腐蚀产物的光致电位就比没有剥离下来的情况稍微复杂一些。具体的测量示意图如图 4-6 所示。

将腐蚀产物剥离制备成光电极并测量它和基底金属偶联体系的光致电位变化的原理与测量带锈金属试样的光致电位的方法相同。作者所在的实验室中，光致电位的测试采用上海辰华仪器公司的 CHI660D 电化学工作站。采用的测试电化学装置示意图如图 4-6 所示。整个仪器由两部分组成，即腐蚀池（左边）和光电化学池（右边），二者通过 Nafion 膜隔离。Nafion 膜可以隔离开腐蚀池和光电化学池中的电解液，但是在这两个池中的电解液可以通过 Nafion 膜实现离子导电。在

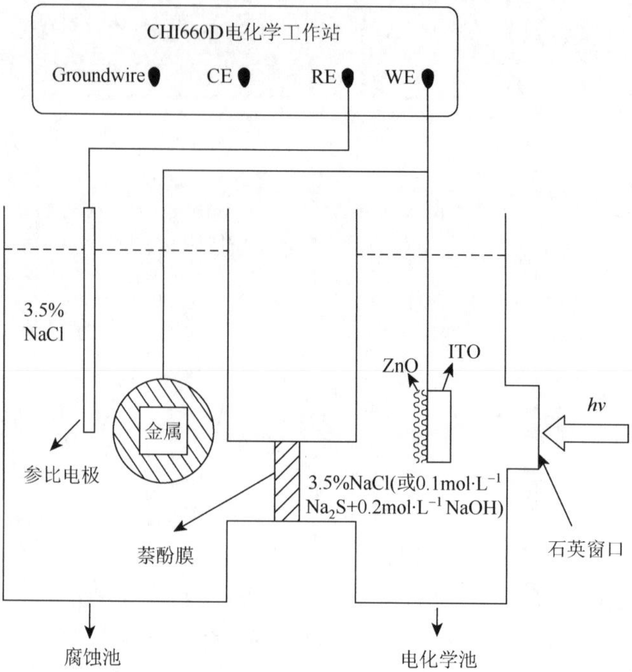

图 4-6　测试腐蚀产物光致电位变化的实验装置及电化学工作站连接的示意图

腐蚀池中发生的反应一般是金属电极的腐蚀反应，其中的电解液通常为氯化钠溶液。在光电化学池中发生的反应一般是光电化学反应，视反应要求的不同，可以使用不同的电解液，如可选用氯化钠溶液或硫化钠与氢氧化钠混合溶液。在后一种电解液中，硫化钠起清除空穴的作用，而氢氧化钠则起到维持高 pH 以阻止硫化钠水解的作用。Nafion 膜使两个池中的电解液离子导通从而构成电回路。一般情况下，将金属表面生成的腐蚀产物在导电玻璃表面制成薄膜光电极，并将该光电极浸入光电化学池的电解液中，而基底金属电极则浸入腐蚀池的电解液中，并将二者短接之后再和电化学工作站的工作电极相连。在光电化学池的一侧设置了一个直径为 30mm 的圆形石英玻璃窗口，入射光可以高效地通过此窗口照射到腐蚀产物薄膜光电极的表面，从而发生光电化学反应。作者所在实验室使用的白光光源是功率为 300W 的氙灯光源（PLS-SXE300，北京畅拓科技有限公司），它照射到浸入电解液的腐蚀产物光电极表面的光照辐射强度为 $320mW\cdot cm^{-2}$。白光含一定量的紫外线，为了得到纯可见光（不含紫外辐射），将一个 420nm 的滤波片固定在氙灯光源的出光口上，用以滤掉波长小于 420nm 的紫外光，从而得到可见光，通过滤波片后辐射到腐蚀产物光电极表面的光照辐射强度为 $150mW\cdot cm^{-2}$。将参比电极放置在离基底金属电极很近的地方测量在开光、闭光条件下该腐蚀光电极和基底金属电极偶联体系的开路电位随时间的变化规律，可以得出光致电位数值。

4.5.2　光致电流密度-时间变化曲线

金属表面生成的具有半导体性质的腐蚀产物的光电化学性质可以用光致电流密度来定量表征。对于具有半导体性质的腐蚀产物电极，由于半导体材料的光电化学效应，在光照下，腐蚀产物价带中的电子会受到光子激发而跃迁到它的导带上，而在价带上留下空穴。导带上的电子具有导电性，同时价带上的空穴也有导电性，这两种载流子在电场的作用下迁移，就会产生光致电流。但是，带锈金属试样的光致电流信息无法像光致电位那样可以直接测量，必须将锈层与基底金属分离开。因此，为了定量表征具有半导体性质的腐蚀产物的光电化学性质，通常将带锈试样表面的腐蚀产物层从金属表面剥离，并将其沉降在 ITO 或 FTO 导电玻璃表面，制备成腐蚀产物光电极，同时，将腐蚀后的基底金属打磨并制备成基底金属电极，在开光、闭光条件下，测量在没有任何外加极化电压的作用下二者之间的电偶电流，从而计算出具有半导体性质腐蚀产物的光致电流密度。光电极的光致电流密度是光电极在开光和闭光条件下光电极电流密度的差值。光电流的信息非常重要，它可以非常直观地研究金属表面具有半导体性质的腐蚀产物在光照辐射作用下产生的光生电子和空穴的流向和大小。光电流的流向可以很直观地表征光生电子是否可以流向基底金属，从而可以直观地表明光照辐射是抑制还是加速基底金属的腐蚀过程。同时，光致电流的数值大小可以定量地表明具有半导体性质腐蚀产物的光电化学效应对基底金属腐蚀过程的影响程度。

作者所在实验室采用 CHI660D 电化学工作站来实现这一测量。其实，为了得到真实的光致电流密度，只需在腐蚀产物光电极和基底金属电极之间连接一个零电阻电流表，测量这两个电极在无外加极化下流经它们之间的电偶电流。为了采用 CHI660D 电化学工作站实现这一测量，采用图 4-7 所示的实验装置。腐蚀产物光电极与 CHI660D 电化学工作站的工作电极接口相连，而基底金属电极与工作站的地线相连，再将工作站的对电极和参比电极接口短路，如图 4-7 所示。这样连接后，CHI660D 电化学工作站就成为一个零电阻电流表，这种情况下测量得到的电流密度就是腐蚀产物光电极和基底金属电极的电偶电流。

测量半导体材料电极的光致电流密度-时间曲线在光电化学和金属防腐领域具有非常重要的作用。图 4-8 为在暗态及白光和可见光辐射条件下，硫化镉量子点敏化氧化锌纳米棒阵列（CdS QDs-sensitized ZnO NRA）光电极和硫化镉量子点敏化不同温度下氢处理氧化锌纳米棒阵列（CdS QDs-sensitized H-ZnO NRA）光电极的电流密度随时间变化的曲线[5]。由该图可以得出如下信息：①暗态下，电流密度基本为零，说明材料比较稳定，没有与周围电解质发生反应；②光照下，电流密度急剧增大，说明材料具有半导体性质，光照下产生了大量的载流子；③氢处理能够提高材料的光电化学性能，且 400℃处理的效果最佳；④不论全光或是可见光照射下，材料都具有光电化学性能；⑤该材料的光电化学稳定性比较好，较长时间光照处理其活性没有出现明显的降低。

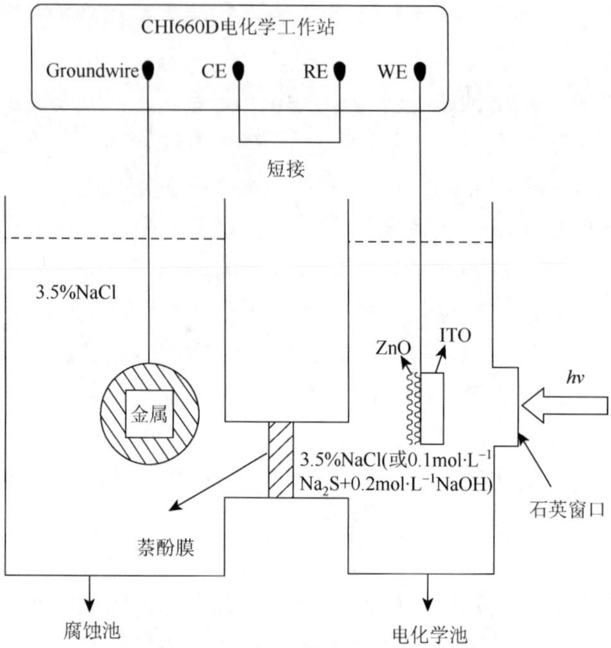

图 4-7 测试腐蚀产物光致电流密度变化的实验装置及电化学工作站连接的示意图

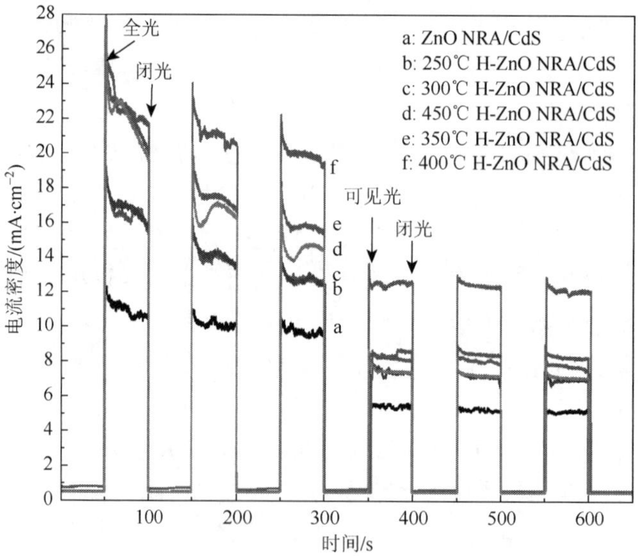

图 4-8 在暗态及白光和可见光辐射条件下，硫化镉量子点敏化氧化锌纳米棒阵列（CdS QDs-sensitized ZnO NRA）光电极和硫化镉量子点敏化不同温度下氢处理氧化锌纳米棒阵列（CdS QDs-sensitized H-ZnO NRA）光电极的电流密度随时间变化的曲线[5]

4.5.3 腐蚀产物的光致电流密度-电压变化关系曲线

电流密度-电压变化关系曲线（*i-V* 曲线），即线性电位扫描伏安曲线，通过控制电极电势以恒定的速率变化，测量该电极的响应电流密度。与传统的线性电势扫描伏安曲线不同，光致电流密度-电压变化关系曲线需要外加一个参数，即光照辐射。在光致电流密度-电压变化关系特征曲线中，需要在测试过程中周期性地闭光和开光，使得电极处于周期性的暗态与光照辐射变化中。具体操作为在测试腐蚀产物电极的线性电势扫描伏安曲线过程中，周期性开闭光，每次开/闭光的周期一般为 2s 左右（具体时间视情况而定）。测试采用电化学工作站和常规三电极体系。

本质上，光致电流密度-电压变化关系曲线是测量在不同偏压下光电极的电流密度-时间曲线。光致电流密度-电压变化关系曲线与普通的光致电流密度-时间曲线各有其优越性。对于普通的光致电流密度-时间曲线，它可以精确测量某一偏压（一般采用零偏压）下，电流密度在不同时间下随光照暗态变化的关系曲线，电流密度的变化曲线可以反映出不同的电极性质，图 4-8 就是在零偏压下的光致电流密度随时间变化关系曲线。在单次开光照射中，电极的电流密度随光照时间的延长而逐渐减小，这可能是由于电极上的表面态充当了光生电子和空穴的复合中心，加速了光生电子和空穴的二次复合，从而导致了光致电流密度随光照辐射时间的延长而下降。同时，通过几个循环的开光、闭光测试，也能初步判断出所制备电极的光电化学性质是比较稳定的。另外，在测试过程中可以有充足的时间更换光源，并能够测量不同波长及不同强度的光对电极光电化学性能的影响。上述信息是普通的光致电流密度-时间曲线所特有的，光致电流密度-电压变化关系曲线却难以给出上述信息。但是，光致电流密度-电压变化关系曲线也有其特色。首先光致电流密度-电压变化关系曲线能够反映外加偏压对光电极的影响，这是普通的光致电流密度-时间曲线所难以获得的。图 4-9 是一次水热生长和二次水热生长的硫化镉敏化氧化锌纳米棒阵列（CdS-sensitized ZnO NRA）光电极的光致电流密度-电压变化关系曲线[6]。从该图可以清楚地对比这两种材料在不同偏压下的光生电流密度变化情况。特别需要指出的是，在−1.5～−1V（vs Ag/AgCl）的扫描范围内，一次水热生长的硫化镉敏化氧化锌纳米棒阵列光电极的光电化学性能更加优异；而在−1～0V（vs Ag/AgCl）的扫描范围内，则是二次水热生长的硫化镉敏化氧化锌纳米棒阵列光电极的光电化学性能更加优异。显然，不同偏压下的光生电流密度相差很大，如果单纯用普通的光致电流密度-时间曲线，则无法获得如此详细的光电化学信息。

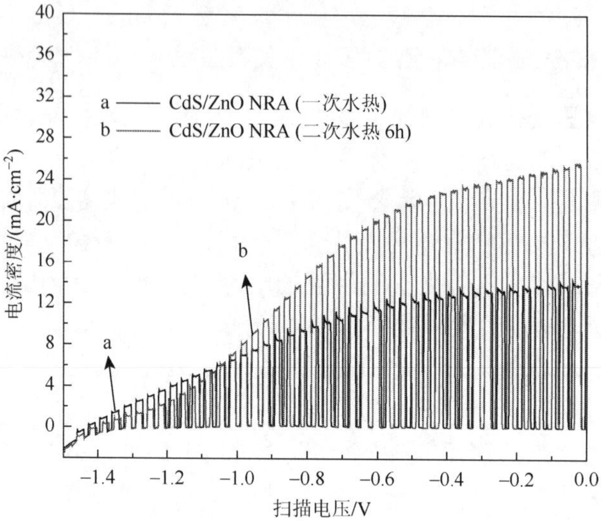

图 4-9　一次水热生长和二次水热生长的硫化镉敏化氧化锌纳米棒阵列光电极的光致电流密度-电压变化关系特征曲线[6]

4.5.4　腐蚀产物的整流特性及能带结构分析

由于腐蚀产物具有半导体性质，因此，必须对其特有的整流特性及半导体能带结构进行表征分析。具体的分析方法包括莫特-肖特基曲线、紫外-可见漫反射光谱、X 射线光电子能谱价带分析、光致发光光谱、光生载流子寿命曲线、强度调制的光电流谱/光电压谱等。

1. 莫特-肖特基曲线

莫特-肖特基（Mott-Schottky）方程描述半导体的空间电荷层电容 C 与半导体表面对于本体的电势 $\Delta\varphi(E-E_{FB})$ 的关系。具体方程如下[7]

$$1/C^2 = 2(N_D e\varepsilon\varepsilon_0)^{-1}\cdot(|E-E_{FB}|-\kappa T/e) \tag{4-1}$$

其中，C 为在半导体空间电荷层的电容；N_D 为电荷载流子浓度；e 为基本电荷；ε_0 为真空介电常数；ε 为半导体的相对介电常数；E 为测量电位；E_{FB} 为平带电位；T 为温度；κ 为玻耳兹曼常量。

由莫特-肖特基方程我们可以发现，$1/C^2$ 与 $|E-E_{FB}|$ 成正比，因此，若以腐蚀产物光电极的外加偏压 E 为横坐标，以 $1/C^2$ 为纵坐标，可以得到一条斜率为 $\pm 2(N_D e\varepsilon\varepsilon_0)^{-1}$ 的直线，这就是莫特-肖特基曲线。但是通常情况下，莫特-肖特基曲线是弯曲的，只有其中的一部分是直线或接近于直线，将该部分直线延长，与横坐标的交点即腐蚀产物的平带电位。

由莫特-肖特基方程可以发现，半导体材料的载流子浓度 N_D 与莫特-肖特基曲线直线部分的斜率成反比，载流子浓度和半导体材料的电子迁移速度息息相关，载流子浓度越大，电子迁移速度就越高。因此，通过对比腐蚀产物的莫特-肖特基曲线直线部分的斜率大小，我们可以判断腐蚀产物的载流子浓度及电子迁移速度。此外，莫特-肖特基曲线直线部分还能反映材料的半导体类型。若直线的斜率小于零，则说明材料具有 p 型半导体特性，否则为 n 型半导体特性。

综上所述，莫特-肖特基曲线不但能够反映腐蚀产物材料的半导体类型，还能反映该材料的平带电位及载流子浓度，在研究腐蚀产物光电化学性能上具有非常重要的作用。

2. 紫外-可见漫反射光谱

紫外-可见漫反射光谱（UV-vis diffuse reflection spectrum）是指当光束入射至粉末晶面层时，一部分光在表层晶粒面产生晶面反射，而另一部分光折射入表层晶粒的内部，经部分吸收后射至内部晶粒界面，再发生反射、折射、吸收。如此多次重复，最后由粉末表层朝各个方向反射出来，这种辐射称为漫反射光。漫反射光的强度取决于样品对光的吸收及样品的物理状态。因此，测量腐蚀产物的紫外-可见漫反射光谱，就可以判断材料的光吸收性能。

紫外-可见漫反射光谱的横坐标是波长（nm）或波数（cm^{-1}），纵坐标可以是吸收率，也可以是反射率。众所周知，光能与波长成反比，与频率成正比，短波长的紫外线的能量较大，足够激发半导体材料价带中的电子跃迁到导带，因此，大部分半导体材料在紫外光区域都有紫外光响应。半导体材料光响应范围的波长最大值，称为该材料的光吸收阈值或者吸收边，其反映了半导体材料所能吸收的光的最小能量，该能量等于半导体材料的禁带宽度（E_g）。半导体的禁带宽度与光吸收阈值存在以下关系 $E_g \leqslant E_{illumination}=h\nu=hc/\lambda$，其中，$h$ 为普朗克常量，$h=6.626\times 10^{-34}J\cdot s=4.136\times 10^{-15}eV\cdot s$；$c$ 为光速，$c=2.998\times 10^{8}m\cdot s^{-1}=2.998\times 10^{17}nm\cdot s^{-1}$。于是，$E_g \leqslant 1240eV\cdot nm/\lambda$（$\lambda$ 的单位为 nm），由此可计算半导体材料的禁带宽度：$E_g=1240/\lambda_{max}$。

除了这种简单方法外，还可以用另一种方法来确定半导体材料的禁带宽度，即采用 Kubelka-Munk 方程：$(\alpha h\nu)^{n/2}=A(h\nu-E_g)$，其中，$\alpha$、$\nu$、$A$ 和 E_g 分别为吸收系数、光频率、常数和禁带宽度。另外，根据半导体性质的不同，n 值也有不同。若半导体为直接半导体，则 $n=4$；若半导体为间接半导体，则 $n=1$。如果以 $h\nu$ 为横坐标，以$(\alpha h\nu)^{1/2}$或$(\alpha h\nu)^2$为纵坐标作图，并将得到的曲线的直线部分作切线，则切线与横坐标相交的能量值即为半导体材料的禁带宽度。

3. X 射线光电子能谱分析价带位置

X 射线光电子能谱（XPS）分析价带位置的原理是，采用具有一定能量的 X

射线照射到样品表面，和待测物质发生作用，激发待测物质原子中的电子脱离原子成为自由电子。该过程可表示为：$h\nu=E_k+E_b+E_r$。其中，$h\nu$ 为 X 射线的能量；E_k 为激发出的光电子的能量；E_b 为被激发电子在原子中的结合能；E_r 为原子的反冲能量，E_r 一般很小，可以忽略。

对于固体样品，计算结合能的参考点不是选真空中的静止电子（也就是电子的真空能级），而是选用费米能级，由内层电子跃迁到费米能级消耗的能量为结合能 E_b，由费米能级进入真空成为自由电子所需的能量为功函数 Φ，剩余的能量成为自由电子的动能 E_k，所以上式又可表示为 $h\nu=E_k+E_b+\Phi$，因此，$E_b=h\nu-E_k-\Phi$。仪器材料的功函数 Φ 是一个定值，入射 X 射线能量已知，如果测出激发电子的动能 E_k，就能得到固体样品电子的结合能 E_b。由于半导体材料的最外层电子处于价带中，因此价带中的电子结合能最低，被激发后光电子的动能也最大，反映在 X 射线光电子能谱的谱图中就是衍射峰起始位置的结合能即为半导体材料的价带电位。但应该注意的是，由于 X 射线光电子能谱中的零点位置（$E_b=0$）相当于半导体材料的费米能级，所以该价带电位是相对于费米能级而言的。X 射线光电子能谱测定价带位置是一种非常准确的测量方法，可以精确到±0.03eV[8]。

另外，由于各种原子和分子的轨道电子结合能是一定的，所以通过对样品产生的光子能量进行测定，就可以通过 X 射线光电子能谱了解样品中元素的组成，这也是 X 射线光电子能谱最重要的应用。元素所处的化学环境不同，其结合能会有微小的差别，这种由化学环境不同引起的结合能的微小差别称为化学位移，由化学位移的大小可以确定元素所处的状态。例如，某元素失去电子成为正离子后，其结合能会增加，如果得到电子成为负离子后，其结合能会降低。因此，利用化学位移值可以分析元素的化合价和存在形式。

除了 X 射线光电子能谱，也可以采用紫外光电子能谱（UPS）测定半导体材料的价带电位，其原理与 X 射线光电子能谱相同，只是入射的光源是紫外光而非 X 射线。

4. 光致发光光谱

光致发光（photoluminescence，PL）是指物体依赖外界光源进行照射从而获得能量，导致物质吸收光子跃迁到较高能级的激发态后再返回低能态，同时放出光子的过程。假设一系统的能级结构如图 4-10 所示，E_0 为基态能量，E_1～E_6 为激发态能量。系统受到外界光照激发后，可从基态跃迁到不同的激发态（E_1～E_6）。假设系统从基态 E_0 能级跃迁到激发态 E_6 能级，那么高能态的系统就有返回低能态的趋势。从高能态返回到低能态的过程中会有能量的释放，该部分能量以光能的形式散失掉，即可观察到发光现象，即为光致发光。

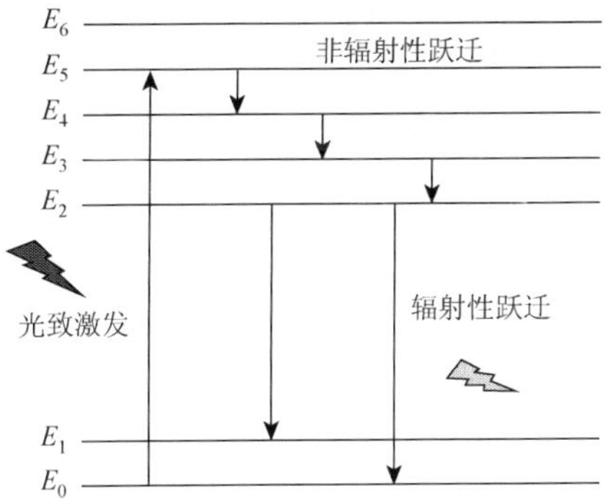

图 4-10　光致发光原理示意图

光致发光光谱在光电化学领域中具有非常重要的应用价值。在光照辐射下，半导体材料价带中的电子受到激发而跃迁到导带中，成为可以导电的高能态自由电子，而在价带中留下光生空穴。这时的自由电子可以经历如下两个过程：①在电场的作用下，电子迁移到外界参与导电或迁移到溶液中参与电化学反应；②电子返回到基态的价带中，与光生空穴发生复合，进而释放出能量，以光能或热能的形式散失。这两个过程是相互竞争的过程，前一过程中的光生电子可以得到有效利用，而后一过程中的光生电子则被浪费掉，不能得到利用。因此，若要提高半导体材料的光电化学性能，就必须减少后一过程的发生。研究者们通过掺杂、复合、添加各种牺牲剂等手段，降低光生电子和光生空穴的复合效率，从而提高光生电子或空穴的利用效率。判断光生电子和空穴的复合效率的最佳方法就是检测材料的光致发光光谱。由于这两个过程的竞争关系，光致发光光谱曲线的强度越强，说明其光生电子和光生空穴的复合效率越高，该体系的光电化学性能就越差。

5. 光生载流子寿命曲线

半导体光生电子的寿命通常采用荧光寿命衰减曲线进行测量。荧光寿命是指半导体材料被一束光激发后，价带中的电子受到跃迁而激发到导带中，分别成为导带中的自由电子和价带中的光生空穴。当光生电子从导带跃迁回价带中时，会以辐射的形式发出荧光；当激发停止后，荧光强度降到激发时最大强度的 1/e 所需的时间称为荧光寿命，它表示粒子在激发态存在的平均时间，通常称为激发态的荧光寿命，用 τ 表示。

对于激发态的电子（光生电子），其寿命越长，半导体材料的光电化学活性越好。光生电子的寿命越长，则参与反应的光电子越多，进而减少了与价带中的空穴复合的光电子数目，从而降低了能量的散失。因此，材料的光生电子寿命衰减曲线，可以作为其光电化学活性的判据。

6. 强度调制的光电流谱/光电压谱

强度调制的光电流谱/光电压谱（IMPS/IMVS）是一种频域探测技术。输入信号一般是一束稳定的背景光信号和一束经过正弦调制的小幅扰动光信号，两部分叠加并同时作用于研究对象。输出信号则是相应的稳态光电流和调制光电流（短路状态）或稳态光电压和调制光电压（开路状态）。强度调制的光电流谱/光电压谱是通过比较输入信号与输出信号振幅与相位的频率响应来研究界面动力学过程。描述电子动力学过程的参数，如电子扩散系数 D、电子寿命 τ 等，都依赖于光强度和费米能级 E_F（电子电化学势）的变化。在背景入射光的作用下，电子传输过程处于稳定状态，在小振幅调制光的扰动下这些动力学参数依然可以看作常数，这就给分析电子传输动力学过程带来极大方便。

针对强度调制的光电流谱/光电压谱的频率响应，已有研究者建立各种理论模型来模拟和解释。随着近年来理论与实验技术日趋完善，强度调制的光电流谱/光电压谱应用范围由最初的半导体单晶电极领域，逐步扩大到纳米半导体薄膜电极、DSSC 领域、半导体粒子悬浮溶液等体系中。

近年来，大量的研究表明，光照辐射是影响金属腐蚀过程的重要因素。大多数金属腐蚀产物具有半导体性质，它们受到日光照射时，由于自身的光生伏打效应，激发产生光生载流子。这些具有氧化还原能力的光生载流子将会在很大程度上改变金属腐蚀的进程，因而通过监测这些光生载流子的基本特征，可以从根本上理解光照辐射对金属腐蚀产生影响的光电化学机理，从而为展开针对性的腐蚀防护提供思路。

强度调制的光电流谱/光电压谱技术具有表征光生载流子诸多物理特性的能力，如光生载流子扩散系数和光生载流子寿命，并且这两个参数对于金属腐蚀的光电化学过程具有重要的影响。光生载流子扩散系数可以反映光电化学效应对腐蚀半导体产物层的影响深度，以及载流子在腐蚀产物半导体层中的迁移速度，而光生载流子寿命则可以反映半导体腐蚀产物的光电化学效应对其腐蚀过程的影响强度。

要实现强度调制的光电流谱/光电压谱数据的测量，可以通过德国 Zanher 公司的产品 Zahner CIMPS 光电化学测试系统来实现。该套产品主要是针对薄膜太阳能转换器件而开发的，因此其测试装置的三电极体系部分不能直接用于金属大气腐蚀样品的测试研究。大气腐蚀状态下的测量，可以采用距离很近的同种金属双电极或同种金属双电极加上铂丝制作的三电极来进行。当这种腐蚀微电极制备好后，便可以利用 Zahner CIMPS 光电化学测试系统对半导体腐蚀产物的光生载流子扩散系数和光生载流子寿命展开原位测量。

参 考 文 献

[1] 陈卓元. 铜的大气腐蚀及其研究方法. 北京：科学出版社，2011.

[2] 宋山华. 锌的大气腐蚀行为研究——紫外辐射的影响机制以及液滴下腐蚀原位测量. 青岛：中国科学院海洋研究所硕士学位论文，2014.

[3] Park H，Choi W，Kim K Y. A novel photoelectrochemical method of metal corrosion prevention using a TiO_2 solar panel. Chemical Communications，2001，(3)：281-282.

[4] Bu Y，Chen Z，Yu J，et al. A novel application of g-C_3N_4 thin film in photoelectrochemical anticorrosion. Electrochim Acta，2013，88：294-300.

[5] Bu Y，Chen Z，Effect of hydrogen treatment on the photoelectrochemical properties of quantum dots sensitized ZnO nanorod array. Journal of Power Sources，2014，272：647-653.

[6] Bu Y，Chen Z，Li W，et al.High-efficiency photoelectrochemical properties by a highly crystalline CdS-sensitized ZnO nanorod array. ACS Applied Materials & Interfaces，2013，5（11）：5097-5104.

[7] Wang G，Ling Y，Wang H，et al. Hydrogen-treated WO_3 nanoflakes show enhanced photostability. Energy & Environmental Science，2012，5 （3）：6180-6187.

[8] Kraut E，Grant R，Waldrop J，et al. Precise determination of the valence-band edge in x-ray photoemission spectra：Application to measurement of semiconductor interface potentials. Physical Review Letters，1980，44（24）：1620.

第 5 章　紫外辐射对 09CuPCrNi 耐候钢大气腐蚀过程的影响

5.1　引　　言

耐候钢是介于普通钢和不锈钢之间的低合金钢系列，它是由普通碳钢添加少量的磷、铜、铬、镍等微量元素而形成的。在大气腐蚀过程中，这些微量元素的加入可以促使钢材表面形成致密和附着性很强的保护膜，进而阻止大气中氧和水向钢铁基体的快速渗入，减缓锈蚀向钢铁材料纵深的发展速度，从而大大提高耐候钢材料的大气腐蚀耐蚀性。

耐候钢具有优质钢的强韧、塑延、成型、焊割、磨蚀、高温、抗疲劳等特性，同时，它还具备良好的耐大气腐蚀性能。因此，耐候钢是一种主要用于铁道、车辆、桥梁、塔架等长期暴露在大气环境中的钢结构，并且可用于制造集装箱、铁道车辆、石油井架、海港建筑、采油平台及化工石油设备中含硫化氢腐蚀介质的容器等结构件。与不锈钢相比，耐候钢只含有微量的合金元素，合金元素总量仅占百分之几，而不锈钢中合金元素则达到百分之十几以上，因此耐候钢的价格较为低廉。与普通碳钢相比，耐候钢在大气中具有更为优良的抗蚀性能，因此耐候钢得到了广泛应用。

在耐候钢的众多牌号中，09CuPCrNi 耐候钢是耐候钢家族中极具代表性的一种，自从研发出来后，它就得到了广泛的应用。也正是由于其应用的广泛性，09CuPCrNi 耐候钢遭受大气腐蚀破坏的机会大大增加。目前，针对 09CuPCrNi 耐候钢在大气环境中的腐蚀破坏行为与机理，学者们已开展了大量的相关研究工作[1, 2]。

在大气环境中，盐粒对金属材料大气腐蚀过程的影响较大。氯化钠盐粒是最常见的大气悬浮粒子，也是增大金属材料大气腐蚀速率的最主要的影响因素之一。氯离子的主要来源是海洋环境。海水通过海洋活动以微细水珠的形式存在于大气环境中，并通过海风的作用传播到距离海岸线几百千米的区域[3]，这些微细水珠沉降于试样表面。由于受大气环境相对湿度的影响，这些微细水珠中的水会部分蒸发从而浓缩，使氯离子的含量大大升高。例如，在相对湿度 80%和温度 25℃的条件下，在仅沉降氯化钠盐粒的试样表面，氯离子的浓度可以达到 4.6mol·L^{-1}[4, 5]。高氯离子浓度的电解液层会引发和促进基底金属材料的腐蚀破坏。在远离海洋环境的区域，氯离子的主要来源是冬天除雪和除冰用的氯化钠和氯化钙。除冰剂中大量的氯离子会参与在这种环境条件下服役的车辆等交通工具和设施的大气腐蚀过程，并加速它们的腐蚀破坏。另外，在大气腐蚀加速试验中氯化钠盐粒是常用的加速剂。对于在海洋大气环境中应用的工程设施及电子元器件，它们的大气腐蚀产物与在实验室内沉降了氯化钠盐粒的同种材料的暴露实验具有相似的腐蚀产物和相同的腐蚀机理。基于这个事实，氯化钠常常被用来模拟和加速材料在海洋环境条件下的大气腐蚀过程。

前面曾提到，环境润湿时间（相对湿度）、污染性气体、大气悬浮粒子、环境温度、腐蚀产物等均会影响金属材料的大气腐蚀过程。国内外的相关腐蚀科学家们对这些影响因子进行了充分研究。本书作者在瑞典皇家工学院和美国弗吉尼亚大学留学期间也就这方面的影响开展了大量的研究工作。这些影响因素对材料大气腐蚀过程的作用机理得到了绝大多数腐蚀科学家们的认可。

在众多影响大气腐蚀的因素中，光照辐射是影响材料大气腐蚀过程的一个重要环境因素，然而光照辐射对大气腐蚀的重要性至今还没有得到足够的重视，相关的研究工作并不多，具体的作用机理还不明确。目前，光照辐射对腐蚀影响的研究大多是针对水溶液腐蚀环境进行的[6, 7]。然而，光在水体环境中的穿透能力较弱，随着水深的增加，光照强度会迅速衰减。而在薄电解液层体系下，光可以直接辐射到金属材料表面，从而影响金属材料的大气腐蚀过程[1, 8-11]。因此，研究光照辐射对大气腐蚀过程的影响比研究它对暴露在本体水溶液中的腐蚀影响更具有实际意义。

本章主要结合作者开展的关于紫外辐射对氯化钠盐粒导致的 09CuPCrNi 耐候钢大气腐蚀过程的影响规律与机理的相关研究工作，较为系统地阐述 09CuPCrNi 耐候钢海洋大气腐蚀过程的光电化学影响机理。在本章的研究中选用的材料为 09CuPCrNi 耐候钢，其成分（%）为：C（0.12～0.21）、Si（0.2～2.0）、Mn（0.7～2.0）、S（≤0.036）、P（≤0.034）、Cu（0.10～0.40）、Al（< 0.2），其余为 Fe。09CuPCrNi 耐候钢的模拟实验室内挂片试样尺寸为：长 50mm、宽 10mm、厚约 1mm。实验暴露之前将 09CuPCrNi 耐候钢试样用砂纸由粗至细逐级打磨至 3000 目，然后采用金刚石磨抛剂抛光至 1μm。每个 09CuPCrNi 耐候钢试样用酒精棉擦拭，在丙酮溶液中超声清洗 5min，随后将准备好的 09CuPCrNi 耐候钢试样放置在干燥器内 24h。在试样暴露前，对处理好的试样进行氯化钠盐粒的沉降。氯化钠盐粒的沉降方法采用氯化钠乙醇饱和溶液法进行，具体操作方法见本书作者的另一部专著[12]。在本研究中，氯化钠盐粒的沉降量为 $15\mu g\cdot cm^{-2}$。

采用本书第 4 章 4.1 节中的暴露实验装置进行实验室内模拟大气腐蚀暴露实验。实验分别在暗态和紫外辐射条件下进行，相对湿度为 97%，温度为 25℃，模拟实验室内挂片实验是在未添加任何污染性气体的纯净空气中暴露的。暴露周期为 1 周、2 周和 4 周。紫外光源的功率为 15W，它发射的紫外光的波长为 220～300nm，其中 90%集中在 253.7nm。紫外光通过暴露实验箱上方的石英玻璃照射到 09CuPCrNi 耐候钢试样表面上，光照强度为 0.135mW·cm^{-2}。为了检测紫外辐射对 09CuPCrNi 耐候钢试样在腐蚀暴露期间所产生的热效应，本研究采用监测探头为金属的温度传感器（灵敏度为±0.1℃）监测金属表面在紫外辐射情况下的温度变化情况，结果显示在 48h 的测试时间内，试样表面的温度变化浮动在±0.5℃以内。

实验室内暴露实验结束后，采用红外光谱、拉曼光谱和扫描电镜分析 09CuPCrNi 耐候钢大气腐蚀产物的成分和腐蚀形貌。采用电化学方法分析暴露后的带锈 09CuPCrNi 耐候钢试样的电化学行为。电化学阻抗谱测试采用三电极体系，以锈蚀后的 09CuPCrNi 耐候钢试样作为工作电极，电极工作面积为 1cm^2，Pt 片电极为对电极，Ag/AgCl（饱和 KCl）电极为参比电极。阻抗测试的频率范围为 10^5～10^{-2}Hz，交流电振幅为 5mV，测试结果取 12 个频率点。阻抗谱的测试是在 5.2%氯化钠溶液中进行的。选用 5.2%氯化钠溶液作为测试溶液，其主要原因是在温度为 25℃和相对湿度为 97%的大气环境条件下，氯化钠盐粒潮解后所形成的溶液浓度为 5.2%[4]。腐蚀暴露 1 周、2 周的 09CuPCrNi 耐候钢试样的阻抗测试在暗态条件下进行，而腐蚀暴露 4 周的 09CuPCrNi 耐候钢试样的阻抗测试分别在可见光照射和暗态条件下进行，可见光的光源为 300W 氙弧灯（光照强度为 320mW·cm^{-2}），采用滤波片（$\lambda > 420$nm）滤去紫外光成分就可获得可见光。

莫特-肖特基曲线的测试也采用上述的三电极体系，工作电极为锈蚀后的 09CuPCrNi 耐候钢试样，电极的工作面积为 1cm^2，对电极为 Pt 片电极，参比电极为 Ag/AgCl（饱和 KCl）电极。测试也是在 5.2%氯化钠溶液和暗态条件下进行的。测试电压范围为–0.9～–0.15V，测试频率为 1000Hz，交流电振幅为 10mV。

光致开路电位的测试是以锈蚀后的 09CuPCrNi 耐候钢试样作为工作电极，电极工作面积为 1cm^2，Ag/AgCl（饱和 KCl）电极作为参比电极，在 5.2%氯化钠溶液中进行测试。测试在光照与暗态条件下交替进行。具体测试过程如下：在暗态条件下，待锈蚀后的 09CuPCrNi 耐候钢试样的开路电位值稳定后，打开光源，此时开路电位值会发生明显变化，待其值稳定后，再将光源关闭，依次重复进行 3～4 个开、闭光循环测试。光源为 300W 氙灯（光照密度为 320mW·cm^{-2}），它发射出来的光通过石英玻璃窗口照射到浸泡在 5.2%氯化钠溶液中的带锈 09CuPCrNi 耐候钢试样表面。

暴露实验结束后，采用重量法（包括腐蚀增重和腐蚀失重）分析大气腐蚀速率。腐蚀增重是试样经腐蚀暴露后的质量与该试样沉降盐粒后进行暴露前的质量之差。腐蚀失重则是试样沉降盐粒前的质量与腐蚀暴露后将试样表面腐蚀产物全部清除后的质量之差。具体的实验步骤见本书作者的另一部专著[12]。在本研究中，清除 09CuPCrNi 耐候钢表面生成的大气腐蚀产物的清洗液的配比为：100mL 36%盐酸+4g 六亚甲基四胺+100mL 蒸馏水。腐蚀增失重结果采用三个 09CuPCrNi 耐候钢试样作平行试样进行实验。

为进行相关的机理分析，本研究还定量表征了腐蚀产物 γ-FeOOH 和 β-FeOOH 的光电化学效应。在铁基金属最常见的腐蚀产物中，γ-FeOOH、β-FeOOH 和 γ-Fe_2O_3 具有半导体特性[13]。γ-Fe_2O_3 的光电化学效应将在本书的下一章进行系统介绍。γ-FeOOH 是铁基金属大气腐蚀过程中最先生成的腐蚀产物，是铁基金属最常见的腐蚀产物之一，也是在整个大气腐蚀过程中一直存在的腐蚀产物[2, 14-19]。β-FeOOH 是海洋大气腐蚀过程生成的腐蚀产物，在海洋大气环境中暴露的铁基金属材料的腐蚀产物中经常能检测到 β-FeOOH[2, 14]。本研究中用到的腐蚀产物 γ-FeOOH 和 β-FeOOH 是在本实验室合成的。γ-FeOOH 的合成主要是基于 Barton 等[20]提出的合成方法。具体操作步骤如下：先将 43.84mg（1.5×10^{-4}mol）乙二胺四乙酸（EDTA）加入到 150mL 0.2mol·L^{-1} 硫酸亚铁（$FeSO_4$）溶液中，在室温下搅拌 10min 后，在持续搅拌的状态下，缓慢滴加 6mol·L^{-1} NH_3·H_2O 调节溶液的 pH 至 8.7。紧接着，在持续搅拌的状态下向混合溶液中通入流速为 4L·min^{-1} 的空气，在此过程中生成的沉淀物由浅黄色逐步转变为深棕黄色。最后，将溶液中的固体沉淀物抽滤洗涤三次，并在 100℃条件下干燥 2h 即可得到 γ-FeOOH 粉末。β-FeOOH 的合成主要是基于 Joly 等[21]提出的实验方法。具体操作步骤如下：将 4.25g（0.05mol）硝酸钠（$NaNO_3$）与 2.03g（0.0075mol）六水合三氯化铁（$FeCl_3$·$6H_2O$）溶解于 100mL 蒸馏水中，随后在 70℃条件下持续搅拌 5h，并将所得到的沉淀物离心分离、洗涤干燥，并在 100℃条件下干燥 2h，即可得到 β-FeOOH 粉末。

在实验室制备完 γ-FeOOH 和 β-FeOOH 后，采用红外光谱和 X 射线衍射技术对实验室人工合成的 γ-FeOOH 和 β-FeOOH 进行表征分析。同时，通过莫特-肖特基曲线和紫外-可见漫反射手段对它们的整流特性、平带电位、光吸收性能等信息进行表征分析。莫特-肖特基曲线的测试采用三电极体系，以制备的 γ-FeOOH 和 β-FeOOH 薄膜光电极作为工作电极，Pt 片电极为对电极，Ag/AgCl（饱和 KCl）电极作为参比电极，电极工作面积为 $1cm^2$，在 3.5%氯化钠溶液及暗态条件下进行测试。测试电压范围为 0～0.8V，测试频率为 100Hz，交流电振幅为 10mV。

实验室制备 γ-FeOOH 与 β-FeOOH 薄膜光电极的方法如下：将制备好的腐蚀产物沉降在干净的氟掺杂的氧化锡（fluorine-doped tin-oxide，FTO）导电玻璃上。FTO 导电玻璃的尺寸为 13mm×10mm，其中氟掺杂的氧化锡半导体膜厚度为 100nm，玻璃基体厚度为 1mm。在沉降 γ-FeOOH 与 β-FeOOH 粉末之前，需要将 FTO 导电玻璃在分析纯的丙酮溶液中超声清洗 5min，然后用蒸馏水冲洗干净，并在干净的空气流中干燥。在 FTO 导电玻璃的导电面（有氟掺杂的氧化锡半导体材料）的一端，贴上绝缘胶带，使导电面的暴露面积为 $1cm^2$。称取 50mg 制备的

γ-FeOOH 或 β-FeOOH 粉末放入干净的研钵中，倒入 1mL 蒸馏水，在研钵中充分混合并研磨 10min，直至混合物变为均匀的泥浆状。量取 0.1mL（含有约 5mg 的 γ-FeOOH 或 β-FeOOH）泥浆，均匀地涂覆在导电玻璃的导电面上。待泥浆混合物在导电玻璃上干燥后，将绝缘胶带撕掉。随后将涂有 γ-FeOOH 或 β-FeOOH 泥浆的 FTO 导电玻璃在 120℃条件下恒温干燥处理 2h。干燥处理的目的是提高 γ-FeOOH 或 β-FeOOH 粉末在 FTO 导电玻璃上的黏结力。之后，将铜线用导电银胶连接至 FTO 导电玻璃的导电面。待导电银胶干燥后，在 FTO 玻璃上没有涂覆 γ-FeOOH 或 β-FeOOH 粉末的部分以 AB 胶遮蔽。这样，整个光电极中只有暴露的 γ-FeOOH 或 β-FeOOH 与电解液接触，铜线与电解液没有直接接触。通过这种方法制备的光电极的工作面积为 $1cm^2$。为了进一步考察混合腐蚀产物的光电化学效应，在本研究中还制备了质量比为 1∶1 的混合的 γ-FeOOH 和 β-FeOOH 腐蚀产物光电极。在制备电极之前，将合成好的 γ-FeOOH 与 β-FeOOH 按照质量比 1∶1 的比例均匀混合，称量 50mg 这种混合腐蚀产物放置在干净的研钵内，加入 1mL 蒸馏水充分研磨。随后按照上面的步骤制造混合腐蚀产物 γ-FeOOH/β-FeOOH 薄膜光电极。

本研究中的 09CuPCrNi 耐候钢电极采用环氧封样，工作面积为 $1cm^2$，在每次使用之前采用砂纸逐级打磨至 2000 目，随后在分析纯的无水乙醇中超声清洗 5min，最后在干燥器内放置 24h 后使用。

采用上海辰华仪器公司 CHI660D 电化学工作站对光致电位与光致电流进行测试。具体的操作步骤见本书 4.5 节。

5.2 紫外辐射对 09CuPCrNi 耐候钢大气腐蚀速率的影响

图 5-1 是预先沉降了 $15\mu g\cdot cm^{-2}$ 氯化钠盐粒的 09CuPCrNi 耐候钢分别在紫外辐射和暗态条件下，暴露 1 周、2 周和 4 周后的腐蚀增重实验结果。图 5-2 是预先沉降了 $15\mu g\cdot cm^{-2}$ 氯化钠盐粒的 09CuPCrNi 耐候钢分别在紫外辐射和暗态条件下，暴露 1 周、2 周和 4 周后的腐蚀失重实验结果。暴露的环境温度为 25℃，相对湿度为 97%。由图可见，在紫外辐射条件下暴露的 09CuPCrNi 耐候钢试样和在暗态条件下暴露的 09CuPCrNi 耐候钢试样的大气腐蚀增重和腐蚀失重均随着暴露时间的延长而增大，但是，紫外辐射对 09CuPCrNi 耐候钢大气腐蚀速率的影响与暴露时间有关。暴露 1 周后，相对于暗态条件，紫外辐射促进了 09CuPCrNi 耐候钢的大气腐蚀过程，增大了它的大气腐蚀速率。由图 5-1 和图 5-2 可见，在紫外辐射条件下暴露 1 周的 09CuPCrNi 耐候钢试样的腐蚀增重与失重均大于在暗态条件下暴露 1 周试样的腐蚀增重与失重。而暴露 2 周后，相对于暗态条件，紫外辐射反而轻微抑制了 09CuPCrNi 耐候钢的大气腐蚀过程，降低了它的大气腐蚀速率。由

图 5-1 和图 5-2 可见，在紫外辐射条件下暴露 2 周的 09CuPCrNi 耐候钢试样的腐蚀增重与失重均略小于在暗态条件下暴露 2 周的试样的腐蚀增重与失重。暴露 4 周后，相对于暗态条件，紫外辐射又重新促进了 09CuPCrNi 耐候钢的大气腐蚀过程，并显著增大了它的大气腐蚀速率。由图 5-1 和图 5-2 可见，在紫外辐射条件下暴露 4 周的 09CuPCrNi 耐候钢试样的腐蚀增重与失重均明显大于在暗态条件下暴露 4 周的试样的腐蚀增重与失重。

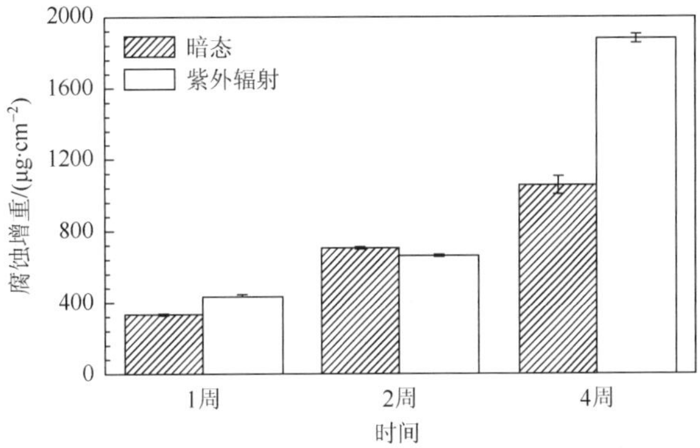

图 5-1　预先沉降了 15μg·cm^{-2} 氯化钠盐粒的 09CuPCrNi 耐候钢在相对湿度为 97%和温度为 25℃的纯净大气环境中，分别在紫外辐射与暗态条件下，暴露 1 周、2 周和 4 周后的腐蚀增重实验结果

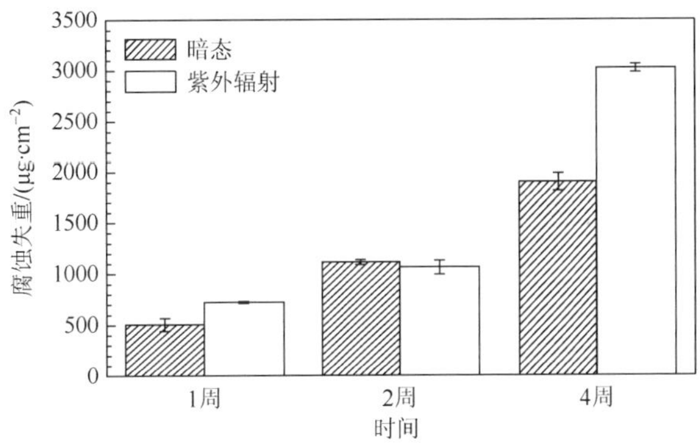

图 5-2　预先沉降了 15μg/cm^2 氯化钠盐粒的 09CuPCrNi 耐候钢在相对湿度为 97%和温度为 25℃的纯净大气环境中，分别在紫外辐射与暗态条件下，暴露 1 周、2 周和 4 周后的腐蚀失重实验结果

在暴露实验中，09CuPCrNi 耐候钢试样只有面向紫外光源的这一面直接受到光照辐射的作用，而它的反面没有受到光照辐射的作用。然而在计算腐蚀增重和失重时是将质量的变化除以试样正反两面的面积总和。如果 09CuPCrNi 耐候钢试样的正反两面都直接受到紫外辐射作用，则腐蚀增重和失重实验结果会比目前的

实验结果大得多。

通过大气腐蚀增重和失重的实验结果，我们可以直观和定量地评价紫外辐射对氯化钠盐粒导致的09CuPCrNi耐候钢大气腐蚀过程的影响。在本实验中采用的09CuPCrNi耐候钢试样长50mm，宽10mm，厚1mm。试样正反两面的面积和为1000mm^2。试样的其他四个周边的面积和为120mm^2。然而，在试样打磨过程中，试样会减薄，导致这四个周边的面积总和小于120mm^2。同时，实验前，氯化钠盐粒只沉降在09CuPCrNi耐候钢试样的正反两个面上，在其余四个侧面并没有沉降氯化钠盐粒。与09CuPCrNi耐候钢试样的正反两面相比，四个侧面的面积较小，因此认为在这四个侧面上发生的腐蚀可以忽略不计。在本研究中计算腐蚀增、失重时仅采用正反两面的面积总和。在本研究中，光照辐射的试样只有正面被紫外光辐射，而背面没有受到紫外辐射的影响。假设没有直接受到紫外光辐射影响的反面的腐蚀与试样在暗态条件下的腐蚀是一样的，则在同样的暴露时间内，在紫外辐射条件下暴露的09CuPCrNi耐候钢试样的增、失重与在暗态条件下暴露的试样的增、失重的差值仅由紫外辐射引起的试样正面腐蚀变化导致。因此，紫外辐射对氯化钠盐粒导致的09CuPCrNi耐候钢大气腐蚀过程的影响就可以用大气腐蚀增、失重的紫外辐射影响因子来定量评估。

大气腐蚀增重的紫外辐射影响因子（MGIF）和大气腐蚀失重的紫外辐射影响因子（MLIF）的定义如下

$$\mathrm{MGIF}=\frac{\mathrm{MG}_{\mathrm{UV}}\times(a\times b\times 2)-\mathrm{MG}_{\mathrm{dark}}\times(a\times b\times 2)}{\mathrm{MG}_{\mathrm{dark}}\times(a\times b)} \tag{5-1}$$

$$\mathrm{MLIF}=\frac{\mathrm{ML}_{\mathrm{UV}}\times(a\times b\times 2)-\mathrm{ML}_{\mathrm{dark}}\times(a\times b\times 2)}{\mathrm{ML}_{\mathrm{dark}}\times(a\times b)} \tag{5-2}$$

其中，MGIF 和 MLIF 分别为大气腐蚀增重的紫外辐射影响因子和大气腐蚀失重的紫外辐射影响因子；$\mathrm{MG}_{\mathrm{UV}}$ 和 $\mathrm{ML}_{\mathrm{UV}}$ 分别为在紫外辐射条件下暴露试样的腐蚀增重和腐蚀失重数据；$\mathrm{MG}_{\mathrm{dark}}$ 和 $\mathrm{ML}_{\mathrm{dark}}$ 分别为在暗态条件下暴露试样的腐蚀增重和腐蚀失重数据；a 为暴露试样的长度（在本研究中是50mm）；b 为暴露试样的宽度（在本研究中是10mm）。

大气腐蚀增重和大气腐蚀失重的紫外辐射影响因子可以较为直观地评价紫外辐射对氯化钠盐粒导致的09CuPCrNi耐候钢大气腐蚀过程的影响。如果MGIF和MLIF小于零，表明紫外辐射抑制09CuPCrNi耐候钢的大气腐蚀过程。如果MGIF和MLIF等于零，表明紫外辐射对09CuPCrNi耐候钢大气腐蚀过程无影响。如果MGIF和MLIF大于零，表明紫外辐射促进09CuPCrNi耐候钢的大气腐蚀过程，而且MGIF和MLIF的绝对值越大，表明紫外辐射对09CuPCrNi耐候钢大气腐蚀过程的影响越大。

图5-3是通过式（5-1）和式（5-2）计算得出的09CuPCrNi耐候钢的MGIF

和 MLIF 随暴露时间的变化关系曲线。由图 5-3 可见，暴露 1 周后，MGIF 和 MLIF 数值大于零，表明紫外辐射促进了 09CuPCrNi 耐候钢的大气腐蚀过程，增大了它的大气腐蚀速率。暴露 2 周后，MGIF 和 MLIF 数值略微小于零，表明紫外辐射轻微抑制了 09CuPCrNi 耐候钢的大气腐蚀过程，降低了它的大气腐蚀速率。暴露 4 周后，MGIF 和 MLIF 数值大于零，表明紫外辐射又重新促进了 09CuPCrNi 耐候钢的大气腐蚀过程，增大了它的大气腐蚀速率。同时，暴露 4 周后的 MGIF 和 MLIF 数值明显比暴露 1 周后的 MGIF 和 MLIF 数值大得多，表明紫外辐射对暴露 4 周的 09CuPCrNi 耐候钢大气腐蚀过程的促进作用比暴露 1 周的促进作用大得多。

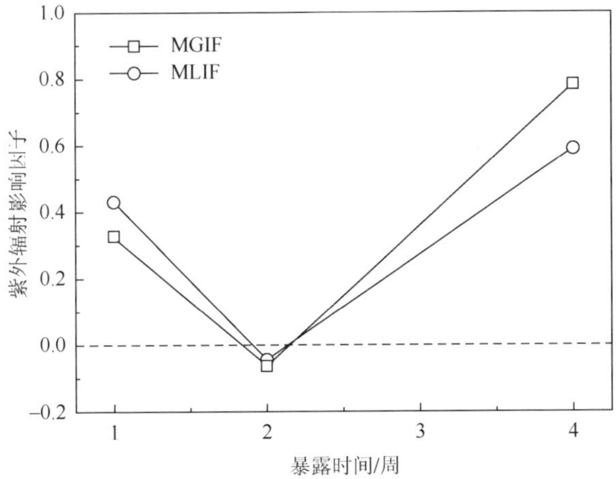

图 5-3　09CuPCrNi 耐候钢腐蚀增重（MGIF）和腐蚀失重（MLIF）的紫外辐射影响因子与暴露时间的关系

5.3　紫外辐射对 09CuPCrNi 耐候钢大气腐蚀产物的影响

采用红外光谱和拉曼光谱，对在不同条件下暴露的 09CuPCrNi 耐候钢试样表面生成的腐蚀产物进行了表征分析，实验结果如图 5-4 所示。其中图 5-4（a）～（c）是预先沉降了 15μg·cm^{-2} 氯化钠盐粒的 09CuPCrNi 耐候钢在相对湿度为 97%和温度为 25℃的纯净大气环境中，分别在紫外辐射与暗态条件下，暴露 1 周（a）、2 周（b）、4 周（c）后生成腐蚀产物的红外光谱图。图 5-4（d）是预先沉降了 15μg·cm^{-2} 氯化钠盐粒的 09CuPCrNi 耐候钢在相对湿度为 97%和温度为 25℃的纯净大气环境中，分别在紫外辐射与暗态条件下，暴露 4 周后生成腐蚀产物的拉曼光谱图。图中 1w-UV、2w-UV 和 4w-UV 分别代表在紫外辐射条件下暴露 1 周、2 周和 4 周的试样。1w-Dark、2w-Dark 和 4w-Dark 分别代表在暗态条件下暴露 1 周、2 周和 4 周后的试样。如图 5-4 所示，在紫外辐射条件下暴露 1 周和 2 周后，

09CuPCrNi 耐候钢表面生成了 γ-FeOOH、β-FeOOH 和 α-FeOOH。在紫外辐射条件下暴露 4 周后，09CuPCrNi 耐候钢表面生成了 γ-FeOOH、α-FeOOH 和 Fe_3O_4，此时没有在腐蚀产物中检测到 β-FeOOH。在暗态条件下暴露 1 周、2 周和 4 周后，09CuPCrNi 耐候钢表面仅生成了 γ-FeOOH 和 α-FeOOH，没有发现 β-FeOOH 和 Fe_3O_4。

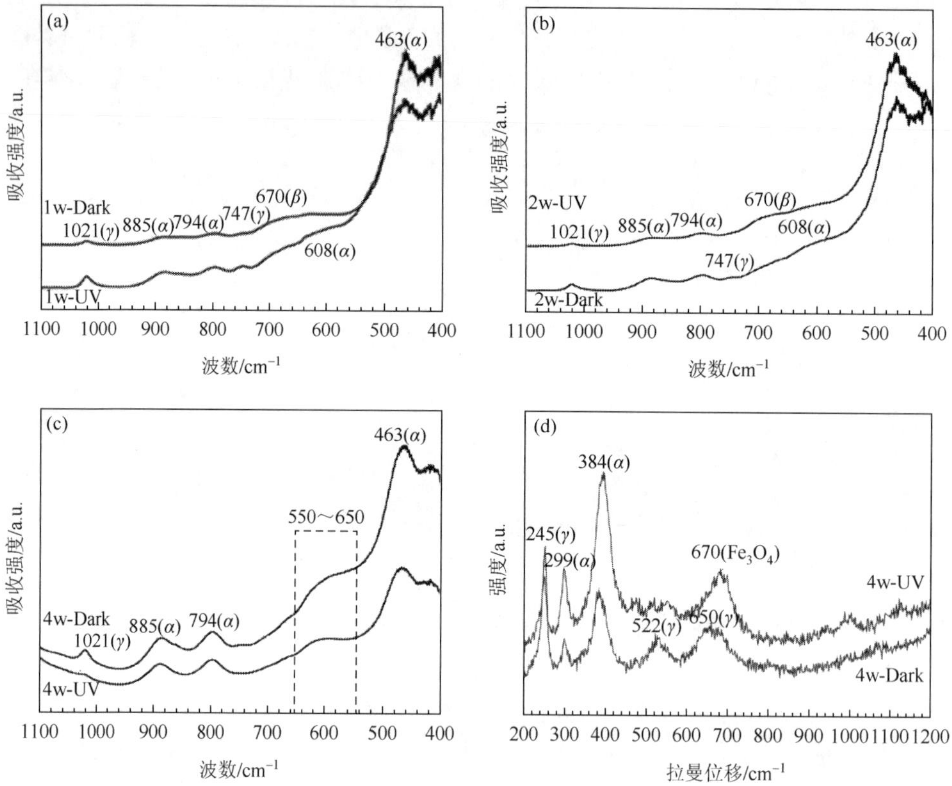

图 5-4 预先沉降了 15μg·cm^{-2}氯化钠盐粒的 09CuPCrNi 耐候钢在相对湿度为 97%和温度为 25℃的纯净大气环境中，分别在紫外辐射与暗态条件下，暴露 1 周（a）、2 周（b）、4 周（c 和 d）后生成的腐蚀产物的红外光谱和拉曼光谱图。图 5-4（a～c）是红外光谱图，图 5-4（d）是拉曼光谱图

在红外光谱图中，γ-FeOOH 的红外特征吸收峰位于 747cm^{-1} 和 1021cm^{-1}，α-FeOOH 的红外特征吸收峰位于 794cm^{-1} 和 885cm^{-1}[22]，β-FeOOH 的红外特征吸收峰位于 670cm^{-1}[22]。在红外光谱图［图 5-4（a）～（c）］中位于 463cm^{-1}、608cm^{-1}、794cm^{-1}、885cm^{-1} 处的吸收峰归属为 α-FeOOH 的弯曲振动峰，而 794cm^{-1} 与 885cm^{-1} 处的吸收峰为 α-FeOOH 中的 O—H 的弯曲振动峰[22-24]。747cm^{-1} 和 1021cm^{-1} 的吸收峰为 γ-FeOOH 中 O—H 的弯曲振动峰[22]。位于 670cm^{-1} 处的较为宽泛的吸收峰则

为 β-FeOOH 中 Fe—O 键的振动峰[22]。

在腐蚀暴露 4 周后试样表面腐蚀产物的红外光谱图［图 5-4（c）］中，550～650cm^{-1} 处有一宽泛的吸收峰，这个位置的吸收峰可能来自于 Fe_3O_4、γ-Fe_2O_3 或者一些无定形结构的锈蚀产物。为了进一步确证 09CuPCrNi 耐候钢腐蚀暴露 4 周试样上的锈蚀产物，采用拉曼光谱进行了进一步的分析，结果如图 5-4（d）所示。在图 5-4（d）中，位于 245cm^{-1}、522cm^{-1}、650cm^{-1} 的吸收峰归属为 γ-FeOOH[25-27]。α-FeOOH 的拉曼吸收峰则出现在 299cm^{-1} 与 384cm^{-1}[28, 29]。Fe_3O_4 的拉曼特征吸收峰位于 670cm^{-1}[25]。从图 5-4（d）的结果可以看出，在暗态条件下经过 4 周暴露的 09CuPCrNi 耐候钢试样的腐蚀产物有 α-FeOOH 和 γ-FeOOH，而在紫外辐射条件下经过 4 周暴露的 09CuPCrNi 耐候钢试样的腐蚀产物有 α-FeOOH、γ-FeOOH 和 Fe_3O_4。由此可知，紫外辐射促进了腐蚀产物 Fe_3O_4 的生成。

FeOOH 主要包含 δ-FeOOH、α-FeOOH、β-FeOOH 和 γ-FeOOH 四种同分异构体[23]，其中 α-FeOOH 在这四种异构体中是最稳定的相，δ-FeOOH、β-FeOOH 与 γ-FeOOH 是不稳定相。这四种同分异构体的稳定顺序为 α-FeOOH＞β-FeOOH＞γ-FeOOH＞δ-FeOOH。β-FeOOH 不是纯相，其体相内包含 6.2%的氯离子[23]。在红外光谱图［图 5-4（a）～（c）］中，β-FeOOH 位于 670cm^{-1} 处的宽泛的红外特征吸收峰只出现在紫外辐射条件下暴露 1 周和 2 周的 09CuPCrNi 耐候钢试样上，表明紫外辐射仅在大气腐蚀暴露初期促进了 09CuPCrNi 耐候钢表面腐蚀产物中 β-FeOOH 的生成。随着腐蚀暴露时间的进一步延长，β-FeOOH 逐渐转变为稳定相 α-FeOOH，从而使得在紫外辐射条件下暴露 4 周后的 09CuPCrNi 耐候钢试样上没有发现 β-FeOOH 的红外吸收峰。

如前所述，在红外光谱数据中，不同的 FeOOH 的同分异构体中 O—H 的弯曲振动的红外特征吸收峰是不同的。在本研究中，885cm^{-1} 处的吸收峰为 α-FeOOH 的红外特征吸收峰，而 1021cm^{-1} 处的吸收峰为 γ-FeOOH 的红外特征吸收峰。在同一条红外光谱曲线中的 α-FeOOH 和 γ-FeOOH 红外特征吸收峰的强度之比可以定性地说明腐蚀产物中 α-FeOOH 和 γ-FeOOH 的相对含量。在暗态条件下，暴露 1 周、2 周、4 周后 09CuPCrNi 耐候钢试样表面生成的腐蚀产物中 α-FeOOH 位于 885cm^{-1} 处的红外特征吸收峰与 γ-FeOOH 在 1021cm^{-1} 处的红外特征吸收峰强度之比分别为 0.72、1.19 和 1.81。而在紫外光照辐射条件下，暴露 1 周、2 周、4 周后，09CuPCrNi 耐候钢试样表面生成的腐蚀产物中 α-FeOOH 位于 885cm^{-1} 处的红外特征吸收峰与 γ-FeOOH 在 1021cm^{-1} 处的红外特征吸收峰强度之比分别为 1.00、1.40 和 6.80。由上述计算结果可以看出，α-FeOOH 位于 885cm^{-1} 处的红外特征吸收峰强度与 γ-FeOOH 在 1021cm^{-1} 处的红外特征吸收峰强度的比值在紫外辐射条件下明显大于暗态条件下的锈蚀试样。该结果表明在紫外辐射条件下生成的 α-FeOOH 的含量明显高于在暗态条件下生成的 α-FeOOH 的含量，即紫外

辐射能够明显加速 γ-FeOOH 向 α-FeOOH 转变。随着腐蚀暴露时间的延长，α-FeOOH 位于 885cm^{-1} 处的红外特征吸收峰的强度与 γ-FeOOH 在 1021cm^{-1} 处的红外特征吸收峰的强度的比值逐渐增大，表明随着腐蚀暴露时间的增加，在试样表面生成的腐蚀产物中稳定相 α-FeOOH 的含量越来越高，这对于在紫外暴露条件下的试样尤为明显。

由红外光谱和拉曼光谱的实验结果可以得出，紫外辐射加速了 γ-FeOOH 向 α-FeOOH 的转变，同时在 09CuPCrNi 耐候钢大气腐蚀初期促进了 β-FeOOH 的生成，并在 09CuPCrNi 耐候钢大气腐蚀后期促进了 Fe_3O_4 的生成。

5.4　紫外辐射对 09CuPCrNi 耐候钢大气腐蚀形貌的影响

图 5-5 是在暗态条件下，预先沉降了 15μg·cm^{-2} 氯化钠盐粒的 09CuPCrNi 耐候钢暴露 1 周（a）、2 周（b）和 4 周（c）后的大气腐蚀形貌的扫描电镜图。图 5-6 则是在紫外辐射条件下，预先沉降了 15μg·cm^{-2} 氯化钠盐粒的 09CuPCrNi

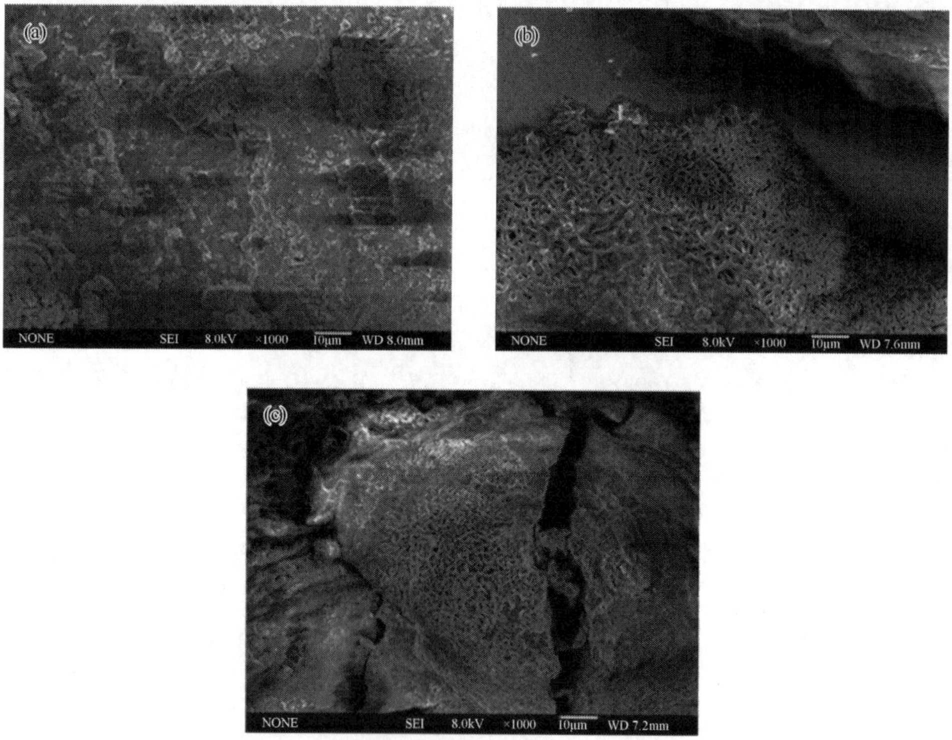

图 5-5　预先沉降了 15μg·cm^{-2} 氯化钠盐粒的 09CuPCrNi 耐候钢在相对湿度为 97%和温度为 25℃的纯净大气环境中，在暗态条件下，暴露 1 周（a）、2 周（b）、4 周（c）后生成的腐蚀产物的扫描电镜照片

耐候钢暴露 1 周（a）、2 周（b）和 4 周（c）后的大气腐蚀形貌的扫描电镜图。从扫描电镜图可以看出，在暗态条件下生成疏松多孔的腐蚀产物。同时，在暗态条件下暴露 2 周和 4 周的样品中发现了针状的腐蚀产物，可能是 γ-FeOOH。在紫外辐射条件下生成的腐蚀产物明显比在暗态条件下生成的腐蚀产物更致密，此时腐蚀产物团聚成较大的片状和块状。与暗态条件类似，在紫外辐射条件下暴露 2 周的 09CuPCrNi 耐候钢样品中也发现了针状腐蚀产物。此外，经过 2 周和 4 周的暴露实验后，在 09CuPCrNi 耐候钢试样表面生成的腐蚀产物中均有微裂隙，这些微裂隙可为腐蚀反应提供氧气及水分子的传输通道，从而可以进一步促进腐蚀反应的发生与进行[30, 31]。

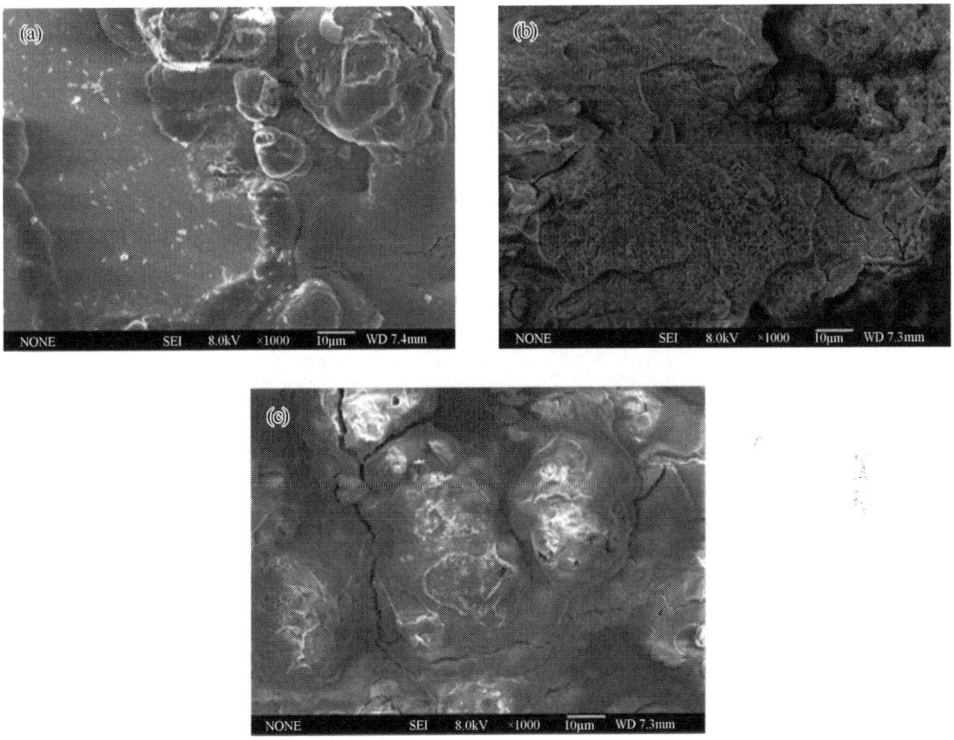

图 5-6　预先沉降了 15μg·cm^{-2} 氯化钠盐粒的 09CuPCrNi 耐候钢在相对湿度为 97%和温度为 25℃的纯净大气环境中，在紫外辐射条件下，暴露 1 周（a）、2 周（b）、4 周（c）后生成的腐蚀产物的扫描电镜照片

5.5　09CuPCrNi 耐候钢大气腐蚀产物的整流特性

腐蚀产物的电学性能及其整流特性可以通过莫特-肖特基方法进行研究[32-34]，它

是在假设 Helmholtz 层的电容可以忽略的前提下，通过测量电容与外加电压的关系来实现的[35]。因此，莫特-肖特基方程是描述外加电压与半导体的空间电荷区的电容之间的关系的方程。对于 n 型半导体，莫特-肖特基方程式为

$$\frac{1}{C^2}=\frac{2}{e\varepsilon\varepsilon_0 N_D}\times\left(E-E_{FB}-\frac{\kappa T}{e}\right) \tag{5-3}$$

其中，C 为该 n 型半导体的空间电荷区的电容；N_D 为载流子浓度；e 为电荷电量；ε_0 为介电常数；ε 为半导体的相对介电常数；E 为外加电压；E_{FB} 为平带电位；T 为温度；κ 为玻耳兹曼常量。

在本研究中，测量腐蚀产物的莫特-肖特基曲线的主要目的是分析腐蚀产物的半导体性质及其载流子浓度。选取的试样是分别在紫外辐射和暗态条件下暴露 4 周后的 09CuPCrNi 耐候钢试样。莫特-肖特基曲线的测试是在暗态条件下，并在 5.2%氯化钠溶液中进行，测试频率为 1000Hz。

图 5-7 是分别在紫外辐射和暗态条件下暴露 4 周后的 09CuPCrNi 耐候钢腐蚀产物的莫特-肖特基曲线。从图 5-7 可见，莫特-肖特基曲线的斜率为正值，表明在 09CuPCrNi 耐候钢表面形成的腐蚀产物具有 n 型半导体特性。

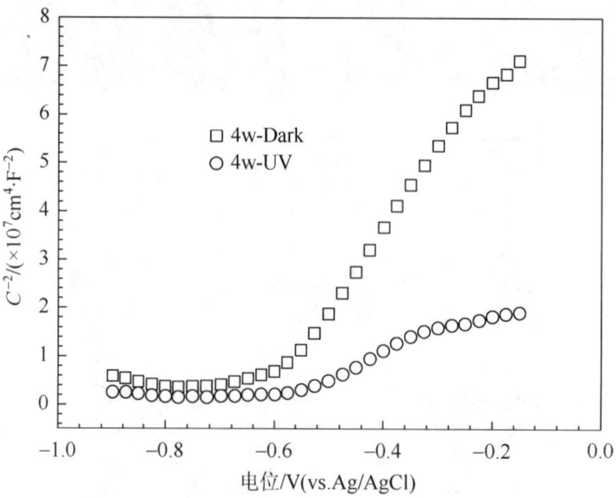

图 5-7 预先沉降了 15μg·cm^{-2}氯化钠盐粒的 09CuPCrNi 耐候钢在相对湿度为 97%和温度为 25℃的纯净大气环境中，分别在紫外辐射与暗态条件下暴露 4 周后锈蚀的 09CuPCrNi 耐候钢的莫特-肖特基曲线。该曲线的测量是在暗态条件下和 5.2%氯化钠溶液中测量的，测试频率为 1000Hz

通过图 5-7 中的莫特-肖特基曲线，采用式（5-3）可以计算腐蚀产物的载流子浓度 N_D。计算结果表明，在暗态条件下暴露 4 周后的 09CuPCrNi 耐候钢试样表面生成的腐蚀产物的载流子浓度为 $6.77\times10^{21}cm^{-3}$，而在紫外辐射条件下暴露 4

周后的 09CuPCrNi 耐候钢试样表面生成的腐蚀产物的载流子浓度为 $2.03\times10^{22}cm^{-3}$。在紫外辐射暴露条件下生成的腐蚀产物的载流子浓度大约是在暗态暴露条件下生成的腐蚀产物的载流子浓度的 3 倍。腐蚀产物的载流子浓度越高，表明它的电传导能力越强，因此，在紫外辐射暴露条件下生成的腐蚀产物的电传导能力明显比在暗态暴露条件下生成的腐蚀产物的大。在紫外辐射条件下暴露 4 周的 09CuPCrNi 耐候钢试样表面生成的腐蚀产物具有较大的载流子浓度，这可能有以下两个方面的原因。一是紫外辐射促进了 γ-FeOOH 的还原，二是紫外辐射促进了 Fe_3O_4 的生成。

腐蚀产物中的 γ-FeOOH 可以作为有效的氧化剂发生以下还原反应

$$\gamma\text{-FeOOH} + H^+ + e^- \longrightarrow \gamma\text{-Fe}\cdot\text{OH}\cdot\text{OH} \tag{5-4}$$

Stratmann 等[36]指出还原了的 γ-FeOOH（即 γ-Fe·OH·OH）是一种由 Fe^{2+}掺杂的 γ-FeOOH，其中 Fe^{2+}占据了 γ-FeOOH 中 Fe^{3+}的位置，一个 OH^-占据 γ-FeOOH 中 O 的位置。γ-Fe·OH·OH 与其母相 γ-FeOOH 拥有相同的晶体结构。Fe^{2+}的掺杂能够将还原的 γ-FeOOH 从半导体变为一个电子良导体，从而进一步提高其电子传导能力。研究表明，还原了的 γ-FeOOH 的晶体结构甚至可以离子导电。γ-FeOOH 的还原过程需要电子，在暗态条件下电子通常来自基底金属铁的阳极溶解。在紫外辐射条件下，具有半导体性质的 γ-FeOOH 的光电化学效应能够将价带中的电子激发跃迁到导带上，从而使得空穴滞留在价带上，导致光生电子与光生空穴分离。而分离的光生电子很容易被别的 γ-FeOOH 捕获，进而促进了 γ-FeOOH 发生还原。也就是说，紫外辐射会促进 γ-FeOOH 的还原，导致更多的 γ-Fe·OH·OH 生成。因此，光生电子被 γ-FeOOH 捕获会增加腐蚀产物层的载流子浓度，从而提高了电子在腐蚀产物中的迁移能力。同时，紫外辐射还能够促进 Fe_3O_4 的生成。当腐蚀暴露到第 4 周的时候，在紫外辐射暴露条件下生成的腐蚀产物的锈层厚度明显大于在暗态暴露条件下试样的锈层厚度，从而使得在紫外辐射条件下生成的锈蚀产物与基底金属之间更容易形成缺氧环境，这样就会促使腐蚀产物 γ-FeOOH 参与阴极还原反应，最终生成 Fe_3O_4。Fe_3O_4 是电子良导体，它的生成能够明显提高腐蚀锈层的导电能力。因此，在紫外辐射条件下暴露生成的腐蚀产物中 γ-Fe·OH·OH 和 Fe_3O_4 的含量增加，这导致紫外辐射明显提高了腐蚀产物层的导电性，并增加了腐蚀产物层内的载流子浓度。高的载流子浓度能够提高电化学反应的活性，最终导致在紫外辐射暴露条件下的金属发生了比较严重的腐蚀。

5.6　暴露后的 09CuPCrNi 耐候钢带锈试样的电化学阻抗谱

电化学阻抗谱可以用来研究电子在腐蚀产物层中的迁移能力和电子的界

面反应能力。在本研究中，将 09CuPCrNi 耐候钢分别在紫外辐射和暗态条件下暴露 1 周、2 周和 4 周，对锈蚀的 09CuPCrNi 耐候钢试样进行电化学阻抗谱测试。阻抗谱的测试是在暗态下进行的。同时，对于分别在紫外辐射和暗态条件下暴露 4 周后的 09CuPCrNi 耐候钢试样进行了光照辐射对带锈试样阻抗谱的影响研究。

5.6.1　锈蚀后的 09CuPCrNi 耐候钢试样在暗态条件下测量的阻抗谱

图 5-8 是暗态条件下和在 5.2%氯化钠溶液中测试得到的在不同暴露条件下锈蚀的 09CuPCrNi 耐候钢试样的阻抗谱数据。锈蚀的 09CuPCrNi 耐候钢试样是分别在紫外辐射和暗态条件下，在相对湿度为 97%和温度为 25℃的模拟大气环境中，暴露 1 周、2 周和 4 周后获得的。图中 1w-UV、2w-UV、4w-UV、1w-Dark、2w-Dark 和 4w-Dark 的含义与红外光谱图 5-4 中的符号的含义一致。由图 5-8 可见，在紫外辐射条件下暴露后锈蚀的 09CuPCrNi 耐候钢试样在低频区的阻抗比在暗态条件下暴露同样时间后锈蚀的 09CuPCrNi 耐候钢试样在低频区的阻抗小。由图 5-7 可知，在紫外辐射条件下暴露的 09CuPCrNi 耐候钢试样表面生成的腐蚀产物具有较高的载流子浓度，这就导致了在该条件下暴露的试样比在暗态条件下暴露的试样在低频区具有较低的阻抗值。

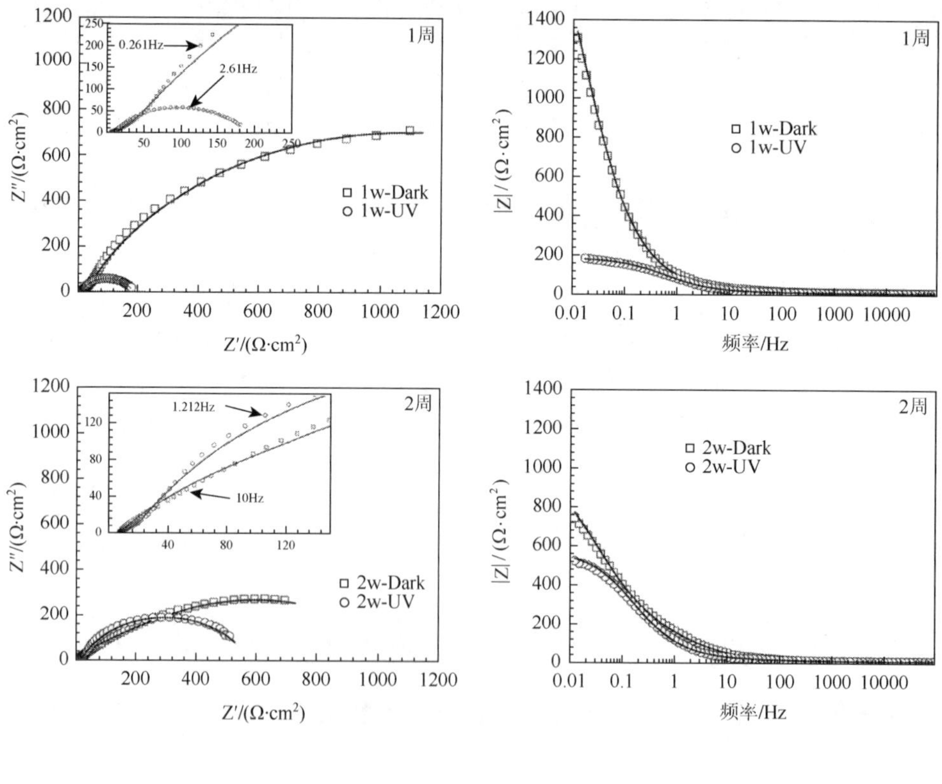

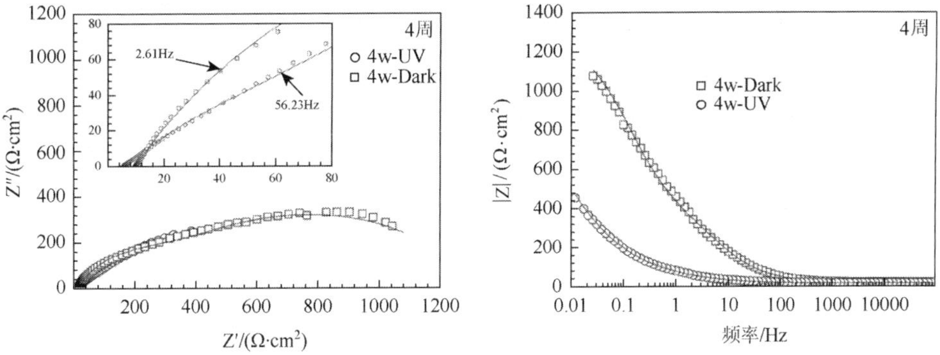

图 5-8　在暗态条件下和在 5.2%氯化钠溶液中测量得到的在不同暴露条件下锈蚀后的 09CuPCrNi 耐候钢试样的阻抗谱数据（锈蚀后的 09CuPCrNi 耐候钢试样是将预先沉降了 15μg·cm^{-2}氯化钠盐粒的 09CuPCrNi 耐候钢在相对湿度 97%和温度 25℃的纯净大气环境中，分别在紫外辐射与暗态条件下，暴露 1 周、2 周和 4 周后得到的）

图 5-9 是用来拟合图 5-8 中阻抗谱数据的等效电路图。在图 5-9 中，R_s为溶液电阻，CPE_f和 R_f为锈层电容和锈层电阻，CPE_{dl}和 R_{ct}为腐蚀反应的双电层电容与电荷传递电阻。CPE_f和 CPE_{dl}为常相位角原件，它们的阻抗等于$(Y_0(j\omega)^n)^{-1}$，其中 ω 为交流电的角频率（rad·s^{-1}），Y_0和 n 为与频率无关的常数，n 值的大小反映电极弥散效应的大小。

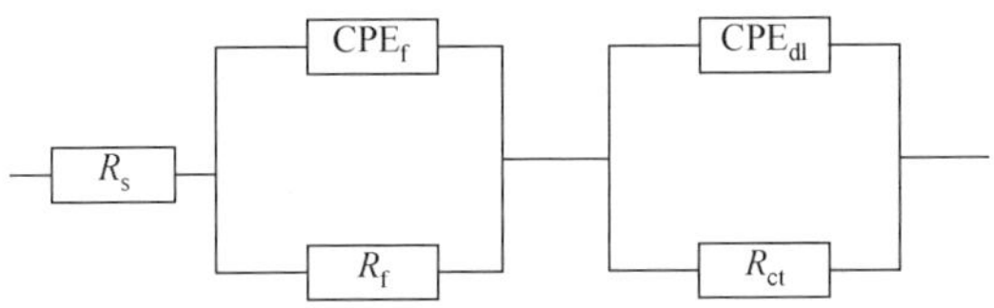

图 5-9　阻抗谱数据的等效拟合电路图

如图 5-8 所示，不同形状的空心符号表示实际测量得到的阻抗数据，图中实线是依据图 5-9 的等效电路拟合得到的结果。由图 5-8 可见，实测数据和拟合数据的偏差很小，表明图 5-9 给出的等效电路图可以很好地解释锈蚀后的 09CuPCrNi 耐候钢试样的电子迁移行为和该锈蚀材料在暗态条件下及在 5.2%氯化钠溶液中的腐蚀过程。

表 5-1 为阻抗谱数据的拟合参数。在暗态条件下暴露后锈蚀的 09CuPCrNi 耐候钢试样的阻抗值明显比在紫外辐射条件下暴露相同时间后锈蚀的 09CuPCrNi 耐候钢试样的阻抗值大，这表明在暗态条件下暴露后试样表面生成的腐蚀产物层的电导率要低于在紫外辐射条件下暴露后试样表面生成的腐蚀产物层的电导率。同时，在暴露时间相同的情况下，在紫外辐射条件下暴露的锈

蚀试样的 R_{ct} 值要明显小于在暗态条件下暴露的锈蚀试样的 R_{ct} 值，表明紫外辐射能够明显地加速金属/锈层的界面腐蚀反应。从表 5-1 中的 n_f 数值可以看出，在相同的暴露时间内，在暗态条件下暴露的锈蚀试样的 n_f 数值要明显小于在紫外辐射条件下暴露的锈蚀试样的 n_f 数值。众所周知，n_f 数值代表弥散效应的大小，通常是由电极表面电流分布的不均匀性引起。由拟合数据 n_f 可知紫外辐射能够明显减弱锈蚀后试样表面腐蚀反应的弥散效应，即紫外辐射能够增加腐蚀产物的导电性，高的导电性可以使电极表面的电流分布比较均匀，从而降低电极表面的弥散效应。该结论与基于莫特-肖特基曲线计算的载流子浓度实验结果相吻合。

表 5-1　阻抗谱数据按图 5-9 的等效电路图拟合所得的拟合参数数据表

试样	R_s/（$\Omega\cdot cm^2$）	$(Y_0)_1$/（$F\cdot cm^{-2}\cdot Hz^{1-n}$）	n_f	R_f/（$\Omega\cdot cm^2$）	$(Y_0)_2$/（$F\cdot cm^{-2}\cdot Hz^{1-n}$）	n_2	R_{ct}/（$\Omega\cdot cm^2$）
1w-Dark	10.2	0.00292	0.5778	22.31	0.002999	0.7418	2124
1w-UV	6.332	0.0005533	0.7896	5.833	0.002861	0.7389	1750.4
2w-Dark	7.055	0.002397	0.6291	117.4	0.003441	0.61914	988.2
2w-UV	8.702	0.001086	0.6872	8.74	0.002257	0.7552	560.2
4w-Dark	9.829	0.001599	0.8434	273	0.002822	0.5976	1492
4w-UV	7.391	0.0002061	1	1.12	0.003979	0.5378	1316
4w-Dark-L	5.391	0.001656	0.6818	249.1	0.005327	0.678	717.4
4w-UV-L	5.429	0.0002559	0.8791	2.143	0.005018	0.6299	521.5

注：试样 1w-UV、2w-UV 和 4w-UV 分别代表在紫外辐射条件下暴露 1 周、2 周和 4 周后的带锈 09CuPCrNi 试样在暗态条件下，在 5.2%氯化钠溶液中测量阻抗谱的试样；1w-Dark、2w-Dark 和 4w-Dark 分别代表在暗态条件下暴露 1 周、2 周和 4 周后锈蚀的 09CuPCrNi 试样在暗态条件下和在 5.2%氯化钠溶液中测量阻抗谱的试样；4w-Dark-L 表示预先在暗态条件下暴露 4 周后获得的 09CuPCrNi 耐候钢锈蚀试样，然后在可见光辐射下，在 5.2%氯化钠溶液中测量阻抗谱的试样；4w-UV-L 表示预先在紫外辐射条件下暴露 4 周后获得的 09CuPCrNi 耐候钢带锈试样，然后在可见光辐射下，在 5.2%氯化钠溶液中测量阻抗谱的试样。

5.6.2　光照辐射对暴露 4 周后带锈的 09CuPCrNi 耐候钢电化学阻抗谱的影响

图 5-10 是 09CuPCrNi 耐候钢分别在紫外辐射和暗态条件下，在相对湿度为 97%和温度为 25℃的模拟大气环境中，暴露 4 周后的锈蚀试样的阻抗谱数据。阻抗的测量是在 5.2%氯化钠溶液中进行的。阻抗测量时先在暗态条件下测量，随后进行光照，并在光照辐射条件下再测量同一个试样的阻抗数据，用以分析光照辐射对锈蚀后试样电化学过程的影响。在图 5-10 中，4w-Dark 表示预先在暗态条

件下暴露 4 周后获得的 09CuPCrNi 耐候钢带锈试样，随后在暗态条件下，在 5.2%氯化钠溶液中测量的该试样的阻抗谱。4w-Dark-L 表示预先在暗态条件下暴露 4 周后获得的 09CuPCrNi 耐候钢带锈试样，然后在可见光辐射下，在 5.2%氯化钠溶液中测量的该试样的阻抗谱。同样，4w-UV 表示预先在紫外辐射条件下暴露 4 周后获得的 09CuPCrNi 耐候钢带锈试样，然后在暗态条件下，在 5.2%氯化钠溶液中测量的该试样的阻抗谱。4w-UV-L 表示预先在紫外辐射条件下暴露 4 周后获得的 09CuPCrNi 耐候钢带锈试样，然后在可见光辐射条件下，在 5.2%氯化钠溶液中测量的该试样的阻抗谱。

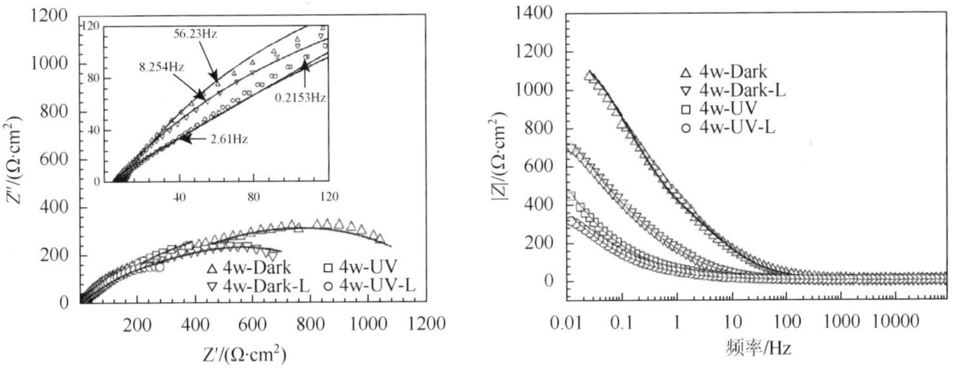

图 5-10　在暗态或可见光辐射下，在 5.2%氯化钠溶液中测量得到的在不同暴露条件下锈蚀的 09CuPCrNi 耐候钢的阻抗谱数据（锈蚀的 09CuPCrNi 耐候钢试样是将预先沉降了 $15\mu g\cdot cm^{-2}$ 氯化钠盐粒的 09CuPCrNi 耐候钢在相对湿度 97%和温度 25℃的纯净大气环境中，分别在紫外辐射与暗态条件下，暴露 4 周后得到的；4w-Dark-L 和 4w-UV-L 表示预先在暗态或紫外辐射条件下暴露 4 周后获得的 09CuPCrNi 耐候钢带锈试样，随后在可见光辐射条件下在 5.2%氯化钠溶液中测量的阻抗谱；4w-Dark 和 4w-UV 表示预先在暗态或紫外辐射条件下暴露 4 周后获得的 09CuPCrNi 耐候钢带锈试样，随后在暗态条件下在 5.2%氯化钠溶液中测量的阻抗谱）

同样，采用图 5-9 的等效电路图来拟合图 5-10 的阻抗谱数据。图 5-10 所示的阻抗谱数据中，不同形状的空心符号代表实际测量得到的阻抗数据，实线为依据图 5-9 的等效电路拟合得到的结果。由图 5-10 可见，实测阻抗数据和拟合数据的偏差很小，这表明图 5-9 给出的等效电路图可以很好地解释锈蚀后的 09CuPCrNi 耐候钢的电子迁移行为和该锈蚀材料在 5.2%氯化钠溶液中，在可见光照射条件下和在暗态条件下的腐蚀过程。在可见光照射条件下测试得到的低频区阻抗数据明显低于在暗态条件下测试得到的阻抗数据。经过 4 周的暴露实验后，09CuPCrNi 耐候钢试样表面生成了具有半导体性质的腐蚀产物（如 γ-FeOOH）。这些腐蚀产物具有可见光响应性能，腐蚀产物的光电化学效应导致在可见光照射条件下能够产生光生电子和光生空穴。这些光生电子和光生空穴能够增加腐蚀产物层的载流子浓度，并增大了腐蚀产物层的导电性能，使得在可见光照射下得到的低频区阻抗谱数值明显减小。

图 5-10 的阻抗谱的拟合数据见表 5-1。从拟合后得到的参数（表 5-1）中可以发现，在可见光照射条件下通过阻抗谱拟合得到的 n_f 数值明显低于在暗态条件下通过阻抗谱拟合得到的 n_f 数值，表明腐蚀产物的半导体光电化学效应会增加锈蚀试样表面的弥散效应，使得电子在锈蚀后金属电极表面的分布变得更加不均匀。这可能是由于可见光光照辐射会导致电极表面产生光生电流，从而导致电极表面的电流分布不均匀，使得电极在可见光照射下的弥散效应增大。

5.7 锈蚀后 09CuPCrNi 耐候钢试样的光致电位

图 5-11 是分别在紫外辐射和暗态条件下，暴露 1 周、2 周和 4 周后的 09CuPCrNi 耐候钢带锈试样在闭光和开光时的开路电位的变化情况。实验过程中将锈蚀的 09CuPCrNi 耐候钢试样全浸在 5.2%氯化钠溶液中，分别在开光和闭光的条件下测试锈蚀的 09CuPCrNi 耐候钢试样开路电位随时间的变化情况，测试中使用的光源为可见光。在闭光条件下，锈蚀的 09CuPCrNi 耐候钢试样的开路电位稳定在一恒定的数值，当打开光源并将可见光照射到锈蚀的 09CuPCrNi 耐候钢试样表面上时，它的开路电位数值迅速增大，随后稳定在一定的数值。带锈试样在开闭光情况下的开路电位的变化值就是它的光致电位。当光源关闭时，带锈试样的开路电位又迅速下降，如此测试四个开闭光循环。从图 5-11 可见，在可见光的照射下，在暗态条件下和在紫外辐射条件下暴露 1 周、2 周和 4 周后的 09CuPCrNi 耐候钢带锈试样都会产生一个正的光致电位（17～30mV）。这表明在测试过程中引入可见光后，暗态条件和紫外辐射条件下锈蚀试样的开路电位均会发生正移。

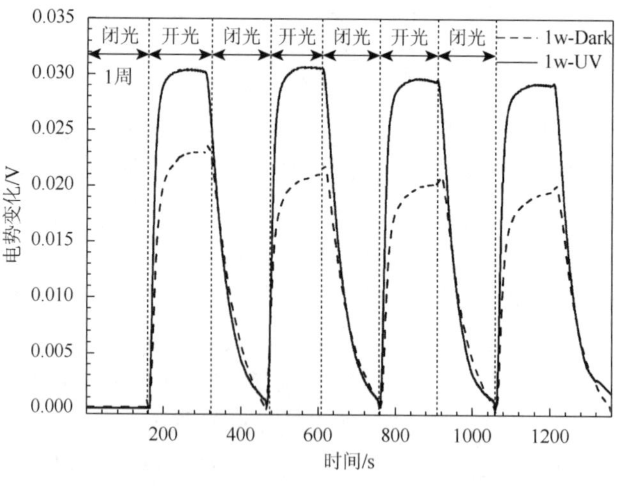

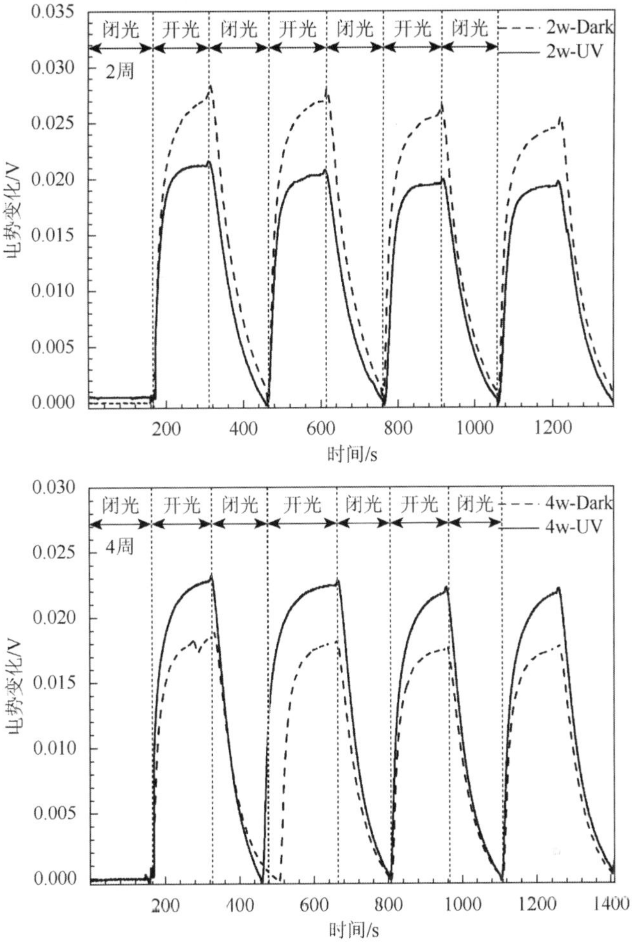

图 5-11　在暗态和紫外辐射条件下，暴露 1 周、2 周和 4 周后的带锈 09CuPCrNi 耐候钢试样在闭光和开光循环时，全浸在 5.2%氯化钠溶液中的开路电位的变化情况。测量过程中使用的光源为可见光

光照辐射对带锈金属试样腐蚀电位的影响主要是通过具有半导体性质的腐蚀产物的光电化学效应进行的[6-10]。从原理上讲，当具有半导体性质的腐蚀产物在受到能量高于其禁带宽度的光照辐射后，价带中的电子吸收光子的能量，被激发到导带上产生光生电子-空穴对。光生空穴和光生电子的氧化还原能力是由半导体材料的能带结构决定的[37]。光生电子的还原能力是由半导体材料的导带电位决定的。导带电位越负，激发产生的光生电子的准费米能级越负，它的还原能力越强。光生空穴的氧化能力则由半导体材料的价带电位决定。价带电位越正，它激发产生的光生空穴的准费米能级越正，它的氧化能力越强[37]。如果光生电子的准费米

能级电位比金属的自腐蚀电位更负，光生电子就可以转移到基底金属上，参与在金属表面发生的阴极反应，从而在一定程度上减缓甚至完全抑制基底金属的自腐蚀过程[38]。如果光生电子的准费米能级电位比金属的自腐蚀电位更正，光生电子就无法转移到基底金属上，它会迁移到腐蚀产物与电解液接触的界面上，加速氧的还原过程，而分离出来的光生空穴则会夺取基底金属阳极溶解产生的电子进行复合，从而加速基底金属的腐蚀过程[39]。

由 5.3 节可知，在暗态条件下暴露的 09CuPCrNi 耐候钢试样表面生成的腐蚀产物中含有 γ-FeOOH，在紫外辐射条件下暴露的 09CuPCrNi 耐候钢试样表面生成的腐蚀产物中含有 γ-FeOOH 与 β-FeOOH。这两种腐蚀产物均具有半导体性质。由文献得知，FeOOH 为 n 型半导体，它的禁带宽度为 2.6eV，其光吸收的临界波长为 477nm[13]。FeOOH 的导带电位为 0.58V（vs SHE），价带电位为 3.18V（vs SHE）[13]。当 FeOOH 受到低于 477nm 波长的光辐射时，位于价带的电子会被激发到导带上，价带上留下一个带正电荷的空穴，导致光生空穴与光生电子发生分离。在入射光的照射下，这些光生电子与光生空穴会转移到 FeOOH 表面。FeOOH 为 n 型半导体，其光生电子的转移速度明显高于光生空穴的转移速度。一部分光生电子和光生空穴在腐蚀产物的体相与表面迁移过程中会发生二次复合，而剩余的光生电子与光生空穴则可以参与界面的氧化还原反应。

由于 FeOOH 为 n 型半导体，它的费米能级接近于它的导带电位，即 0.58V（vs SHE），而 09CuPCrNi 耐候钢在 3.5%的氯化钠溶液中的自腐蚀电位大约为 −0.42V（vs SHE），明显低于 n 型半导体 FeOOH 的导带电位与费米能级电位。因此，由 FeOOH 的光电化学效应产生的光生电子不可能转移到基底金属 09CuPCrNi 耐候钢的表面，相反，这些光生电子会转移到腐蚀产物与氯化钠电解液相接触的界面，参与在该界面发生的氧还原反应，从而加快了 09CuPCrNi 耐候钢腐蚀反应的阴极过程。由于 FeOOH 具有较正的导带电位，所以它产生的光生电子的还原能力很弱，而该腐蚀产物的价带电位很正，这导致它产生的光生空穴具有很强的氧化能力，因此，总的来说 FeOOH 是具有氧化性的半导体氧化物。当 09CuPCrNi 耐候钢与 FeOOH 相互接触时，09CuPCrNi 耐候钢相对于半导体产物 FeOOH 而言是还原物。由 FeOOH 产生的具有强氧化性的光生空穴可以参与两个氧化过程。一个氧化过程是将水氧化为氧［式（5-5）］，另一个是直接参与将 Fe 氧化为 Fe^{2+} 的过程［式（5-6）］：

$$2H_2O+4h^+ \longrightarrow O_2+4H^+ \quad +1.229V(vs\ SHE) \tag{5-5}$$

$$Fe+2h^+ \longrightarrow Fe^{2+} \quad -0.441V(vs\ SHE) \tag{5-6}$$

通过式（5-5）与式（5-6）可以看出，将 Fe 氧化为 Fe^{2+}的电位为−0.441V（vs SHE），其数值比将水氧化为氧的电位 1.229V（vs SHE）负得多。由此说明，当光生空穴与金属基体直接接触时，光生空穴更倾向于直接将基底金属氧化，从基底金属上直接夺取 Fe 阳极溶解产生的电子，从而促进了基底金属 09CuPCrNi 耐候钢腐蚀电化学反应的阳极溶解过程，使得锈蚀后的 09CuPCrNi 耐候钢的电位发生正移。

从图 5-11 可见，在暗态条件下暴露 1 周和 4 周的 09CuPCrNi 耐候钢带锈试样的光致电位数值明显低于在紫外辐射条件下暴露 1 周和 4 周的 09CuPCrNi 耐候钢带锈试样的光致电位数值。这个结果表明，在紫外辐射条件下暴露 1 周和 4 周的 09CuPCrNi 耐候钢试样表面生成的腐蚀产物比在暗态条件下暴露 1 周和 4 周的 09CuPCrNi 耐候钢试样表面生成的腐蚀产物具有更强的光电转换能力。而对于暴露 2 周的情况，光致电位的结果则完全相反。暴露 2 周的 09CuPCrNi 耐候钢带锈试样在暗态条件下的光致电位数值明显高于在紫外辐射条件下的光致电位数值。这一变化趋势与紫外辐射对 09CuPCrNi 耐候钢大气腐蚀速率的影响规律是一样的。引起这一现象的原因尚不明确，还需要进行进一步的实验探索。

5.8　腐蚀产物光电化学效应的定量表征及对基底金属腐蚀的影响

根据 5.7 节的研究结果，带锈的 09CuPCrNi 耐候钢试样在光照辐射条件下会产生正的光致电位，可以推测具有半导体性质的腐蚀产物 FeOOH 产生的光生空穴具有强氧化性，这些光生空穴会直接夺取基底金属 09CuPCrNi 耐候钢阳极溶解产生的电子，从而加速基底金属的大气腐蚀过程。然而这个推测需要直接的实验证据进行印证。由此，将腐蚀产物从基底金属上剥离开，在光照条件下，测试光生电子与光生空穴在腐蚀产物与基底金属之间的流向及数量，从而用实验数据来证明具有半导体性质腐蚀产物的光电化学效应对金属大气腐蚀过程的具体影响机制。

由于实际生成的腐蚀产物比较复杂，在这部分工作中，在实验室内合成了海洋环境中最常见的、具有半导体性质的铁基金属腐蚀产物 γ-FeOOH 和β-FeOOH，并分别制备成薄膜光电极，将这些光电极分别与 09CuPCrNi 耐候钢电极进行偶联，在光照条件下，测试这些偶联体系的光致电位与光生电流密度的变化值，从而研究单一腐蚀产物 γ-FeOOH、单一腐蚀产物β-FeOOH 及质量比为 1∶1 的 γ-FeOOH 与β-FeOOH 混合腐蚀产物的光电化学效应对基底金属 09CuPCrNi 耐候钢腐蚀过程的具体影响机制。

5.8.1　合成的腐蚀产物 γ-FeOOH 和β-FeOOH 的表征

采用红外光谱和 X 射线衍射对实验室制备的 γ-FeOOH 和 β-FeOOH 粉末进行了分析表征。图 5-12 是实验室合成的 γ-FeOOH 和β-FeOOH 的红外光谱图。其中

位于 $1022cm^{-1}$、$1161cm^{-1}$、$755cm^{-1}$、$588cm^{-1}$、$479cm^{-1}$ 处的吸收峰归属为 γ-FeOOH 的振动峰，位于 $1022cm^{-1}$、$1161cm^{-1}$ 与 $755cm^{-1}$ 的吸收峰为 O—H 的弯曲振动峰[22]。位于 $670cm^{-1}$ 与 $840cm^{-1}$ 的吸收峰为 β-FeOOH 的特征吸收峰，对应于 Fe—O 和 O—H···Cl 氢键的振动[22, 23]。

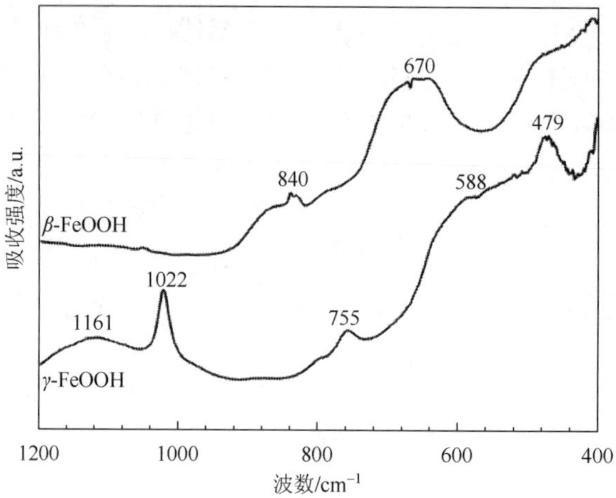

图 5-12 本研究中人工合成的 γ-FeOOH 和 β-FeOOH 的红外光谱图

图 5-13 是实验室合成的 γ-FeOOH 和 β-FeOOH 的 X 射线衍射谱图。其中 γ-FeOOH 的 X 射线衍射峰与 γ-FeOOH 标准 X 射线衍射谱的 PDF 08-0098 卡的（020）、（120）、（011）、（031）、（111）、（060）、（200）、（220）、（151）、（080）、（002）、（231）、（180）和（171）晶面的特征衍射峰吻合得很好。在合成的 γ-FeOOH 的衍射峰中，57.38°与 63.01°衍射峰强度比较弱，并且衍射峰与该标准卡片（PDF 08-0098 卡）对不上，这可能是由测试过程中的噪声信号引起的。实验室合成的 β-FeOOH 的 X 射线衍射峰与 β-FeOOH 的标准 X 射线衍射谱的 PDF 08-0093 卡片的（110）、（200）、（220）、（310）、（400）、（211）、（330）、（420）、（301）、（321）、（510）、（411）、（440）、（600）、（521）、（002）、（112）、（202）和（631）晶面的衍射峰吻合得很好。但是，在 48.34°处的衍射峰在该标准卡片中并没有找到对应的衍射晶面，然而，此处的衍射峰在 β-FeOOH 的另一标准 X 射线衍射谱的 PDF 卡片（PDF 34-1266 卡）上得到了很吻合的确证。制备 β-FeOOH 的反应物为 $FeCl_3$ 和 $NaNO_3$，采用 Joly 提出制备方法。合成的腐蚀产物中，得到的沉淀物中除了 β-FeOOH 外，可能还会含有 $Fe(OH)_3$。然而在 β-FeOOH 的 X 射线衍射图谱中，并没有发现 $Fe(OH)_3$ 的衍射峰。同时，在图 5-12 所示的 β-FeOOH 粉末的红外光谱图中，也没有出现 $Fe(OH)_3$ 的振动峰。由此可以说明合成的 β-FeOOH 仅含有 β-FeOOH。

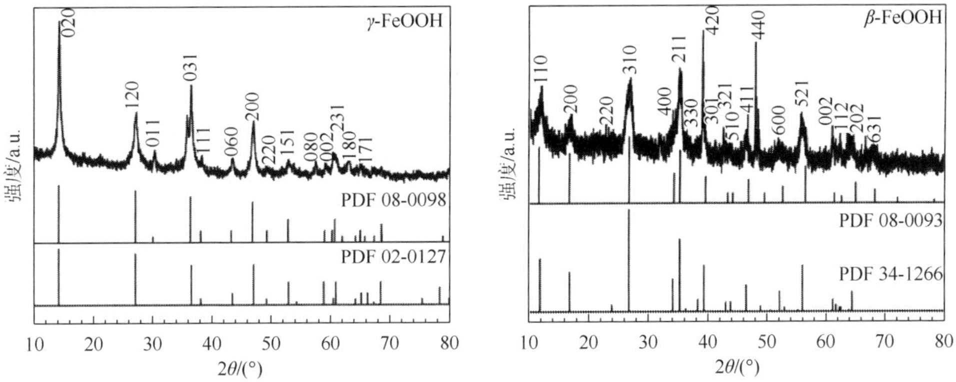

图 5-13　本研究中人工合成的 γ-FeOOH 和 β-FeOOH 的 X 射线衍射谱图

结合图 5-12 的红外光谱结果和图 5-13 的 X 射线衍射谱结果可知，在本实验室内制备合成的腐蚀产物粉末确实为 γ-FeOOH 和 β-FeOOH。

5.8.2　制备的腐蚀产物 γ-FeOOH 和 β-FeOOH 薄膜光电极的形貌

图 5-14 是制备的 γ-FeOOH、β-FeOOH、质量比为 1∶1 的 γ-FeOOH/β-FeOOH 混合物薄膜光电极形貌的扫描电镜照片。通过扫描电镜照片可以看出，制备的这三种薄膜光电极的表面都很平滑，它们的平滑度没有很明显的差异。在电极表面有明显的微细裂纹，这非常有利于电解液与腐蚀产物的充分接触，从而有利于光生电流的产生和传导。

图 5-14　本研究中制备的 γ-FeOOH、β-FeOOH、γ-FeOOH/β-FeOOH 薄膜光电极的扫描电镜照片

5.8.3　合成的腐蚀产物 γ-FeOOH 和 β-FeOOH 的半导体整流特性

图 5-15 是人工合成的 γ-FeOOH 和 β-FeOOH 的莫特-肖特基曲线。由图 5-15 可知，曲线斜率为正，这表明制备的 γ-FeOOH 和 β-FeOOH 都具有 n 型半导体的性质。对于 n 型半导体，导带电位和平带电位之间的差别很小，因此可以认为平带电位和其导带电位数值相等。半导体的平带电位可以采用莫特-肖特基曲线进行计算得到。

由 5.5 节可知，莫特-肖特基方程描述半导体材料的空间电荷区的电容与外加电压的关系。对于一个 n 型半导体材料，莫特-肖特基关系的描述方程具体如式（5-3）所示。半导体材料的平带电位可以将莫特-肖特基曲线外延至 C^{-2}=0 并通过式（5-3）计算获得。基于图 5-15 以及式（5-3）的计算，人工制备的 γ-FeOOH 和β-FeOOH 的平带电位分别为 0.052V 和 0.123V。由于 γ-FeOOH 和β-FeOOH 均为 n 型半导体，因此制备的 γ-FeOOH 和β-FeOOH 的导带电位分别为 0.052V 和 0.123V。

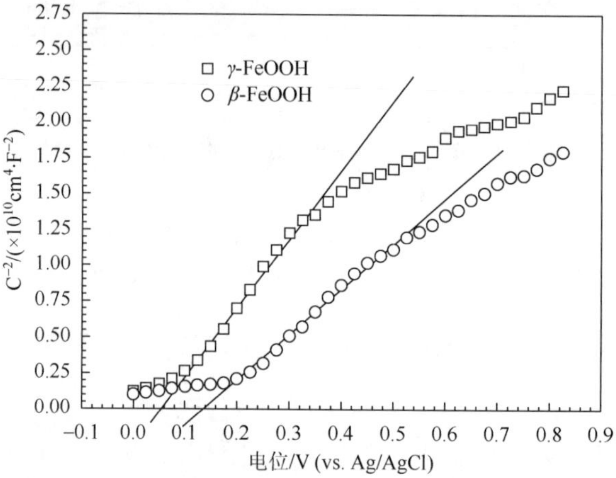

图 5-15　本研究中人工合成的腐蚀产物 γ-FeOOH 和β-FeOOH 的莫特-肖特基曲线

5.8.4　合成的腐蚀产物 γ-FeOOH 和β-FeOOH 的光吸收性能

图 5-16 是制备的 γ-FeOOH 和β-FeOOH 的紫外-可见漫反射光谱。制备的 γ-FeOOH

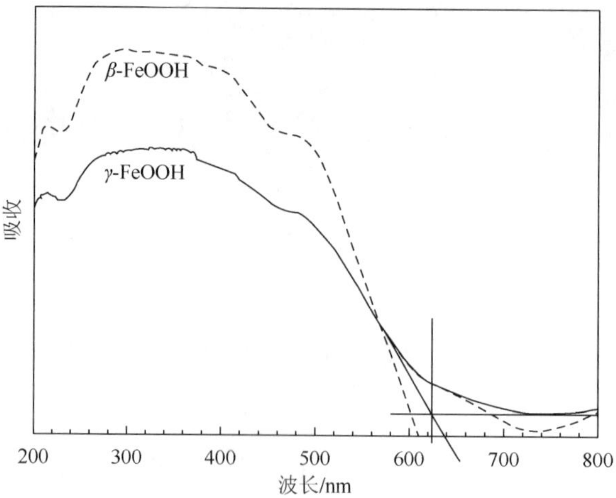

图 5-16　本研究中合成的腐蚀产物 γ-FeOOH 和β-FeOOH 的紫外-可见漫反射光谱

和β-FeOOH 的最大光吸收波长，可以采用在曲线的临界下滑的部分作切线并与横轴相交，此相交处的波长即为该半导体的最大光吸收波长。通过计算得到γ-FeOOH 和β-FeOOH 的最大光吸收波长分别为 624nm 和 609nm。以上结果表明人工制备的γ-FeOOH 和β-FeOOH 均具有可见光响应性能。

半导体材料的禁带宽度计算公式为

$$E_g = \frac{1240}{\lambda_{max}} \tag{5-7}$$

其中，E_g为半导体的禁带宽度，eV；λ_{max}为从紫外-可见漫反射图谱中获得的最大的光吸收波长，nm。

由图 5-16 得到制备的γ-FeOOH 和β-FeOOH 的最大光吸收波长分别为 624nm 和 609nm，通过式（5-7）计算可以得到γ-FeOOH 和β-FeOOH 的禁带宽度分别为 1.987eV 和 2.036eV。

Kim 等的研究表明γ-FeOOH 的禁带宽度为 2.6eV[40]，这与本研究获得的结果有差别，造成这个差异的主要原因是二者的测量方法不同。Kim 等测量的禁带宽度值是通过测量光致电流强度的变化与入射光波长的关系得到的，他们测量得到的禁带宽度值反映了半导体材料的有效光电转换波长范围。本研究则是通过紫外-可见漫反射光谱方法测量得到γ-FeOOH 的禁带宽度。这种方法获得的禁带宽度数据主要反映了半导体材料的物理光吸收范围。这种方法会造成在近红外区域的入射光由于能量较低不能在半导体膜上有效地产生光生电流，从而很容易发生光生电子-空穴的二次复合。因此，使用紫外-可见漫反射光谱方法测量得到的禁带宽度值会比 Kim 等测量的值小一些。因此，本研究中获得的禁带宽度数据是合理的。

由图 5-15 及式（5-3）的计算得到了本实验室合成的γ-FeOOH 和β-FeOOH 的导带电位分别为 0.052V 和 0.123V，结合它们通过紫外-可见漫反射实验得到的禁带宽度实验数据，可以计算得到γ-FeOOH 和β-FeOOH 的价带电位分别为 2.039V 和 2.159V。

5.8.5　腐蚀产物光电化学效应的分析

人工合成的腐蚀产物的光电化学效应可以通过测试其薄膜光电极与基底金属电极偶联后的光致电位与光生电流密度进行定性与定量评估。腐蚀产物薄膜光电极与基底金属电极偶联体系在有光与无光条件下的开路电位的变化值为该半导体腐蚀产物的光致电位。腐蚀产物薄膜光电极与基底金属电极偶联体系在有光与无光条件下的电流密度的差值为该半导体腐蚀产物的光生电流密度。光致电位可以定性地表征腐蚀产物半导体材料的光电化学效应对与之偶联的基底金属材料腐蚀过程的影响。具有半导体性质腐蚀产物的光致电位比较容易测量，可以通过在开光照射腐蚀产物和闭光条件下，直接测量腐蚀后的带锈金属试样的开路电位的变化值得到，因此，光致电位测量得到的数据重现性较好[1, 8, 9]。具有半导体性质腐蚀产物薄膜光电极与基底金属电极偶联体系的光生电流密度则可以定量地表征腐蚀产物半导体材料的光电化学效应对与之偶联的金属电极腐蚀过程的影响。光生电流密度值以及电流的流向能够很直观地反映半导体腐蚀产物的光电化学效应对与之偶联的基底金属腐蚀过程的影响，这个数据的获取对研究光照辐射对金属材料腐蚀过程的影响机理有非常重要的意义。然而，对一个腐蚀试样，要测量其表面具有半导体性质腐蚀产物的光生电流密度是比较困难的。

本节将研究在本实验室人工合成的腐蚀产物 γ-FeOOH 和β-FeOOH 薄膜光电极及质量比为 1∶1 的 γ-FeOOH/β-FeOOH 混合物薄膜光电极的光电化学效应，为进一步探究紫外辐射对金属材料大气腐蚀过程的影响机理提供直接的实验证据。

1. 制备的腐蚀产物光电极导电玻璃上的 FTO 膜层对测量数据的影响

腐蚀产物薄膜光电极的制备是将实验室内合成的腐蚀产物沉降在 FTO 导电玻璃上得到的。FTO 本身就是 n 型半导体材料，它的存在究竟能否影响沉降在它表面的半导体材料的光吸收性能及该半导体材料的光生电流密度数值的测量呢？为进一步考察并确证在此实验过程中 FTO 导电玻璃对光照辐射的吸收能力，需要对空白的 FTO 导电玻璃采用紫外-可见漫反射吸收光谱进行测试表征，结果如图 5-17 所示。由图 5-17 可见，空白 FTO 导电玻璃的最大光吸收波长为 342nm。空白 FTO 导电玻璃的紫外-可见漫反射吸收光谱与典型的二氧化硅紫外-可见漫反射吸收光谱相似，表明 FTO 导电玻璃的吸收主要是来自于玻璃基体的吸收，而 FTO 导电膜并没有发生明显的吸收。

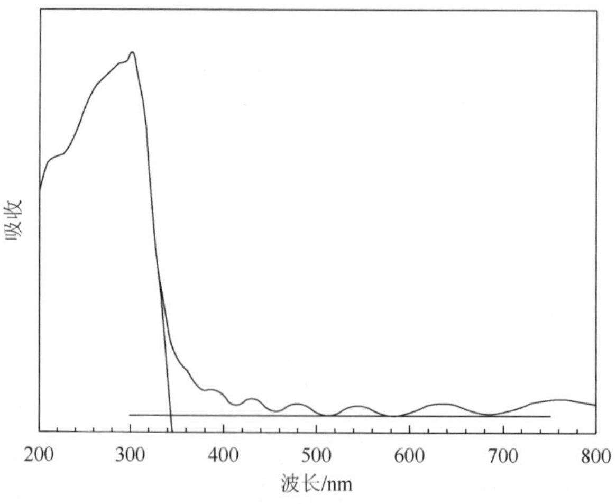

图 5-17　本研究中制备薄膜光电极用的 FTO 导电玻璃的紫外-可见漫反射光谱

为了研究导电玻璃表面的 FTO 镀层对在其表面沉降的腐蚀产物半导体材料的光生电流密度值的影响，将空白的 FTO 导电玻璃电极与 09CuPCrNi 耐候钢电极偶联，并测量该偶联体系在可见光激发下产生的光生电流密度，结果如图 5-18 所示。在整个测试过程中，经过多个开光/闭光交替循环后，电流密度数值并没有明显变化，表明在空白的 FTO 导电玻璃电极与 09CuPCrNi 耐候钢电极之间没有明显的光生电流产生。因此，空白 FTO 导电玻璃的光学吸收性能不会影响此次实验测试得到的光电化学效应（光致电位和光生电流密度）的数据。

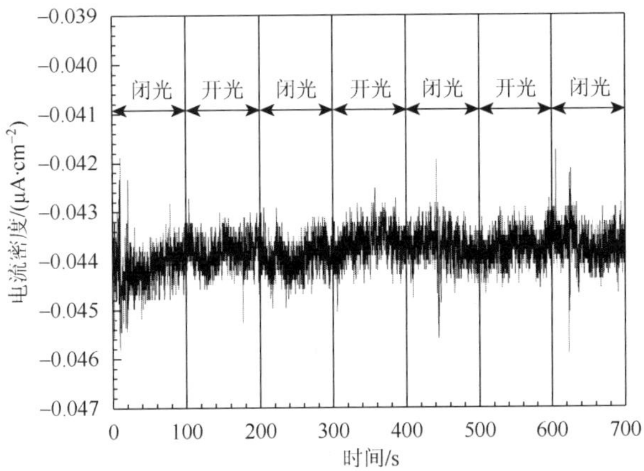

图 5-18　本研究中制备薄膜光电极用的 FTO 导电玻璃与 09CuPCrNi 耐候钢电极的偶联体系在可见光开光与闭光循环下的电流密度与时间的变化曲线

2. γ-FeOOH 薄膜光电极与 09CuPCrNi 耐候钢电极偶联后的光致电位与光生电流密度

在可见光下，对浸泡在 3.5%氯化钠溶液中的 γ-FeOOH 薄膜光电极与 09CuPCrNi 耐候钢电极偶联后体系进行光致电位和光生电流密度测量，以此来评价 γ-FeOOH 的光电化学效应。如前所述，γ-FeOOH 薄膜光电极与 09CuPCrNi 耐候钢电极的偶联体系在可见光开光与闭光条件下开路电位的变化值就是 γ-FeOOH 半导体材料的光致电位，该数值可以定性地表征半导体腐蚀产物 γ-FeOOH 的光电化学效应对与之偶联的基底金属 09CuPCrNi 耐候钢腐蚀过程的影响。在前面的实验中也得到，在紫外辐射和暗态条件下暴露后的 09CuPCrNi 耐候钢带锈试样在光照条件下能够得到一个正的光致电位[1]，这个正的光致电位表明光照辐射对基底金属的腐蚀是通过具有半导体性质的腐蚀产物的光电化学效应来影响基底金属的大气腐蚀过程的。同时，正的光致电位还表明光照辐射很可能加速了基底金属的腐蚀过程。至于对基底金属的腐蚀加速程度，则需要寻找一个可以定量表征该影响程度的物理量来衡量。在电化学腐蚀中，腐蚀电流密度是评价腐蚀速率的重要参数，同样对于光电化学而言，光生电流密度也是衡量半导体腐蚀产物对基底金属腐蚀速率影响的关键参数，即 γ-FeOOH 薄膜光电极与 09CuPCrNi 耐候钢电极之间的光生电流密度可以定量地表征光照辐射对基底金属的腐蚀影响程度。在 γ-FeOOH 薄膜光电极与 09CuPCrNi 耐候钢电极之间的光生电流的流向可以直观地反映具有半导体性质腐蚀产物的光电化学效应对基底金属的腐蚀是促进还是抑制，同时光生电流密度的大小可以定量地评价具有半导体性质腐蚀产物的光电化学效应对基底金属腐蚀过程的影响程度。

测量 γ-FeOOH 薄膜光电极与 09CuPCrNi 耐候钢电极的偶联体系在可见光照射下和在 3.5%氯化钠溶液中的光致电位和光生电流密度，可以定量表征腐蚀产物对基底金属的腐蚀影响，测试结果如图 5-19 和图 5-20 所示。图 5-19 是在开光、闭光条件下，γ-FeOOH 薄膜光电极与 09CuPCrNi 耐候钢电极偶联体系的开路电位随时间的变化曲线。图 5-20 则是在开光、闭光条件下，γ-FeOOH 薄膜光电极与 09CuPCrNi 耐候钢电极偶联体系的电流密度随时间的变化关系。开光前，γ-FeOOH 薄膜光电极在 3.5%氯化钠溶液中的开路电位值为 0.09V（vs Ag/AgCl），09CuPCrNi 耐候钢在 3.5%氯化钠溶液中的开路电位值为–0.62V（vs Ag/AgCl）。γ-FeOOH 薄膜光电极与 09CuPCrNi 耐候钢的偶联体系在暗态条件下，在 3.5%氯化钠溶液中测试得到的混合电位为–0.579V（vs Ag/AgCl）。如图 5-19 所示，在可见光照射条件下，与 γ-FeOOH 薄膜光电极偶联后的 09CuPCrNi 耐候钢电极的开路电位值迅速正移到–0.562V。这意味着腐蚀产物 γ-FeOOH 的光电化学效应可以引起光致电位正移，正移量约 17mV，此数值是在稳定测试开光、闭光三个循环后得到的。在可见光照射下，正的光电压会加速 09CuPCrNi 耐候钢阳极溶解的速率。从前面得到的莫特-肖特基曲线（图 5-15）中可以看出，在本研究中合成的 γ-FeOOH 具有 n 型半导体性质，它的平带电位为 0.052V，而在可见光照射下，γ-FeOOH 薄膜光电极与 09CuPCrNi 耐候钢电极的偶联体系的混合电位为–0.562V（vs Ag/AgCl）。因此，在这种电位情况下，n 型半导体 γ-FeOOH 的表面应该是处于一种电子富集的状态。在 γ-FeOOH 表面富集的电子有两种消耗途径。第一种是转移到与之偶联的金属上，参与金属表面发生的阴极反应，从而抑制基底金属的腐蚀。第二种是转移至半导体腐蚀产物与电解液接触的相界面，参与在该界面发生的阴极氧还原反应，加速基底金属腐蚀的阴极过程，从而促进基底金属的阳极溶解过程，进而促进基底金属的腐蚀。由图 5-20 的实验结果可见，本研究中光生电子的转移是通过第二种途径进行的。开光前，由于 γ-FeOOH 薄膜光电极的开路电位值大于 09CuPCrNi 耐候钢电极的开路电位值，因此，在这种情况下，09CuPCrNi 耐候钢电极是阳极，γ-FeOOH 薄膜光电极是阴极。在暗态下将二者偶联后，电子从 09CuPCrNi 耐候钢电极经电化学工作站流向 γ-FeOOH 薄膜光电极，参与在 γ-FeOOH 薄膜光电极上发生的氧的阴极还原反应。由图 5-20 可见，在开光前测量得到的这两个电极偶联后的电流是负值，根据实验过程中仪器的连接方法，负的电流表明电子是从 09CuPCrNi 耐候钢电极经电化学工作站流向 γ-FeOOH 薄膜光电极的，这与上述的分析吻合。由于 09CuPCrNi 耐候钢电极在这种情况下是阳极，所以监测到的电子应为 09CuPCrNi 耐候钢电极的阳极溶解过程所产生的电子。开光后，这两个电极偶联后的电流值向负的方向增长，也就是说，γ-FeOOH 的光生电流为负值。这表明 γ-FeOOH 的光电化学效应产生的光生电子并没有转移到与之偶联的 09CuPCrNi 耐候钢上，相反，它产生的光生空穴要从与之偶联的 09CuPCrNi 耐候钢上夺取其阳极溶解产生的电子。因此，这个光生电流值的大小可以衡量由于 γ-FeOOH 的光电化学效应而被腐蚀掉的金属的量。以上结果很清楚地表明，在 09CuPCrNi 耐候钢表面生成的具有半导体性质的腐蚀产物 γ-FeOOH 的光电化学效应会加速其基底金属的腐蚀速率。同样，在大气腐蚀薄液层体系下，09CuPCrNi 耐候钢表面生成的 γ-FeOOH 的光电化学效应产生的光生电子和空穴也有同样的流向，因此，它们也会像在本体溶液中获得的结果一样，加速其基底金属 09CuPCrNi 耐候钢的大气腐蚀速率。

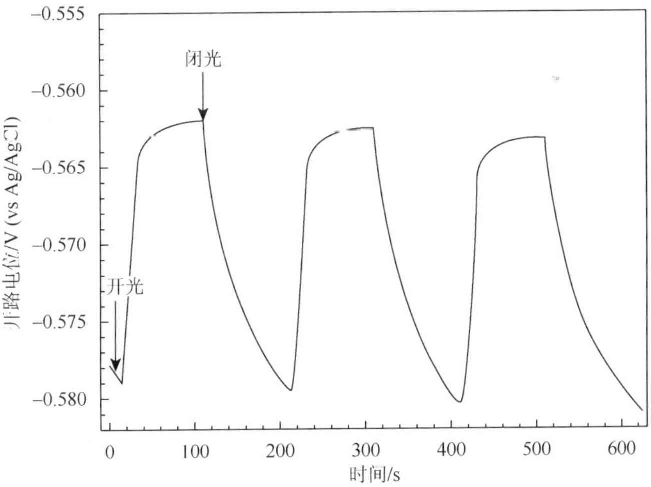

图 5-19 在 3.5%氯化钠溶液中，γ-FeOOH 薄膜光电极与 09CuPCrNi 耐候钢电极的偶联体系在可见光开光与闭光循环下开路电位随时间的变化曲线

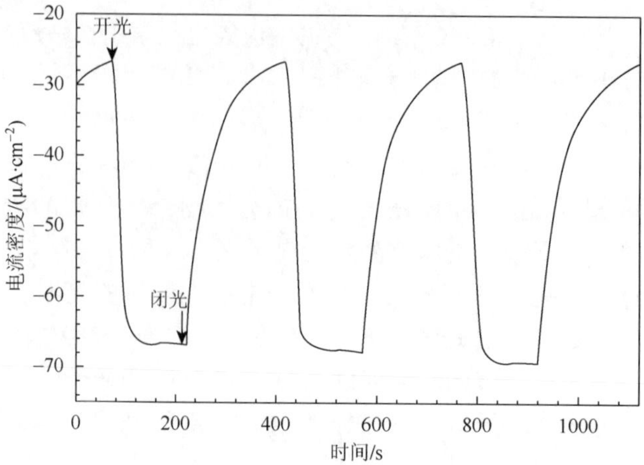

图 5-20　在 3.5%氯化钠溶液中，γ-FeOOH 薄膜光电极与 09CuPCrNi 耐候钢电极的偶联体系在可见光开光与闭光循环下电流密度随时间的变化曲线

光生电流密度是开光前后偶联体系的电流密度的变化值。如图 5-20 所示，γ-FeOOH 与 09CuPCrNi 耐候钢偶联体系在开光前后的电流密度变化值约为$-40\mu A\cdot cm^{-2}$。也就是说，在这种情况下，γ-FeOOH 的光生电流密度为$-40\mu A\cdot cm^{-2}$。这就表明在可见光的辐射下，大约有 $40\mu A\cdot cm^{-2}$ 的电流从 γ-FeOOH 光电极流向 09CuPCrNi 耐候钢电极，即在可见光照射下，在 1s 内，由 γ-FeOOH 腐蚀产物薄膜光电极的光电化学效应所产生的光生空穴可以从与之偶联的 09CuPCrNi 耐候钢上夺取 2.5×10^{14} 个阳极溶解反应产生的电子。因此，5mg（制备该薄膜光电极所用的 γ-FeOOH 的量）γ-FeOOH 的光电化学效应，导致在 1s 内腐蚀掉了 $1.16\times10^{-8}g\cdot cm^{-2}$ 的 09CuPCrNi 耐候钢。因此，这种测试方法可以定量地表征具有半导体性质腐蚀产物的光电化学效应对与之偶联的基底金属腐蚀过程的影响。

在本研究中，由于 γ-FeOOH 相与铜线及 FTO 导电玻璃之间存在电阻降，其可能会影响测量得到的光致电位与光生电流密度数据。我们知道，光生电流密度数值是在闭光与开光条件下，半导体薄膜光电极和偶联的金属电极之间的电流密度的变化值。γ-FeOOH 与铜线及 FTO 导电玻璃之间的接触电阻值，在光照和暗态条件下都是同样存在的，并没有明显的差别。同时，由图 5-20 可见，测试得到的电流数值在微安范围内。因此，γ-FeOOH 相与铜线及 FTO 导电玻璃之间的电阻并不会对实验结果带来明显的影响。

3. β-FeOOH 薄膜光电极与 09CuPCrNi 耐候钢电极偶联后的光致电位与光生电流密度

按同样的方法，测量了在可见光辐射条件下浸泡在 3.5%氯化钠溶液中的

β-FeOOH 薄膜光电极与 09CuPCrNi 耐候钢电极的偶联体系的光致电位和光生电流密度，测试结果如图 5-21 和图 5-22 所示。其中，图 5-21 是在开光、闭光条件下，该偶联体系的开路电位的变化曲线。图 5-22 则是在开光、闭光条件下，该偶联体系的电流密度的变化曲线。与图 5-19 和图 5-20 类似，β-FeOOH 在可见光照射下也产生正的光致电位和负的光生电流。β-FeOOH 的光致电位约为 17mV，其光生电流密度约为–37μA·cm^{-2}。与 γ-FeOOH 相似，β-FeOOH 的光电化学效应也会加速与之偶联的基底金属 09CuPCrNi 耐候钢的腐蚀过程，增大基底金属的腐蚀速率。

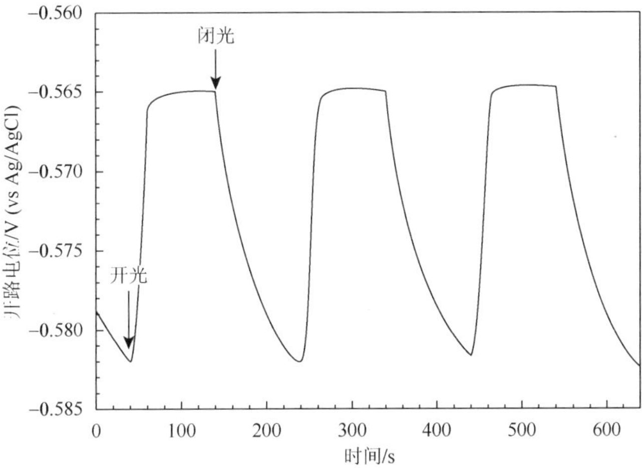

图 5-21　在 3.5%氯化钠溶液中，β-FeOOH 薄膜光电极与 09CuPCrNi 耐候钢电极的偶联体系在可见光开光与闭光循环下开路电位随时间的变化曲线

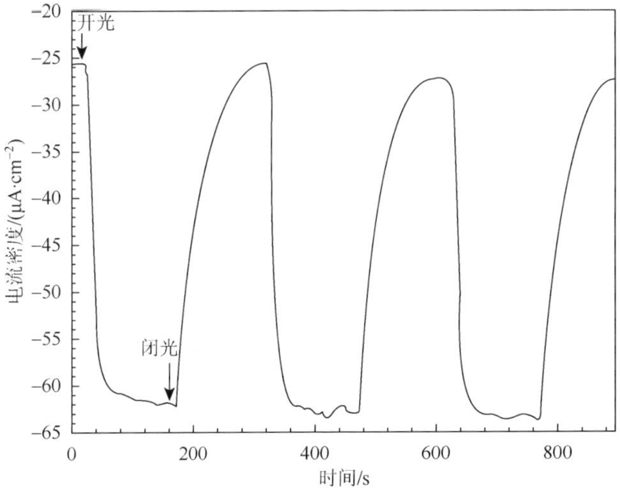

图 5-22　在 3.5%氯化钠溶液中，β-FeOOH 薄膜光电极与 09CuPCrNi 耐候钢电极的偶联体系在可见光开光与闭光循环下电流密度随时间的变化曲线

如图 5-22 所示，β-FeOOH 光生电流密度值大约为$-37\mu A\cdot cm^{-2}$，这表明在可见光的照射下，大约有 $37\mu A\cdot cm^{-2}$ 的电流从β-FeOOH 光电极流向 09CuPCrNi 耐候钢电极，即在可见光辐射下，在 1s 内，由β-FeOOH 腐蚀产物薄膜光电极的光电化学效应所产生的光生空穴可以从与之偶联的 09CuPCrNi 耐候钢夺取 2.3×10^{14} 个阳极溶解反应产生的电子。因此，5mg（制备该薄膜光电极用的β-FeOOH 的量）的β-FeOOH 的光电化学效应，导致在 1s 内腐蚀掉了 $1.07\times10^{-8}g\cdot cm^{-2}$ 的 09CuPCrNi 耐候钢。

4. γ-FeOOH/β-FeOOH 混合腐蚀产物薄膜光电极与 09CuPCrNi 耐候钢电极偶联后的光致电位与光生电流密度

由于金属腐蚀过程较为复杂，生成的腐蚀产物种类较多，所以除了要研究单一腐蚀产物的光电化学效应外，还应该研究混合腐蚀产物的光电化学效应。因此，在本节的研究中，我们制备了质量比为 1∶1 的 γ-FeOOH 和β-FeOOH 混合腐蚀产物光电极，并研究了该混合腐蚀产物光电极的光电化学效应及其对 09CuPCrNi 耐候钢腐蚀过程的影响。

图 5-23 和图 5-24 是在可见光开光、闭光条件下，γ-FeOOH/β-FeOOH 混合腐蚀产物薄膜光电极与 09CuPCrNi 耐候钢电极的偶联体系浸泡在 3.5%氯化钠溶液中的开路电位与电流密度随时间的变化曲线。其中，图 5-23 是在开光、闭光条件下，该偶联体系的开路电位数值的变化曲线。图 5-24 则是在开光、闭光条件下，该偶联体系的电流密度数值的变化曲线。与 γ-FeOOH 和 β-FeOOH 类似，γ-FeOOH/β-FeOOH 混合腐蚀产物的光电化学效应也会加速与之偶联的 09CuPCrNi 耐候钢的腐蚀过程。

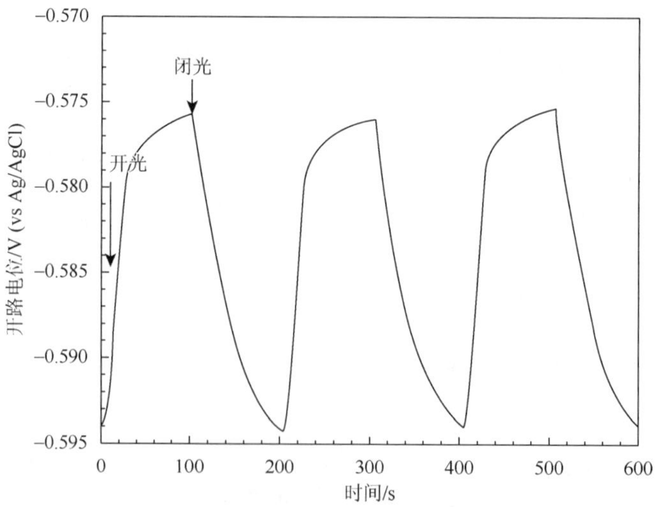

图 5-23 在 3.5%氯化钠溶液中，γ-FeOOH/β-FeOOH 混合腐蚀产物薄膜光电极与 09CuPCrNi 耐候钢电极的偶联体系在可见光开光与闭光循环下开路电位随时间的变化曲线

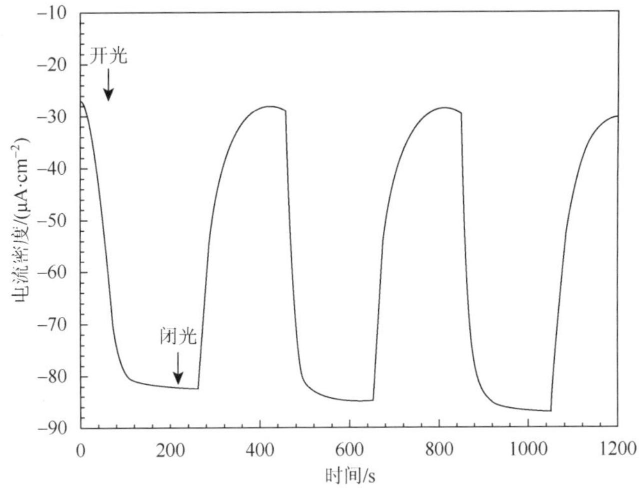

图 5-24　在 3.5%氯化钠溶液中，γ-FeOOH/β-FeOOH 混合腐蚀产物薄膜光电极与 09CuPCrNi 耐候钢电极的偶联体系在可见光开光与闭光循环下电流密度随时间的变化曲线

由图 5-23 可见，γ-FeOOH/β-FeOOH 混合腐蚀产物的光致电位大约为 18mV，这个数值与单独的 γ-FeOOH 腐蚀产物或单独的 β-FeOOH 腐蚀产物的光致电位大致相等。γ-FeOOH/β-FeOOH 混合腐蚀产物的光生电流密度为$-58\mu A\cdot cm^{-2}$。这表明在可见光的照射下，大约有 $58\mu A\cdot cm^{-2}$ 的电流从 γ-FeOOH/β-FeOOH 混合腐蚀产物光电极流向 09CuPCrNi 耐候钢电极，即在可见光辐射下，在 1s 内，由 γ-FeOOH/β-FeOOH 混合腐蚀产物光电极的光电化学效应所产生的光生空穴可以从与之偶联的 09CuPCrNi 耐候钢夺取 3.6×10^{14} 个阳极溶解产生的电子。这表明 5mg（制备该薄膜光电极用的混合腐蚀产物 γ-FeOOH/β-FeOOH 的量）的 γ-FeOOH/β-FeOOH 混合腐蚀产物的光电化学效应，导致在 1s 内腐蚀掉了 $1.68\times10^{-8}g\cdot cm^{-2}$ 的 09CuPCrNi 耐候钢。

5. γ-FeOOH/β-FeOOH 混合腐蚀产物产生较高光生电流密度的机理分析

由图 5-19～图 5-24 的实验结果可见，由 γ-FeOOH、β-FeOOH 和 γ-FeOOH/β-FeOOH 混合腐蚀产物的光电化学效应所引起的光致电位没有明显的差别，然而由 γ-FeOOH/β-FeOOH 混合腐蚀产物的光电化学效应产生的光生电流密度明显大于单独的 γ-FeOOH 或 β-FeOOH 的光电化学效应产生的光生电流密度。这表明 γ-FeOOH/β-FeOOH 混合腐蚀产物明显增大了光生电子与光生空穴的分离效率。

图 5-25 是将 β-FeOOH 引入到 γ-FeOOH 中后两者的能级变化及光生电子与光生空穴转移的机理示意图。需要说明的是，在本研究中，不管是将 β-FeOOH 引入

到 γ-FeOOH 还是将 γ-FeOOH 引入到 β-FeOOH 中，两者的结果相同，即 γ-FeOOH 与 β-FeOOH 的引入顺序并不会影响最后的实验结果，也不会改变其机理，因此，在本研究中 γ-FeOOH/β-FeOOH 或 β-FeOOH/γ-FeOOH 是等同的。

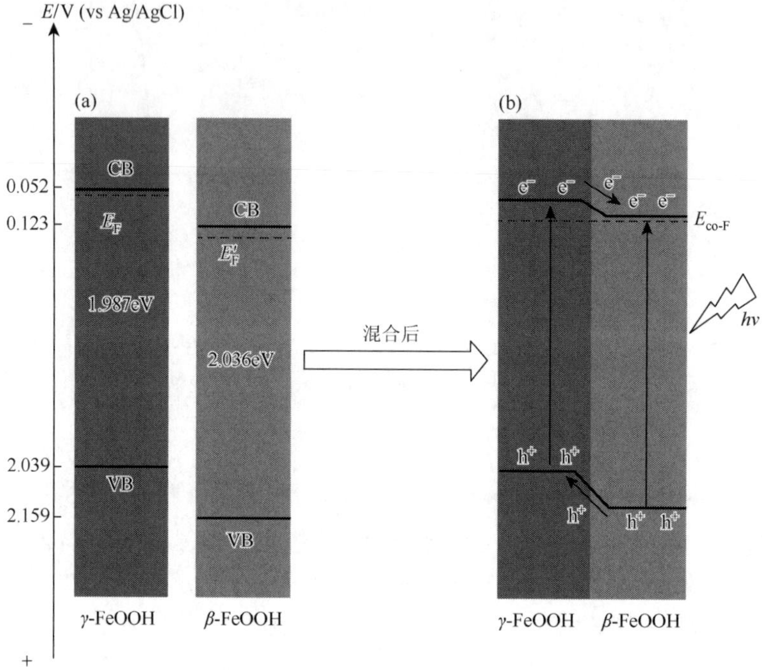

图 5-25　γ-FeOOH 和 β-FeOOH 在混合前（a）和混合后（b）的禁带宽度、导带电位、价带电位和费米能级位置及异质结电场的建立和光生电子与光生空穴分离情况示意图

图 5-25（a）为 γ-FeOOH 和 β-FeOOH 在混合之前的禁带宽度、导带电位和价带电位的示意图。在该图中，下端为正的电位，上端为负的电位。由本章 5.8.3 节和 5.8.4 节的实验结果可知，人工合成的 γ-FeOOH 和 β-FeOOH 均具有 n 型半导体的特性。γ-FeOOH 和 β-FeOOH 的禁带宽度分别为 1.987eV 和 2.036eV。其中 γ-FeOOH 的导带电位和价带电位分别为 0.052V 和 2.039V（vs SHE），β-FeOOH 的导带电位和价带电位分别为 0.123V 和 2.159V（vs SHE）。n 型半导体的费米能级电位在其导带电位之下，并且两者的数值相差不大。两个 n 型半导体的费米能级之差约等于它们的导带电位之差。在本研究中，γ-FeOOH 和 β-FeOOH 的费米能级之差大约为 71mV。将 β-FeOOH 引入到 γ-FeOOH 中，两者的费米能级将会在它们的界面处发生弯曲，并向相向的方向移动，最终到达一个相同的、新的平衡位置。在此情况下，β-FeOOH 的费米能级将向负方向移动，γ-FeOOH 的费米能

级将向正方向移动，如图 5-25（b）所示。这样，在 γ-FeOOH 表面的一部分电子会转移到 β-FeOOH 表面，导致在 γ-FeOOH 与 β-FeOOH 相接触的界面处的 β-FeOOH 表面形成一个电子富集层，而在该界面处的 γ-FeOOH 表面则形成一个空穴富集层。β-FeOOH 费米能级的负向移动会导致其导带与价带也向负向移动，同理，γ-FeOOH 费米能级的正向移动会导致它的导带与价带也向正向移动。因此，在 γ-FeOOH 和 β-FeOOH 的界面处，γ-FeOOH 和 β-FeOOH 的能带会同时发生弯曲，即在 γ-FeOOH 和 β-FeOOH 界面处，γ-FeOOH 的能带发生向下的弯曲，β-FeOOH 的能带发生向上的弯曲，如图 5-25（b）所示。在这种情况下，在 γ-FeOOH 与 β-FeOOH 的界面处就会形成一个异质结电场，该电场的方向是由 γ-FeOOH 指向 β-FeOOH。该异质结电场的强度大约等同于 γ-FeOOH 和 β-FeOOH 能带电位的弯曲量，且弯曲量约为 71mV。

在可见光照射下，γ-FeOOH 和 β-FeOOH 吸收光子后，位于 γ-FeOOH 和 β-FeOOH 价带上的电子会被激发到它们各自的导带上，产生光生电子-空穴对。由于 γ-FeOOH 的导带电位比 β-FeOOH 的更负，所以由 γ-FeOOH 激发产生的光生电子转移到 β-FeOOH 的导带上。与此同时，由于 β-FeOOH 的价带电位比 γ-FeOOH 的更正，所以滞留在 β-FeOOH 价带上的空穴会迅速捕获来自于 γ-FeOOH 价带中的电子，导致光生空穴从 β-FeOOH 转移到 γ-FeOOH。由于在 γ-FeOOH 和 β-FeOOH 界面处存在异质结电场，光生电子和光生空穴的分离效率及电荷的转移能力都会得到较大的提高，并且产生的光生电子和光生空穴之间的二次复合也会被有效地抑制，导致 γ-FeOOH/β-FeOOH 混合腐蚀产物产生的光生电流密度明显增大，如图 5-24 所示。因此，γ-FeOOH 和 β-FeOOH 界面处异质结电场的存在，使得 γ-FeOOH 与 β-FeOOH 混合物的光子产率得到明显提高，更多的光生电子和光生空穴参与到基底金属 09CuPCrNi 耐候钢的腐蚀过程中。

在本研究中，γ-FeOOH 与 β-FeOOH 并不是像涂装涂料那样一层一层地、有序地涂覆在 FTO 导电玻璃上，而是将两者均匀混合后再涂覆到 FTO 导电玻璃上。在 γ-FeOOH 与 β-FeOOH 的混合物中，存在很多个如图 5-25 所示的 γ-FeOOH/β-FeOOH 界面。这些 γ-FeOOH 与 β-FeOOH 的界面，很均匀地分布在 γ-FeOOH/β-FeOOH 混合腐蚀产物中。在电荷的分离及转移过程中，分离的光生电子与来自于其他 γ-FeOOH/β-FeOOH 界面产生的异质结电场分离出来的光生空穴发生二次复合。可是，即便如此，仍然会有较多光生空穴可以捕获由 09CuPCrNi 耐候钢阳极溶解所产生的电子。因此，尽管在本研究中 γ-FeOOH 与 β-FeOOH 并不是一层一层有序地涂覆在 FTO 导电玻璃上，γ-FeOOH/β-FeOOH 界面异质结电场的存在仍然对光生电子与光生空穴的分离效率起到了很明显的提升作用，从而明显增大了 γ-FeOOH/β-FeOOH 混合腐蚀产物薄膜光电极与 09CuPCrNi 耐候钢电极之间的光生电流密度。当然，如果将 γ-FeOOH 与 β-FeOOH 一层一层地有序地涂覆在 FTO 导电玻璃上，将会导致 γ-FeOOH/β-FeOOH 薄膜光电极产生比图 5-24 所示更大的光生电流密度。

6. 本研究的局限性分析

本研究是第一次尝试定量研究腐蚀产物的光电化学效应，分析该效应对与之偶联的金属的腐蚀过程的影响，并用以指导研究在大气薄液层体系下，具有半导体性质的腐蚀产物的光电化学效应对基底金属大气腐蚀过程的影响机理。由于腐蚀过程的复杂性，所以本研究还存在较多不足之处及需要优化之处。

众所周知，半导体材料的光电化学效应的大小与它本身的一些性质息息相关，如晶型类型、微观结构、微观形貌、禁带宽度和能带电位等。除了受自身因素的影响外，半导体材料的光电化学效应还受其他物质的影响，如由金属、非金属元素的掺杂引起的载流子浓度与能带结构的变化，以及由于与其他半导体材料复合而产生的异质结电场等。在本研究中使用的 γ-FeOOH 与 β-FeOOH 均是实验室人工合成的，它们与 09CuPCrNi 耐候钢在真实的大气环境中生成的 γ-FeOOH 与 β-FeOOH 存在差别。人工制备的 γ-FeOOH、β-FeOOH 和 γ-FeOOH/β-FeOOH 薄膜光电极的表面形貌也会与 09CuPCrNi 耐候钢在真实的大气环境中生成的腐蚀产物的形貌有所不同。在 09CuPCrNi 耐候钢生成的大气腐蚀产物中，合金元素在腐蚀过程中可能会掺杂到腐蚀产物 γ-FeOOH 与 β-FeOOH 中去，从而使得实验室合成的 γ-FeOOH、β-FeOOH 和 γ-FeOOH/β-FeOOH 腐蚀产物薄膜光电极的光电化学效应与在真实大气环境中生成的大气腐蚀产物的光电化学效应之间有较大的差别。同时，在真实的大气腐蚀暴露环境中，09CuPCrNi 耐候钢表面生成的 γ-FeOOH 与 β-FeOOH 的质量比不可能按照 1∶1 的比例混合，而且人工合成的 γ-FeOOH 与 β-FeOOH 在制备光电极过程中的分散程度也与真实大气腐蚀产物中的分布情况有较大的出入。除了 γ-FeOOH 与 β-FeOOH 这两种腐蚀产物外，还会有许多其他类型的大气腐蚀产物在真实的大气腐蚀环境中存在，如 α-FeOOH、Fe_3O_4、Fe_2O_3 等。这些腐蚀产物的存在不仅会对锈层的导电性有很大的影响，同时还会影响在 γ-FeOOH 与 β-FeOOH 之间形成的异质结电场。

上述的所有因素都有可能影响具有半导体性质的腐蚀产物的光电化学效应，从而对基底金属的腐蚀产生不同程度的影响。鉴于以上提到的各种因素，还需要在腐蚀产物的多样性、腐蚀产物的比例及腐蚀产物的分散度等方面开展更多的实验研究并进行实验改进，以期能更为准确地说明光照辐射及光电化学效应对基底金属腐蚀的影响机理。

5.9　紫外辐射对 09CuPCrNi 耐候钢大气腐蚀过程的影响机理

本研究中，09CuPCrNi 耐候钢表面生成的大气腐蚀产物 γ-FeOOH 和 β-FeOOH 都为 n 型半导体，而且它们均具有可见光响应性能。由于预先沉降氯化钠盐粒的 09CuPCrNi 耐候钢在紫外辐射和暗态条件下暴露 1 周、2 周和 4 周后生成的大气腐蚀产物中均发现了 γ-FeOOH，本研究就以 γ-FeOOH 代表具有 n 型半导体性质的腐蚀产物，来阐述光子与 n 型半导体腐蚀产物的相互作用。图 5-26 是光子与 n 型半导体腐蚀产物相互作用的示意图，左侧为铁基基底金属 09CuPCrNi 耐候钢；中间是在氯化钠薄电解液层中锈蚀后的 09CuPCrNi 耐候钢表面生成的腐蚀产物 γ-FeOOH。γ-FeOOH 的费米能级、导带、价带及禁带宽度示意地标注在该图中，其中，电势向上为负，向下为正；右侧是氯化钠电解液。由于 γ-FeOOH 的费米能级不同于氯化钠电解液的氧化还原电位，当 γ-FeOOH 与氯化钠电解液相接触时，γ-FeOOH 的费米能级会被拉向一个新的平衡位置，这个新平衡位置处于最初的 γ-FeOOH 的费米能级及氯化钠电解液的氧化还原电位之间，并靠近氯化钠电解液的氧化还原电位，所以 γ-FeOOH 的导带与价带会在 γ-FeOOH/氯化钠电解液的界面发生弯曲。由于 γ-FeOOH 为 n 型半导体，它的费米能级电位接近于它的导带电位，并在其导带电位之下。当氯化钠电解液覆盖在 γ-FeOOH 上时，由于 O_2/H_2O[+1.229V (vs SHE)] 的氧化还原电位比 γ-FeOOH 的费米能级电位正得多，所以 γ-FeOOH 的导带与价带会被拉向较正的方向，从而导致 γ-FeOOH 的导带与价带在 γ-FeOOH/氯化钠电解液界面处的能带发生向上的弯曲，如图 5-26 所示。

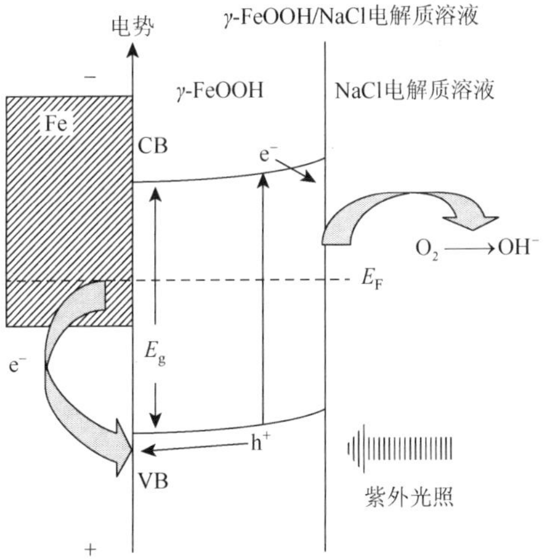

图 5-26　紫外辐射与具有 n 型半导体性质腐蚀产物之间的相互作用机理示意图，左侧为铁基基底金属，中间是具有 n 型半导体性质的腐蚀产物（以 γ-FeOOH 为代表），右侧为氯化钠电解液层

本研究中人工合成的 γ-FeOOH 的禁带宽度为 1.987eV，其临界光吸收波长为 624nm。因此，γ-FeOOH 具有可见光响应性能。它的导带电位及价带电位分别为 0.052V 与 2.039V（vs SHE）[13]。当波长低于 624nm 的光照射在 γ-FeOOH 上时，价带上的电子受到激发会跃迁到导带上，空穴滞留在价带上，导致光生电子与光生空穴发生分离。由于在 γ-FeOOH/氯化钠电解液的界面处的能带发生了向上的弯曲，光生电子不会自动流向 γ-FeOOH/氯化钠电解液的界面，同时，由于基底金属 09CuPCrNi 耐候钢的自腐蚀电位较负，光生电子也不会流向与之偶联的基底金属 09CuPCrNi 耐候钢，所以光生电子在导带上积累，从而使得光生电子的准费米能级进一步下降，最终使得光生电子越过在 γ-FeOOH/氯化钠电解液界面由导带弯曲造成的能垒，使得光生电子转移到 γ-FeOOH/氯化钠电解液界面，参与氧的阴极还原反应，从而加速基底金属腐蚀电化学的阴极反应。而滞留在 γ-FeOOH 价带上的剩余光生空穴则会夺取基底金属 09CuPCrNi 耐候钢阳极溶解产生的电子，从而直接加速金属的阳极溶解过程，即直接加速了基底金属的腐蚀过程，并会导致出现正的光电压，该过程已经在前面的实验中得以验证。在 5.8 节中，我们直观地观察到，在光照辐射下，γ-FeOOH 产生的光生电子并没有转移到与之偶联的 09CuPCrNi 耐候钢上，相反，09CuPCrNi 耐候钢阳极溶解产生的电子流向了 γ-FeOOH 薄膜光电极，被 γ-FeOOH 价带上的光生空穴所捕获，因而加速了基底金属 09CuPCrNi 耐候钢的大气腐蚀过程。

然而，如图 5-1 和图 5-2 所示的实验结果所示，紫外辐射对 09CuPCrNi 耐候钢大气腐蚀过程的影响与暴露时间有关。紫外辐射不会一直增大 09CuPCrNi 耐候钢的大气腐蚀速率，暴露 2 周的实验结果表明，紫外辐射轻微地抑制了 09CuPCrNi 耐候钢的大气腐蚀过程。这个实验结果表明，紫外辐射对金属大气腐蚀过程的影响除了与具有半导体性质的腐蚀产物的光电化学效应有关外，还与生成的腐蚀产物的性质、腐蚀产物种类和厚度等因素有关。综合以上的结果，我们提出了紫外辐射对预先沉降了氯化钠盐粒的 09CuPCrNi 耐候钢大气腐蚀过程的影响机理，如图 5-27 所示。图（a）是腐蚀暴露时间为 1～2 周的 09CuPCrNi 耐候钢大气腐蚀初期机理示意图，而图（b）则是腐蚀暴露时间为 2～4 周的大气腐蚀中后期机理示意图。

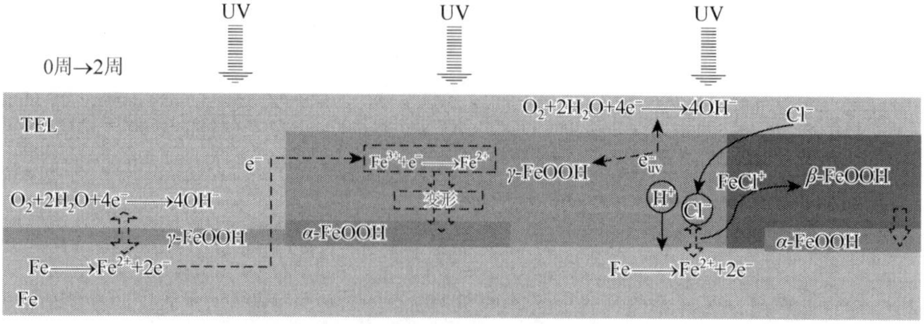

(a)

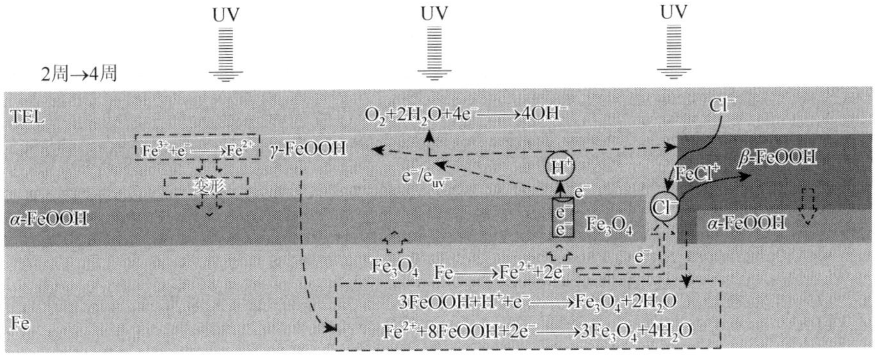

(b)

图 5-27　紫外辐射对预先沉降了 $15\mu g\cdot cm^{-2}$ 氯化钠盐粒的 09CuPCrNi 耐候钢在相对湿度 97%和温度 25℃的纯净大气环境中腐蚀过程的影响机理示意图。（a）图是暴露初期（1～2 周）的大气腐蚀影响机理示意图，（b）图是暴露中后期（2～4 周）的大气腐蚀影响机理示意图，TEL 表示薄电解液层

金属的大气腐蚀过程是一个电化学反应过程，是由金属与其周围环境介质相互作用，发生反应形成氧化物及其他腐蚀产物的过程。其中 09CuPCrNi 耐候钢大气腐蚀过程的阳极反应为铁的阳极溶解

$$Fe \longrightarrow Fe^{2+}+2e^- \tag{5-8}$$

在腐蚀反应的初期，铁的阳极溶解所产生的 Fe^{2+} 会发生水解反应，形成 $FeOH^+$。$FeOH^+$ 很容易被电解液中的溶解氧及其他由紫外辐射生成的具有强氧化性的自由基迅速氧化而形成 γ-FeOOH[41，42]。

在大气腐蚀暴露最初的 1 周内，09CuPCrNi 耐候钢表面形成的腐蚀产物比较少，形成的腐蚀产物层也比较薄。γ-FeOOH 和 β-FeOOH 为 n 型半导体，在可见光下会发生光电化学响应[21]。γ-FeOOH 和 β-FeOOH 的价带电位分别为 2.039V 和 2.159V（vs SHE），它们产生的光生空穴具有较强的氧化能力。如图 5-11 所示，锈蚀后的 09CuPCrNi 耐候钢试样在光照辐射条件下会产生一个正的光致电位。由 γ-FeOOH 和 β-FeOOH 的光电化学效应产生的光生空穴能够夺取与之偶联的 09CuPCrNi 耐候钢阳极溶解所产生的电子，从而加速基底金属 09CuPCrNi 耐候钢腐蚀反应的阳极过程，同时，γ-FeOOH 和 β-FeOOH 产生的光生电子可以转移到腐蚀产物与氯化钠电解液的界面上，参与氧的还原反应，从而加速了基底金属 09CuPCrNi 耐候钢腐蚀的阴极过程。因此，在大气腐蚀暴露初期，紫外辐射能够明显加速 09CuPCrNi 耐候钢的大气腐蚀过程。

在紫外辐射条件下，γ-FeOOH 价带上滞留的光生空穴具有较正的电位，能够吸引氯化钠电解液中的阴离子，从而增大了 γ-FeOOH 表面吸附氯离子（Cl^-）的能力[43]。吸附的 Cl^- 可以与 Fe^{2+} 进行反应，促进了 $FeCl^+$ 的生成，并进一步促进了

β-FeOOH 的生成[44]。与此同时，光生空穴还能夺取基底金属 09CuPCrNi 耐候钢阳极溶解产生的电子，提高了 09CuPCrNi 耐候钢阳极的溶解速度，加快 Fe^{2+}的生成，从而进一步促进了 $FeCl^{+}$的生成。该过程从另一方面加速了 β-FeOOH 的生成。而 β-FeOOH 仅在紫外辐射条件下暴露 1 周和 2 周的 09CuPCrNi 耐候钢的腐蚀产物中出现，当腐蚀暴露时间延长到 4 周时，在 09CuPCrNi 耐候钢表面生成的腐蚀产物中并没有发现 β-FeOOH。

γ-FeOOH 中的 Fe^{3+}也会捕捉到由 γ-FeOOH 的光电化学效应产生的光生电子，促使 γ-FeOOH 发生还原。Stratmann 等[36]指出，还原了的 γ-FeOOH 会与它的母相保持相同的晶格结构。Fe^{2+}（0.064nm）与 Fe^{3+}（0.078nm）[45]的离子半径不同，导致还原了的 γ-FeOOH 发生结构扭曲，因此，会进一步促进 γ-FeOOH 转变为更稳定的 α-FeOOH[45, 46]。同样，β-FeOOH 具有较强的电化学活性，同时 β-FeOOH 也是一个不稳定的相，随着腐蚀暴露时间的延长，它也会逐渐转变为稳定的 α-FeOOH[47]。

在大气腐蚀暴露初期（1～2 周），在紫外辐射条件下暴露的 09CuPCrNi 耐候钢表面生成了比较厚的腐蚀产物层。同时，在暴露初期生成的腐蚀产物 γ-FeOOH 与 β-FeOOH 不断地转变为 α-FeOOH，使得腐蚀产物中的 α-FeOOH 的含量不断增加。而 α-FeOOH 为电子绝缘体，其含量越多，具有半导体性质的腐蚀产物由于光电化学效应而产生的光生电子和光生空穴的转移过程及光生空穴夺取基底金属 09CuPCrNi 耐候钢阳极溶解产生的电子的过程均会变得更加困难。为了夺取金属阳极溶解过程产生的电子，光生空穴会向基底金属 09CuPCrNi 耐候钢转移，同时，09CuPCrNi 耐候钢阳极溶解产生的电子会向腐蚀产物层转移并在转移过程中被传递过来的光生空穴捕获并复合。然而光生空穴的转移过程比阳极溶解电子的转移过程困难得多，而腐蚀产物中 α-FeOOH 的形成会使得 09CuPCrNi 耐候钢阳极溶解生成的电子的迁移过程变得更加困难。因此，在大气腐蚀暴露初期，即暴露时间为 2 周时，在紫外辐射条件下，09CuPCrNi 耐候钢的大气腐蚀速率会比在暗态条件下暴露的有所减小。

在大气腐蚀暴露第 2～4 周时，在紫外辐射条件下，09CuPCrNi 耐候钢表面生成的腐蚀产物层越来越厚，在腐蚀产物层与金属基体表面会形成一个缺氧的环境。FeOOH 作为另一有效的氧化剂，会参与腐蚀反应的阴极过程。由于 α-FeOOH 为惰性的稳定相，而 γ-FeOOH 与 β-FeOOH 具有电化学活性，且具有较高的还原能力，所以 FeOOH 中能够参与阴极反应的腐蚀产物为 γ-FeOOH 与 β-FeOOH[44, 48]。具体的反应方程式为

$$3\gamma(\beta)\text{-FeOOH}+H^{+}+e^{-} \longrightarrow Fe_3O_4+2H_2O \tag{5-9}$$

$$Fe^{2+}+8\gamma(\beta)\text{-FeOOH}+2e^{-} \longrightarrow 3Fe_3O_4+4H_2O \tag{5-10}$$

因此，在大气腐蚀暴露第 4 周时，在紫外辐射条件下暴露的 09CuPCrNi 耐候钢表

面出现了 Fe_3O_4 腐蚀产物。在金属基体表面形成的 Fe_3O_4 具有良好的导电性，是电子的良导体，因此，Fe_3O_4 的生成会在腐蚀产物层中形成有效的电子迁移通道，大大缩短 09CuPCrNi 耐候钢阳极溶解过程中产生的电子的传输时间。这些被快速传导的电子能够参与以下过程：①可以被 FeOOH 产生的光生空穴捕获；②参与到式（5-9）和式（5-10）所示的阴极反应；③能够被 γ-FeOOH 捕捉，参与 γ-FeOOH 的还原，从而加速 γ-FeOOH 向 α-FeOOH 的转变。以上这三个过程都能加速消耗由基底金属阳极溶解产生的电子，从而加速了基底金属的阳极溶解过程。在此情况下，暴露 2～4 周时，09CuPCrNi 耐候钢的大气腐蚀过程又重新被加速。这一现象与图 5-1 与图 5-2 中得到的腐蚀增重和失重结果吻合。

5.10　小　　结

在本章中，作者所在的实验室首次研究了紫外辐射对预先沉降了氯化钠盐粒的 09CuPCrNi 耐候钢大气腐蚀过程的影响机制，并且首次研究了大气腐蚀产物的光电化学效应对与之偶联的金属腐蚀过程的影响机制。主要的实验结论如下：

（1）紫外辐射会显著影响预先沉降氯化钠盐粒的 09CuPCrNi 耐候钢的大气腐蚀过程。紫外辐射会影响 09CuPCrNi 耐候钢的大气腐蚀速率、腐蚀形貌、腐蚀产物的形成及腐蚀产物的性质。紫外辐射对于预先沉降氯化钠盐粒的 09CuPCrNi 耐候钢大气腐蚀速率的影响与暴露时间相关，这主要是由表面生成的腐蚀产物厚度、腐蚀产物组成、腐蚀产物层的导电性质和具有半导体性质腐蚀产物的光电化学效应共同决定的。

（2）紫外辐射对预先沉降氯化钠盐粒的 09CuPCrNi 耐候钢的大气腐蚀过程主要受具有半导体性质的腐蚀产物的光电化学效应的影响。

（3）基底金属 09CuPCrNi 耐候钢表面生成的具有半导体性质的腐蚀产物主要是 γ-FeOOH 和 β-FeOOH。本研究首次通过光致电位和光生电流密度来定性和定量地表征 γ-FeOOH 和 β-FeOOH 的光电化学效应，首次将该效应与基底金属的腐蚀速率联系起来，并且直观地证实了 γ-FeOOH、β-FeOOH 和 γ-FeOOH/β-FeOOH 混合腐蚀产物的光电化学效应会加速基底金属 09CuPCrNi 耐候钢的大气腐蚀过程。

参 考 文 献

[1] Song L Y，Ma X M，Chen Z Y，et al. The role of UV illumination on the initial atmospheric corrosion of 09CuPCrNi weathering steel in the presence of NaCl particles. Corrosion Science，2014，87：427-437.

[2] Wang Z，Yin F，Wu L，et al. Corrosion resistance on high strength bainitic steel and 09CuPCrNi after wet-dry cyclic conditions. Journal of Iron and Steel Research International，2013，20（2）：72-78.

[3] Neufeld A K，Cole I S，Bond A M，et al. The initiation mechanism of corrosion of zinc by sodium chloride particle deposition. Corrosion Science，2002，44（3）：555-572.

[4] Chen Z Y，Cui F S，Kelly R G. Calculations of the cathodic current delivery capacity and stability of crevice corrosion under atmospheric environments. Journal of the Electrochemical Society，2008，155（7）：C360-C368.

[5] Chen Z Y. The role of particles on initial atmospheric corrosion of copper and zinc：lateral distribution，secondary spreading and CO_2/SO_2influence. Corrosion Science，2005.

[6] Thompson E A，Burleigh T D. Accelerated corrosion of zinc alloys exposed to ultraviolet light. Corrosion Engineering，Science and Technology，2007，42（3）：237-241.

[7] Burleigh T，Ruhe C，Forsyth J. Photo-corrosion of different metals during long-term exposure to ultraviolet light. Corrosion，2003，59（9）：774-779.

[8] Song S H，Chen Z Y. Effect of UV illumination on the NaCl-induced atmospheric corrosion of pure zinc. Journal of the Electrochemical Society，2014，161（6）：C288-C293.

[9] Song L Y，Chen Z Y. The role of UV illumination on the NaCl-induced atmospheric corrosion of Q235 carbon steel. Corrosion Science，2014，86：318-325.

[10] Song L Y，Chen Z Y. Effect of γ-FeOOH and γ-Fe_2O_3 on the corrosion of Q235 carbon steel under visible light. Journal of the Electrochemical Society，2015，162（3）：C79-C84.

[11] Song L Y，Chen Z Y，Hou B R. The role of the photovoltaic effect of γ-FeOOH and β-FeOOH on the corrosion of 09CuPCrNi weathering steel under visible light. Corrosion Science，2015，93：191-200.

[12] 陈卓元. 铜的大气腐蚀及其研究方法. 北京：科学出版社，2011.

[13] Xu Y，Schoonen M A. The absolute energy positions of conduction and valence bands of selected semiconducting minerals. American Mineralogist，2000，85（4）：543-556.

[14] Ma Y，Li Y，Wang F. Weatherability of 09CuPCrNi steel in a tropical marine environment. Corrosion Science，2009，51（8）：1725-1732.

[15] Wang Z，Liu J，Wu L，et al Study of the corrosion behavior of weathering steels in atmospheric environments. Corrosion Science，2013，67：1-10.

[16] Yamashita M，Miyuki H，Matsuda Y，et al. The long term growth of the protective rust layer formed on weathering steel by atmospheric corrosion during a quarter of a century. Corrosion Science，1994，36（2）：283-299.

[17] Huang F，Zhu T，Zhou X，et al. Indoor accelerated corrosion kinetics of weathering steel and its service life prediction. Corrosion，2014，70（8）：819-827.

[18] Kamimura T，Hara S，Miyuki H，et al. Composition and protective ability of rust layer formed on weathering steel exposed to various environments. Corrosion Science，2006，48（9）：2799-2812.

[19] Keiser J T，Brown C W，Heidersbach R H. Characterization of the passive film formed on weathering steels，Corrosion Science，1983，23（3）：251-259.

[20] Barton T F，Price T，Dillard J G. The production of γ-FeOOH from $FeSO_4$ in the presence of EDTA. Journal of Colloid and Interface，1990，138（1）：122-127.

[21] Joly A G，Xiong G，Wang C M，et al. Synthesis and photoexcited charge carrier dynamics of beta-FeOOH nanorods. Applied Physics Letters，2007，90（10）：103504.

[22] Raman A，Kuban B，Razvan A. The application of infrared spectroscopy to the study of atmospheric rust systems-I. Standard spectra and illustrative applications to identify rust phases in natural atmospheric corrosion products. Corrosion Science，1991，32（12）：1295-1306.

[23] Weckler B，Lutz H. Lattice vibration spectra. Part XCV. Infrared spectroscopic studies on the iron oxide hydroxides goethite（α），akaganeite（β），lepidocrocite（γ），and feroxyhite（δ）. European Journal of Solid State

Inorganic Chemistry，1998，35（8）：531-544.

[24] Marshall P，Rutherford D. Physical investigations on colloidal iron-dextran complexes. Journal of Colloid and Interface Science，1971，37（2）：390-402.

[25] De Faria D，Venâncio Silva S，De Oliveira M. Raman microspectroscopy of some iron oxides and oxyhydroxides. Journal of Raman Spectroscopy，1997，28（11）：873-878.

[26] Rubim J C，Sousa M H，Silva J C O，et al. Raman spectroscopy as a powerful technique in the characterization of ferrofluids. Brazilian Journal of Physics，2001，31（3）：402-408.

[27] Chourpa I，Douziech-Eyrolles L，Ngaboni-Okassa L，et al. Molecular composition of iron oxide nanoparticles，precursors for magnetic drug targeting，as characterized by confocal Raman microspectroscopy. Analyst，2005，130（10）：1395-1403.

[28] Colomban P，Cherifi S，Despert G. Raman identification of corrosion products on automotive galvanized steel sheets. Journal of Raman Spectroscopy，2008，39（7）：881-886.

[29] Aramendia J，Gomez-Nubla L，Castro K，et al. Portable Raman study on the conservation state of four CorTen steel-based sculptures by Eduardo Chillida impacted by urban atmospheres. Journal of Raman Spectroscopy，2012，43（8）：1111-1117.

[30] Arshadi M，Johnson J，Wood G. The influence of an isobutane-SO_2 pollutant system on the earlier stages of the atmospheric corrosion of metals. Corrosion Science，1983，23（7）：763-776.

[31] Svensson J E，Johansson L G. A laboratory study of the initial stages of the atmospheric corrosion of zinc in the presence of NaCl：Influence of SO_2 and NO_2. Corrosion Science，1993，34（5）：721-740.

[32] Cheng Y F，Luo J L. Electronic structure and pitting susceptibility of passive film on carbon steel. Electrochim Acta，1999，44（17）：2947-2957.

[33] Gaben F，Vuillemin B，Oltra R. Influence of the chemical composition and electronic structure of passive films grown on 316L SS on their transient electrochemical behavior. Journal of the Electrochemical Society，2004，151（11）：B595-B604.

[34] Feng Z，Cheng X，Dong C，et al. Passivity of 316L stainless steel in borate buffer solution studied by Mott-Schottky analysis，atomic absorption spectrometry and X-ray photoelectron spectroscopy. Corrosion Science，2010，52（11）：3646-3653.

[35] Lv J，Luo H. Electrochemical investigation of passive film in pre-deformation AISI 304 stainless steels. Applied Surface Science，2012，263：29-37.

[36] Stratmann M，Bohnenkamp K，Engell H J. An electrochemical study of phase-transitions in rust layers. Corrosion Science，1983，23（9）：969-985.

[37] Nakata K，Fujishima A. TiO_2 photocatalysis：design and applications. Journal of Photochemistry and Photobiology B，2012，13（3）：169-189.

[38] Lei C，Liu Y，Zhou H，et al. Photogenerated cathodic protection of stainless steel by liquid-phase-deposited sodium polyacrylate/TiO_2 hybrid films. Corrosion Science，2013，68：214-222.

[39] Sun M M，Chen Z Y，Bu Y Y，et al. Effect of ZnO on the corrosion of zinc，Q235 carbon steel and 304 stainless steel under white light illumination. Corrosion Science，2014，82：77-84.

[40] Kim J S，Cho E A，Kwon H S. Photoelectrochemical study on the passive film on Fe. Corrosion Science，2001，43（8）：1403-1415.

[41] Misawa T，Asami K，Hashimoto K，et al. The mechanism of atmospheric rusting and the protective amorphous rust

on low alloy steel. Corrosion Science，1974，14（4）：279-289.

[42] Bernal J，Dasgupta D，Mackay A. The oxides and hydroxides of iron and their structural inter-relationships. Clay Miner Bull，1959，4（21）：15-30.

[43] Zhang Y，Urquidi-Macdonald M，Engelhardt G R，et al. Development of localized corrosion damage on low pressure turbine disks and blades：I. Passivity. Electrochim Acta，2012，69：1-11.

[44] Nishimura T，Tanaka K，Shimizu Y. Effect of NaCl on rusting of steel in wet and dry corrosion cycle. Tetsu-to-Hagane（Journal of the Iron and Steel Institute of Japan），1995，81（11）：1079-1084.

[45] Borghi E，Regazzoni A，Maroto A，et al. Reductive dissolution of magnetite by solutions containing EDTA and Fe II. Journal of Colloid and Interface Science，1989，130（2）：299-310.

[46] Ishikawa T，Takeuchi K，Kandori K，et al. Transformation of γ-FeOOH to α-FeOOH in acidic solutions containing metal ions. Colloids ang Surfaces A，2005，266（1）：155-159.

[47] Watkinson D，Lewis M R. The role of β-FeOOH in the corrosion of archaeological iron. MRS Proceedings，Cambridge Univ Press，2004：OO1. 6.

[48] Ma Y，Li Y，Wang F. The effect of β-FeOOH on the corrosion behavior of low carbon steel exposed in tropic marine environment. Materials Chemistry and Physics，2008，112（3）：844-852.

第6章　紫外辐射对Q235碳钢大气腐蚀过程的影响

6.1　引　　言

Q235碳钢是一种普通碳素结构钢，Q代表这种材质的屈服度，235是指这种材质的屈服强度值在235MPa左右。由于Q235碳钢含碳量适中，综合性能较好，强度、塑性和焊接等性能得到较好配合，所以它的用途最为广泛。Q235碳钢常被轧制成盘条或圆钢、方钢、扁钢、角钢、工字钢、槽钢、窗框钢等型钢，大量应用于建筑及工程结构。同时，Q235碳钢还用于制作钢筋或建造厂房房架、高压输电铁塔、桥梁、车辆、锅炉、容器、船舶等，也大量用作对性能要求不太高的机械零件。正是由于Q235碳钢的广泛应用，它遭受大气腐蚀破坏的机会大大增加[1-8]。本章主要结合作者在中国科学院海洋研究所工作期间开展的关于紫外辐射对氯化钠盐粒导致的Q235碳钢大气腐蚀过程的影响规律与机理的相关研究工作，系统地阐述Q235碳钢大气腐蚀过程的光电化学影响规律与影响机理。

本章研究中选用的材料为Q235碳钢，其成分（%）为：C（0.14～0.22）、Mn（0.30～0.65）、Si（≤0.3）、S（≤0.5）、P（≤0.045），其余为Fe。Q235碳钢试片的尺寸为50mm×10mm×1mm。实验暴露之前将Q235碳钢试片用砂纸由粗至细逐级打磨至3000目，然后用金刚石磨抛剂抛光至1μm。每个Q235碳钢试片用酒精棉擦拭，在丙酮溶液中超声清洗5min，随后将准备好的Q235碳钢试片在干燥器内放置24h。在试样暴露前，对处理好的试样进行氯化钠盐粒的沉降。氯化钠盐粒的沉降方法采用氯化钠乙醇饱和溶液法进行，具体操作方法见本书作者的另一部专著[9]。在本研究中，Q235碳钢试样表面氯化钠盐粒的沉降量为15μg·cm^{-2}。

将准备好的Q235碳钢试样放在本书4.1节中提及的暴露实验装置中进行模拟大气腐蚀暴露实验。实验分别在暗态和紫外辐射条件下进行，相对湿度为97%，温度为25℃，在未添加任何污染性气体的纯净空气中暴露。暴露实验过程中使用的紫外光源与第5章中使用的相同。暴露实验周期为1周、2周和4周。暴露实验结束后，采用重量法（包括腐蚀增重和腐蚀失重）来分析Q235碳钢的大气腐蚀速率。具体的实验步骤见本书作者的另一部专著[9]。在本研究中，清除Q235碳钢表面生成的大气腐蚀产物的清洗液配比为：100mL 36%盐酸+4g六亚甲基四胺+100mL蒸馏水。腐蚀增重、失重实验采用三个Q235碳钢平行试样。

暴露实验结束后，采用红外光谱和扫描电镜分析 Q235 碳钢大气腐蚀产物的成分和腐蚀形貌。采用电化学方法分析腐蚀暴露后的带锈 Q235 碳钢试样的电化学行为。线性极化采用三电极体系，以锈蚀后的 Q235 碳钢试片作为工作电极，电极工作面积为 $1cm^2$，Pt 电极为对电极，Ag/AgCl（饱和 KCl）电极作为参比电极，测试在 5.2%氯化钠溶液中进行。因为在 97%相对湿度和 25℃的环境条件下，氯化钠盐粒潮解后所形成的溶液的浓度为 5.2%[10]，所以选用 5.2%氯化钠溶液作为测试溶液。线性极化测试的电位扫描范围为−10～10mV（vs E_{corr}），扫描速率为 $0.1mV·s^{-1}$。线性极化测试过程中采用三个平行试样进行测量。

光致开路电位的测试是以腐蚀暴露后的带锈 Q235 碳钢试样作为工作电极，电极工作面积为 $1cm^2$，Ag/AgCl（饱和 KCl）电极作为参比电极，在 5.2%氯化钠溶液中进行测试。测试条件为在光照与暗态交替进行。测试过程如下：在暗态条件下，测量带锈 Q235 碳钢试样的开路电位，待开路电位值稳定后，打开光源，此时开路电位值会发生明显变化，待其值稳定后，再将光源关闭，依次重复进行 3～4 个循环。本实验中使用的光源为 300W 氙灯（光照密度为 $320mW·cm^{-2}$），它产生的白光通过一块石英玻璃之后再照射到浸泡在 5.2%氯化钠溶液中锈蚀的 Q235 碳钢试片表面。

为进行相关的机理分析，本研究还定量表征了腐蚀产物 γ-FeOOH 和 γ-Fe_2O_3 的光电化学效应。本研究中用到的腐蚀产物 γ-FeOOH 和 γ-Fe_2O_3 是在实验室合成的。γ-FeOOH 的合成主要是基于 Barton 等[11]提出的合成方法，具体操作步骤见本书第 5 章。将得到的 γ-FeOOH 粉末在 400℃的条件下恒温处理 2h，即可得到 γ-Fe_2O_3 粉末。

采用红外光谱和 X 射线衍射等技术手段对合成的腐蚀产物 γ-FeOOH 和 γ-Fe_2O_3 进行了表征分析。同时，通过莫特-肖特基曲线和紫外-可见漫反射等技术手段对合成的腐蚀产物 γ-FeOOH 和 γ-Fe_2O_3 的整流特性、平带电位、光吸收性能等信息进行了表征分析。莫特-肖特基曲线的测试采用三电极体系，以腐蚀产物的薄膜光电极作为工作电极，电极工作面积为 $1cm^2$，Pt 电极为对电极，Ag/AgCl（饱和 KCl）电极为参比电极，在 3.5%氯化钠溶液中和在暗态条件下进行测试。测试电压范围为 0～0.8V，测试频率为 100Hz，交流电振幅为 10mV。

腐蚀产物 γ-FeOOH 与 γ-Fe_2O_3 的薄膜光电极的制作方法与本书第 5 章中叙述的方法相同。本研究中用到的 Q235 碳钢电极采用环氧树脂封样，工作面积为 $1cm^2$，在每次使用之前都采用砂纸逐级打磨至 2000 目，随后在分析纯的无水乙醇中超声清洗 5min，最后在干燥器内放置 24h 后使用。

光致电位与光致电流的测量利用上海辰华仪器公司 CHI660D 电化学工作站进行。具体的操作步骤见 4.5 节。

6.2　紫外辐射对 Q235 碳钢大气腐蚀速率的影响

图 6-1 是预先沉降了 15μg·cm^{-2} 氯化钠盐粒的 Q235 碳钢分别在紫外辐射和暗态条件下，暴露 1 周、2 周和 4 周后的腐蚀增重实验结果。图 6-2 是预先沉降了 15μg·cm^{-2} 氯化钠盐粒的 Q235 碳钢分别在紫外辐射和暗态条件下，暴露 1 周、2 周和 4 周后的腐蚀失重实验结果。暴露的环境温度为 25℃，相对湿度为 97%。由图 6-1 和图 6-2 可见，Q235 碳钢的腐蚀增重和腐蚀失重随暴露时间的延长而增大。在相同的时间条件下，在紫外辐射暴露条件下的 Q235 碳钢的腐蚀增重和腐蚀失重都比在暗态暴露条件下的大，表明紫外辐射明显促进了 Q235 碳钢的大气腐蚀过程，加快了其大气腐蚀速率。

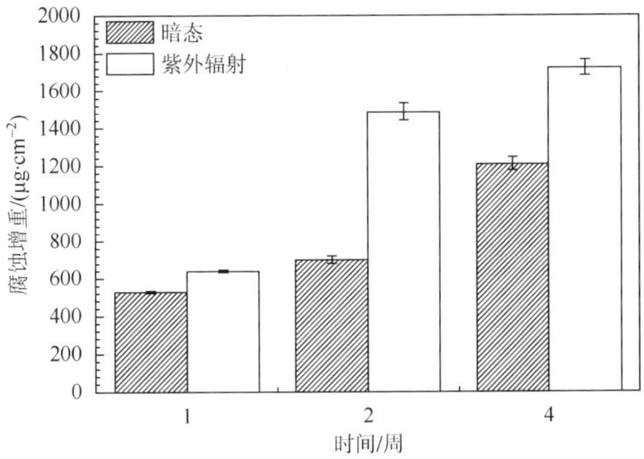

图 6-1　预先沉降了 15μg·cm^{-2} 氯化钠盐粒的 Q235 碳钢在相对湿度 97%和温度 25℃的纯净大气环境中，分别在紫外辐射与暗态条件下，暴露 1 周、2 周和 4 周后的腐蚀增重结果

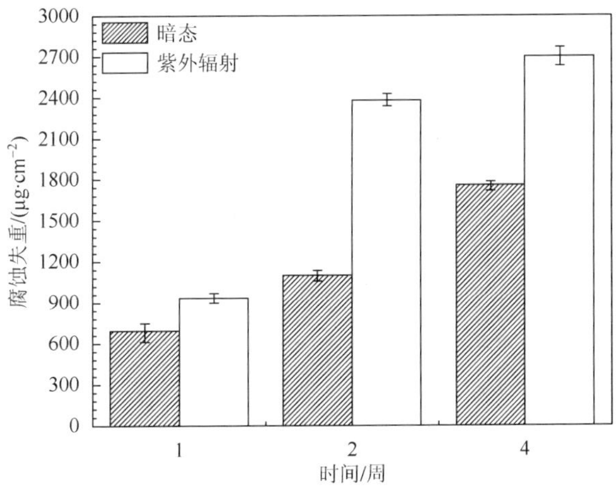

图 6-2　预先沉降了 15μg·cm^{-2} 氯化钠盐粒的 Q235 碳钢在相对湿度 97%和温度 25℃的纯净大气环境中，分别在紫外辐射与暗态条件下，暴露 1 周、2 周和 4 周后的腐蚀失重结果

与第 5 章的实验相似，在本研究的实验中，Q235 碳钢试样也只有面向紫外光源的一面直接受到光照辐射的作用，而它的反面没有直接受到光照辐射的作用。然而，我们在计算腐蚀增失重时是将质量的变化除以试样正反两面的面积总和。如果 Q235 碳钢试样的正反两面都能直接受到紫外辐射作用，那么它的腐蚀增重和腐蚀失重的实验结果都会比图 6-1 和图 6-2 所示的实验结果大得多。

按照第 5 章定义的大气腐蚀增重的紫外辐射影响因子（MGIF）和大气腐蚀失重的紫外辐射影响因子（MLIF），可以计算出 Q235 碳钢的 MGIF 和 MLIF 数值。图 6-3 是通过式（5-1）和式（5-2）计算出的 Q235 碳钢的大气腐蚀增重和腐蚀失重的紫外辐射影响因子数值随暴露时间变化的关系曲线。由图 6-3 可见，所有的 MGIF 和 MLIF 数值都大于零，表明紫外辐射在所有的暴露实验周期内都促进了 Q235 碳钢的大气腐蚀过程。同时，紫外辐射对 Q235 碳钢大气腐蚀过程的影响与暴露时间有关系。在这三个暴露实验时间段中，紫外辐射对暴露 1 周的 Q235 碳钢大气腐蚀过程的影响最小，对暴露 2 周的 Q235 碳钢大气腐蚀过程的影响最大。

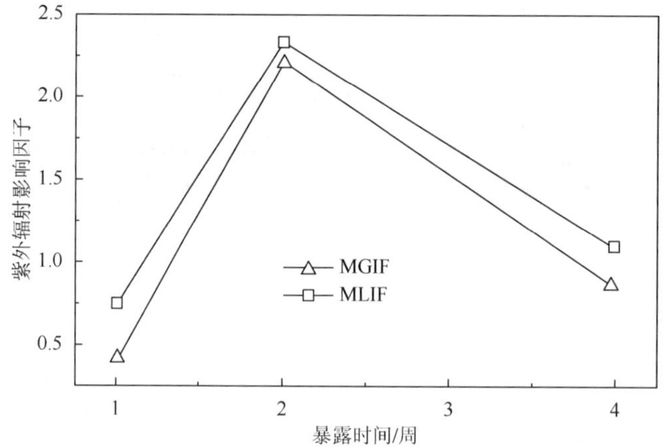

图 6-3　Q235 碳钢腐蚀增重的紫外辐射影响因子（MGIF）和腐蚀失重的紫外辐射影响因子（MLIF）与暴露时间的关系

腐蚀失重的数据还可以通过法拉第定律转换为平均腐蚀速率

$$i_{\text{corr-ML}} = \frac{n \cdot F \cdot \Delta m}{M \cdot t} \tag{6-1}$$

其中，$i_{\text{corr-ML}}$ 为腐蚀电流密度，$\mu A \cdot cm^{-2}$，代表 Q235 碳钢在整个暴露实验时间段内的平均腐蚀速率；Δm 为腐蚀失重，$\mu g \cdot cm^{-2}$；n 为金属的价态；F 为法拉第常量；M 为金属的摩尔质量；t 为暴露实验时间，s。

图 6-4 是通过式（6-1）将腐蚀失重数据转换成的腐蚀电流密度随暴露时间的变化关系曲线。由图 6-4 可见，在暗态条件下暴露的 Q235 碳钢的腐蚀电流密度比

在紫外辐射条件下暴露的 Q235 碳钢的腐蚀电流密度小得多。在暗态条件下，随着腐蚀暴露时间的增长，腐蚀速率逐渐减小。而在紫外辐射条件下，随着暴露时间的增长，腐蚀速率在 2 周后达到最大。随后，当腐蚀暴露时间进一步延长至 4 周后，腐蚀速率又减小，其腐蚀速率呈现先增大后减小的趋势。

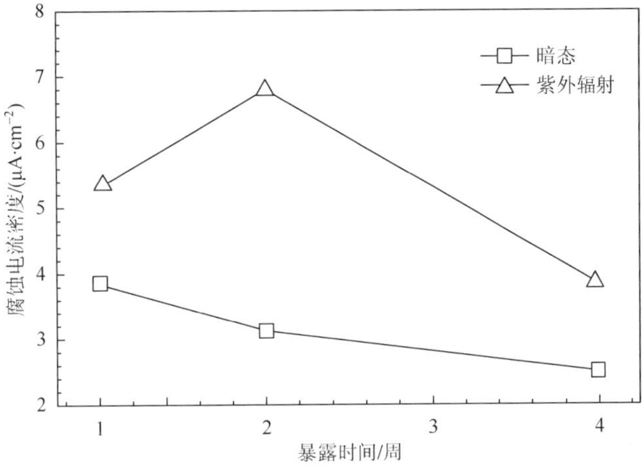

图 6-4　预先沉降了 15μg·cm^{-2} 氯化钠盐粒的 Q235 碳钢在相对湿度 97%和温度 25℃的纯净大气环境中，分别在紫外辐射与暗态条件下暴露 1 周、2 周、4 周后的平均腐蚀电流密度（由腐蚀失重结果通过法拉第定律计算得到）与暴露时间的关系曲线

6.3　紫外辐射对 Q235 碳钢大气腐蚀产物的影响

大气腐蚀暴露实验结束后，采用红外光谱对 Q235 碳钢试样表面生成的腐蚀产物成分进行了表征分析，实验结果如图 6-5 所示。图中 1w-UV、2w-UV 和 4w-UV 分别代表在紫外辐射条件下暴露 1 周、2 周和 4 周后的带锈 Q235 碳钢试样。1w-Dark、2w-Dark 和 4w-Dark 分别代表在暗态条件下暴露 1 周、2 周和 4 周后的带锈 Q235 碳钢试样。由图 6-5 可见，在暗态条件下暴露的 Q235 碳钢试样的腐蚀产物是 γ-FeOOH 和 α-FeOOH。在紫外辐射条件下暴露 1 周后的 Q235 碳钢试样表面生成的腐蚀产物是 γ-FeOOH、β-FeOOH 和 α-FeOOH。随着暴露时间的进一步延长，在紫外辐射条件下暴露的 Q235 碳钢试样表面生成的腐蚀产物变为 γ-FeOOH 和 α-FeOOH。如图 6-5 所示，处于 793cm^{-1} 和 890cm^{-1} 位置处的吸收峰为 α-FeOOH 中的 O—H 弯曲振动峰，处于 463cm^{-1}、608cm^{-1} 与 1260cm^{-1} 位置处的吸收峰也是来自 α-FeOOH 的振动峰[12-14]。位于 479cm^{-1}、744cm^{-1}、1021cm^{-1} 的吸收峰为 γ-FeOOH 中的 O—H 弯曲振动峰[12]。同时，在 750cm^{-1} 处出现的红外吸收峰则主要出现在暗态条件下暴露的 Q235 碳钢试样，此吸收峰归属为 γ-FeOOH 的振动峰。

在 670cm^{-1} 处的宽泛的吸收峰为 β-FeOOH 中的典型 Fe—O 振动峰[12]，这个吸收峰只出现在紫外辐射条件下暴露的 Q235 碳钢试样的红外光谱中，而且只有暴露时间为 1 周的试样最为明显。当在紫外辐射条件下暴露至 2 周和 4 周时，这个位置的吸收峰明显消退，表明随暴露时间的进一步延长，β-FeOOH 逐步消失，有可能是生成的 β-FeOOH 进一步转化为更稳定的 α-FeOOH，导致在红外光谱图上 670cm^{-1} 处吸收峰消失。

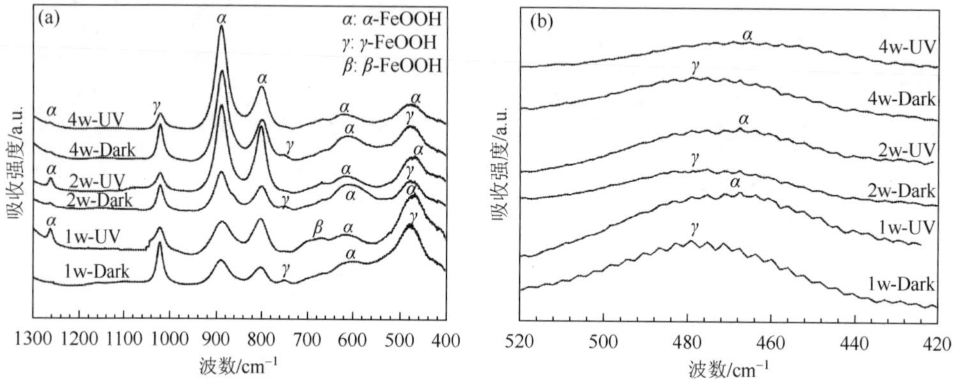

图 6-5 预先沉降 15μg·cm^{-2} 氯化钠盐粒的 Q235 碳钢在相对湿度 97%和温度 25℃的纯净大气环境中，分别在紫外辐射与暗态条件下，暴露 1 周、2 周和 4 周后生成的腐蚀产物的红外光谱图：波数范围在 400～1300cm^{-1} 之间的红外光谱图（a）、波数范围在 420～520cm^{-1} 之间的红外光谱图（b）

在第 5 章中讲到，FeOOH 主要包含四种同分异构体：δ-FeOOH、α-FeOOH、β-FeOOH 和 γ-FeOOH[13]。其中，这四种异构体中 α-FeOOH 是最稳定的相。δ-FeOOH、β-FeOOH 与 γ-FeOOH 是不稳定相。这四种同分异构体的稳定顺序为 α-FeOOH>β-FeOOH>γ-FeOOH>δ-FeOOH。在红外光谱数据中，不同的 FeOOH 的同分异构体的 O—H 的弯曲振动的特征吸收峰不同。885cm^{-1} 与 794cm^{-1} 位置处的吸收峰为 α-FeOOH 的特征吸收峰，而 1021cm^{-1} 与 747cm^{-1} 位置处的吸收峰为 γ-FeOOH 的特征吸收峰。同时，在同一条红外光谱图中，α-FeOOH 与 γ-FeOOH 的特征吸收峰的强度之比可以定性说明腐蚀产物中它们的相对含量。在暗态条件下，暴露 1 周、2 周、4 周后 Q235 碳钢试样表面生成的腐蚀产物中 α-FeOOH 位于 885cm^{-1} 处的特征吸收峰与 γ-FeOOH 位于 1021cm^{-1} 处的特征吸收峰强度之比分别为 0.53、1.45 与 2.45。而在紫外辐射条件下，暴露 1 周、2 周、4 周后，Q235 碳钢试样表面生成的腐蚀产物中 α-FeOOH 位于 885cm^{-1} 处的特征吸收峰与 γ-FeOOH 位于 1021cm^{-1} 处的特征吸收峰强度之比分别为 1.43、5.02 与 6.72。通过上述计算结果可以看出，在紫外辐射条件下暴露的 Q235 碳钢试样中 α-FeOOH 位于 885cm^{-1} 处的特征吸收峰强度与 γ-FeOOH 在 1021cm^{-1} 处的特征吸收峰强度的比值明显大于在暗态条件下暴露的 Q235 碳钢试样，这个结果表明 Q235 碳钢在紫外辐射暴露条件下生成的 α-FeOOH 含量明显高于在暗态暴露条件下生成的 α-FeOOH 含量。这也表明紫外辐射能够明显加速 γ-FeOOH 向 α-FeOOH 的转变。同时，随着腐蚀暴露时间的延长，α-FeOOH 位于 885cm^{-1} 处的特征吸收峰的强度与 γ-FeOOH 在 1021cm^{-1} 处的特征吸收峰的强度的比值逐渐增大，表明随着腐蚀暴露时间的延长，在 Q235 碳钢试样表面生成的腐蚀产物中，稳定相 α-FeOOH 的含量越来越高。该实验结果与第 5 章中的 09CuPCrNi 耐候钢的实验结果类似。

众所周知，金属的大气腐蚀过程是一个电化学过程。Q235 碳钢大气腐蚀过程中的阳极反应为铁的阳极溶解，如式（5-8）所示。在 25℃条件下，预先沉降了氯化钠盐粒的金属试样暴露在大气环境中，在相对湿度大于或者等于氯化钠盐粒溶解的临界相对湿度（在 25℃条件下为 75%）的条件下，氯化钠盐粒会从大气环境中吸收水分并发生溶解，在试样表面形成薄电解液层，并且该电解液层的浓度、厚度与大气环境中的相对于湿度、温度及氯化钠盐粒沉降量密切相关[10]。在本研究中，Q235 碳钢试样表面均匀沉降了 15μg·cm^{-2} 氯化钠盐粒，在相对湿度为 97%和温度为 25℃的大气环境条件下，Q235 碳钢试样表面可以形成大约 2.89μm 厚的薄电解液层[10]。在此薄电解液层下，Q235 碳钢大气腐蚀的阴极反应主要为氧的还原反应

$$O_2+2H_2O+4e^- \longrightarrow 4OH^- \tag{6-2}$$

上述阴极反应的发生会导致 Q235 碳钢试样表面局部 pH 升高，从而可进一步促进沉淀腐蚀产物的生成。在反应的最初阶段，Fe^{2+}会迅速发生羟基化生成 $FeOH^+$。随后伴随着 $FeOH^+$被溶解氧及其他由紫外辐射生成的具有强氧化性的基团迅速氧化，生成 γ-FcOOII[15-17]。γ-FeOOH 是具有电化学活性的腐蚀产物，很容易在较低的 pH 条件下发生再次溶解转变为稳定的 α-FeOOH[18，19]。与此同时，锈层中 γ-FeOOH 中的 Fe^{3+}能够与光生电子及铁阳极溶解产生的电子结合，发生还原反应，生成还原了的 γ-FeOOH。还原了的 FeOOH 中的 Fe 由三价变为二价，Fe^{2+}（离子半径为 0.064nm）与 Fe^{3+}（离子半径为 0.078nm）具有不同的离子半径[20]，这会导致还原了的 γ-FeOOH 的结构发生扭曲，从而转变为更加稳定的 α-FeOOH[18]。

位于 670cm^{-1} 处的宽泛的吸收峰为 β-FeOOH 的典型吸收峰，此特征吸收峰仅在紫外辐射条件下暴露 1 周后的 Q235 碳钢试样的红外光谱图中出现，当腐蚀暴露时间增长至 2 周和 4 周时，位于 670cm^{-1} 处的 β-FeOOH 吸收峰消失。在所有暗态条件下暴露的 Q235 碳钢试样中并没有发现此吸收峰。该结果表明，在 Q235 碳钢大气腐蚀的初期紫外辐射促进了 β-FeOOH 的生成，然而随着腐蚀暴露时间的延长，不稳定的 β-FeOOH 逐渐转变为稳定的 α-FeOOH，因此在暴露 2 周和 4 周后的紫外辐射试样的腐蚀产物中没有发现 β-FeOOH。

由红外光谱的实验结果可以得出，紫外辐射明显加速了 Q235 的大气腐蚀产

物由 γ-FeOOH 向稳定的 α-FeOOH 转变，并且在 Q235 碳钢大气腐蚀初期促进了腐蚀产物 β-FeOOH 的生成。

6.4　紫外辐射对 Q235 碳钢大气腐蚀形貌的影响

图 6-6 是在暗态条件下，预先沉降了 $15\mu g \cdot cm^{-2}$ 氯化钠盐粒的 Q235 碳钢暴露 1 周（a）、2 周（b）和 4 周（c）后大气腐蚀产物形貌的扫描电镜图。图 6-7 是在紫外辐射条件下，预先沉降了 $15\mu g \cdot cm^{-2}$ 氯化钠盐粒的 Q235 碳钢暴露 1 周（a）、2 周（b）和 4 周（c）后大气腐蚀产物形貌的扫描电镜图。从扫描电镜照片可以看出，在暗态暴露条件下生成的腐蚀产物疏松多孔，同时在暗态条件下暴露的 Q235 碳钢试样表面观察到针状的腐蚀产物，该腐蚀产物可能是 γ-FeOOH。而在紫外辐射暴露条件下生成的腐蚀产物量比较多，而且结构比较致密，腐蚀产物团聚成较大的块状结构，并覆盖在 Q235 碳钢试样表面。尽管在紫外辐射条件下试样表面生成的腐蚀产物量多且致密，但在这些腐蚀产物上还是发现了微裂痕。通过这些微裂痕参与腐蚀反应的溶解氧和水可以从锈层表面直接传输到金属基体上，为腐蚀反应的进行提供了必需的反应物质，从而进一步促进了紫外辐射暴露条件下 Q235 碳钢的大气腐蚀过程。

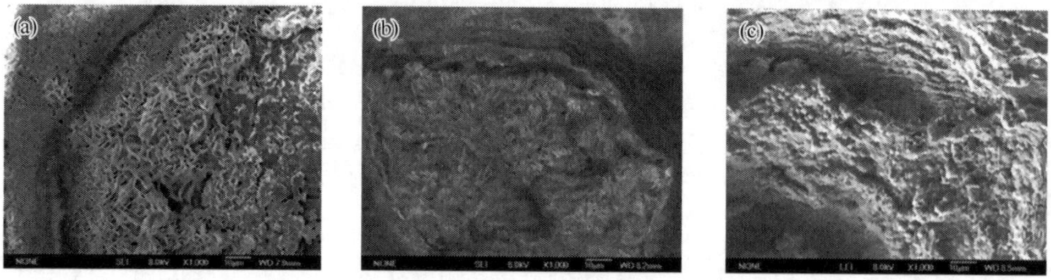

图 6-6　预先沉降了 $15\mu g \cdot cm^{-2}$ 氯化钠盐粒的 Q235 碳钢在相对湿度 97%和温度 25℃的纯净大气环境中，在暗态条件下暴露 1 周（a）、2 周（b）、4 周（c）后，Q235 碳钢表面生成的大气腐蚀产物形貌的扫描电镜图

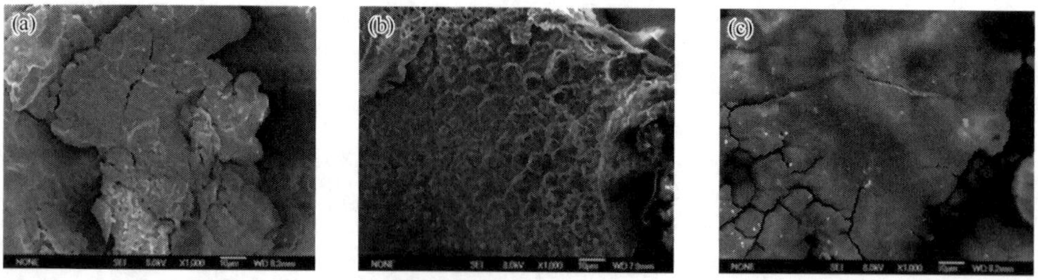

图 6-7　预先沉降了 $15\mu g \cdot cm^{-2}$ 氯化钠盐粒的 Q235 碳钢在相对湿度 97%和温度 25℃的纯净大气环境中，在紫外辐射条件下暴露 1 周（a）、2 周（b）、4 周（c）后，Q235 碳钢表面生成的大气腐蚀产物形貌的扫描电镜图

6.5　大气腐蚀暴露后的带锈 Q235 碳钢试样的线性极化行为

线性极化是测量金属腐蚀速率的传统电化学方法。在本研究中，采用线性极化测量在不同暴露条件下带锈 Q235 碳钢试样的腐蚀速率。测试电位范围为–10～10mV（vs E_{corr}），扫描速度为 $0.1mV \cdot s^{-1}$。图 6-8 是预先沉降了 $15\mu g \cdot cm^{-2}$ 氯化钠盐粒的 Q235 碳钢试样分别在紫外辐射和暗态条件下，在相对湿度为 97%和温度为 25℃的环境中暴露 1 周、2 周、4 周后的带锈 Q235 碳钢试样在 5.2%氯化钠溶液中测量得到的线性极化曲线。腐蚀暴露后，Q235 碳钢试样表面生成了大量的腐蚀产物，导致线性极化数据易偏离线性区域，因此，在计算极化电阻过程中，选取–5～5mV（vs E_{corr}）范围的数据进行计算。

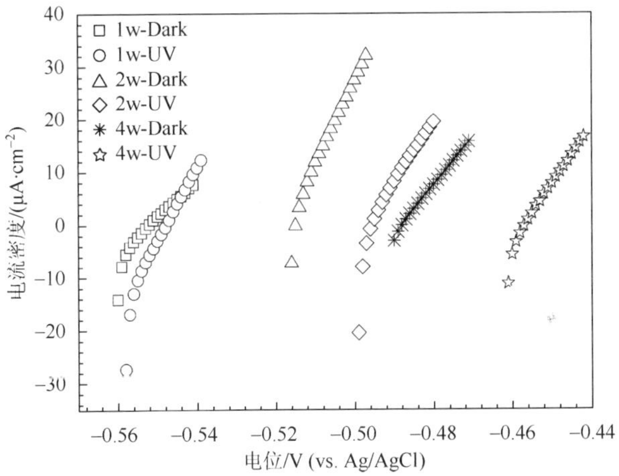

图 6-8　预先沉降了 $15\mu g \cdot cm^{-2}$ 氯化钠盐粒的 Q235 碳钢在相对湿度 97%和温度 25℃的纯净大气环境中，分别在紫外辐射和暗态条件下，暴露 1 周、2 周、4 周后带锈 Q235 碳钢试样的线性极化曲线，扫描电位范围为–10～10mV（vs E_{corr}），电位扫描速率为 $0.1mV \cdot s^{-1}$

根据 Stern-Geary 公式，腐蚀电流密度与极化电阻的倒数成正比，计算公式为

$$i_{corr} = \frac{B}{R_p} \tag{6-3}$$

其中，i_{corr} 为腐蚀电流密度；R_p 为线性极化电阻；B 为常数。

图 6-9 是由式（6-3）计算得到的线性极化电阻的倒数随暴露时间变化的关系曲线。从图 6-9 可见，在紫外辐射条件下的腐蚀初期，线性极化电阻的倒数（R_p^{-1}）

随着腐蚀暴露时间的增加而增大，在腐蚀暴露 2 周的时候达到最大值，之后随着暴露时间的进一步延长，其数值下降。而在暗态条件下，线性极化电阻的倒数（ R_p^{-1} ）随着腐蚀暴露时间的增加逐渐减小。这一由线性极化计算得到的腐蚀速率随暴露时间的变化趋势与由腐蚀失重数据按法拉第定律计算得到的平均腐蚀电流密度随腐蚀暴露时间的变化趋势是一致的，即图 6-9 与图 6-4 有相同的变化趋势。由此可见，线性极化可以用来研究带锈试样的腐蚀速率。

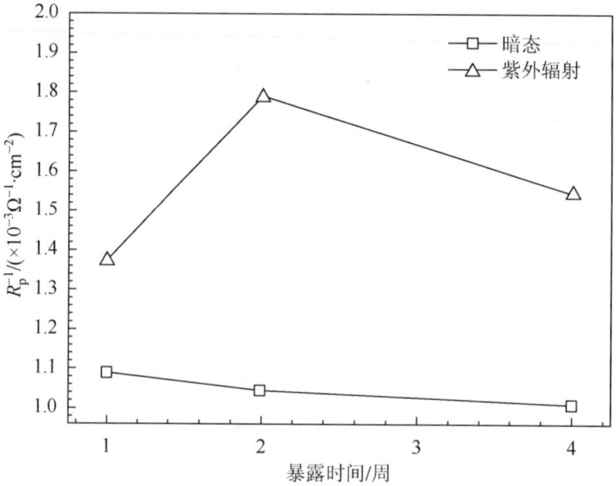

图 6-9　从图 6-8 中得到的线性极化电阻的倒数（ R_p^{-1} ）与暴露时间的关系曲线

6.6　锈蚀后 Q235 碳钢试样的光致电位

图 6-10 是在暗态和紫外辐射条件下，暴露 2 周后的带锈 Q235 碳钢试样在闭光和开光时的开路电位随时间的变化曲线。在闭光条件下，锈蚀后的 Q235 碳钢试样的开路电位稳定在一定的数值，当开光并照射到带锈 Q235 碳钢试样表面上时，它的开路电位数值会迅速增大，随后稳定在一定的数值。带锈试样在开、闭光情况下的开路电位的变化值就是它的光致电位。当光源关闭时，带锈试样的开路电位又迅速下降，如此测试三个开闭光循环。由图 6-10 可见，在光照辐射条件下，在暗态条件下与在紫外辐射条件下暴露 2 周后的带锈 Q235 碳钢试样均会产生一个正的光电压，即在测试过程中引入光照辐射后，带锈 Q235 碳钢试样的开路电位都会发生正移。

第 5 章曾提及，光照辐射对带锈金属试样开路电位的影响主要是通过具有半导体性质的腐蚀产物的光电化学效应进行的[21-25]。从原理上讲，当具有半导体性

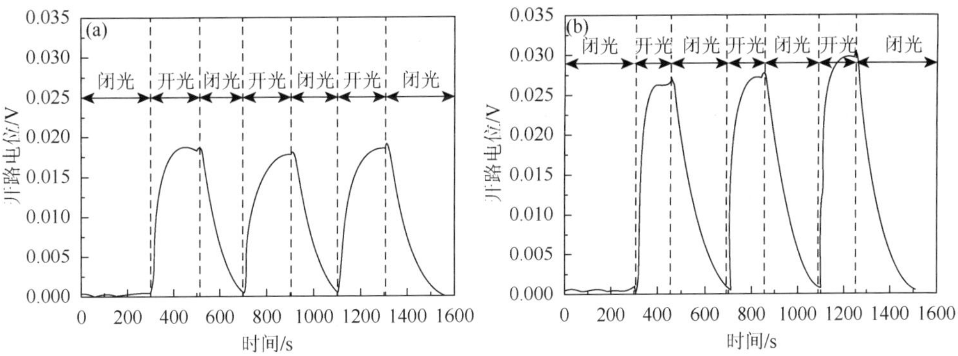

图 6-10　预先沉降了 15μg·cm^{-2} 氯化钠盐粒的 Q235 碳钢在相对湿度 97%和温度 25℃的纯净大气环境中，在暗态（a）和紫外辐射（b）条件下暴露 2 周后的 Q235 碳钢带锈试样，在 5.2%氯化钠溶液中和在可见光闭光、开光循环中的开路电位随时间的变化曲线

质的腐蚀产物受到能量高于其禁带宽度的光照辐射后，价带中的电子将被激发到导带上产生光生电子-空穴对。光生电子和光生空穴的氧化还原能力是由半导体材料的能带结构决定的[26]。光生电子的还原能力由半导体材料的导带电位决定。导带电位越负，激发产生的光生电子的准费米能级越负，光生电子的还原能力越强。光生空穴的氧化能力则由半导体材料的价带电位决定。价带电位越正，它激发产生的光生空穴的准费米能级越正，光生空穴的氧化能力越强[26]。如果光生电子的准费米能级电位比金属的自腐蚀电位更负，光生电子就可以转移到基底金属上，参与在金属表面发生的阴极反应，从而在一定程度上减缓基底金属本身的腐蚀过程[27]。如果光生电子的准费米能级电位比金属的自腐蚀电位更正，光生电子就无法转移到基底金属上，相反，它会迁移到腐蚀产物与电解液接触的界面上，加速氧的还原过程，而分离出来的光生空穴会夺取基底金属阳极溶解产生的电子，从而加速基底金属的腐蚀过程[21, 22, 28]。

由 6.3 节可知，暴露后的 Q235 碳钢试样表面生成的腐蚀产物中含有 γ-FeOOH 与 β-FeOOH，它们均具有半导体性质。由文献得知，FeOOH 为 n 型半导体，它的禁带宽度为 2.6eV，其光吸收的临界波长为 477nm[15]。FeOOH 的导带电位为 0.58V（vs SHE），价带电位为 3.18V（vs SHE）。当低于 477nm 波长的光照射到 FeOOH，位于价带的电子会被激发到导带上，价带上留下一个带正电荷的空穴，导致光生空穴与光生电子分离。在入射光的照射下，这些光生电子与光生空穴会转移到 FeOOH 表面。由于 FeOOH 为 n 型半导体，光生电子的迁移速度明显高于光生空穴的迁移速度。光生电子与光生空穴在腐蚀产物的体相与表面迁移过程中一部分会发生二次复合，而剩余的光生电子与光生空穴可以参与界面的氧化还原反应。

由于 FeOOH 为 n 型半导体，所以它的费米能级接近于其导带电位，即 0.58V（vs SHE）。FeOOH 的导带电位明显高于 Q235 碳钢在氯化钠溶液中的自腐蚀电位［大约为–0.35V（vs SHE）］。因此，由 FeOOH 的光电化学效应而产生的光生电子不可能转移到基底金属 Q235 碳钢表面。相反，这些光生电子会转移到腐蚀产物与电解液接触的界面上，参与该界面处发生的氧的还原反应，从而加快了 Q235 碳钢腐蚀反应的阴极过程。由于 FeOOH 产生的光生电子的还原能力很弱，而它产生的光生空穴具有很强的氧化能力，并且它们的准费米能级很正，所以总体来说 FeOOH 是具有氧化性的半导体氧化物。当 Q235 碳钢与 FeOOH 相互接触时，Q235 碳钢相当于还原性物质。由 FeOOH 产生的具有强氧化性的光生空穴可以参与两个氧化过程。一个氧化过程为将水氧化为氧［式（5-5)］，另一个氧化过程是直接将 Fe 氧化为 Fe^{2+}［式（5-6)］。将 Fe 氧化为 Fe^{2+}的电位为–0.441V（vs SHE），其数值比将水氧化为氧的电位 1.229V（vs SHE）负得多。由此说明，当光生空穴与金属基体直接接触时，光生空穴直接将基底金属 Q235 碳钢氧化，从基底金属 Q235 碳钢上直接夺取其阳极溶解产生的电子，从而促进了基底金属 Q235 碳钢的阳极溶解过程，使得锈蚀后的 Q235 碳钢的开路电位发生正移。

从图 6-10 可以看出，在暗态下暴露 2 周的 Q235 碳钢试样的光致电位明显低于在紫外辐射条件下暴露 2 周的 Q235 碳钢试样的光致电位。这个结果表明，在紫外辐射条件下暴露的 Q235 碳钢试样表面生成的腐蚀产物比在暗态条件下暴露的 Q235 碳钢试样表面生成的腐蚀产物具有更强的光电转化能力。在暗态和紫外辐射条件下暴露的Q235碳钢试样表面生成的腐蚀产物的种类并没有明显的差别。然而，在紫外辐射条件下暴露的 Q235 碳钢试样表面生成的腐蚀产物比在暗态条件下暴露的 Q235 碳钢试样表面生成的腐蚀产物具有更强的光电转换能力，这一实验结果的原因还需要进行进一步的研究探索。

6.7　腐蚀产物光电化学效应的定量表征及对基底金属腐蚀的影响

在上节的研究中，锈蚀后的 Q235 碳钢在白光照射下可以得到正的光致电位，我们推测具有半导体性质的腐蚀产物 FeOOH 产生的光生空穴具有强氧化性，它会直接夺取Q235碳钢阳极溶解产生的电子，从而加速Q235碳钢的大气腐蚀过程。然而这个推测需要直接的实验证据进行印证。由此，将腐蚀产物从锈蚀后的 Q235 碳钢试样表面剥离，在光照条件下，测试具有半导体性质腐蚀产物的光电化学效应产生的光生电子与光生空穴在腐蚀产物与基底金属 Q235 碳钢之间的电流流向及电流密度，从而用具体的实验数据来说明光照辐射对 Q235 碳钢大气腐蚀过程的影响机制。

由于在实际大气环境中暴露的铁基金属表面生成的腐蚀产物比较复杂，所以在这部分的研究中，采用人工合成的腐蚀产物进行相关测试。首先，在实验室合成了两种在海洋环境中常见的铁基金属腐蚀产物 γ-FeOOH 与 γ-Fe_2O_3，分别制成薄膜光电极并与 Q235 碳钢电极进行偶联。随后在光照下，测试该偶联体系的光致电位与光生电流密度值，以此表征具有半导体性质的腐蚀产物的光电化学效应，同时，测量光照辐射条件下，光生电流在这个偶联体系中的流向，从而研究腐蚀产物 γ-FeOOH 与 γ-Fe_2O_3 的光电化学效应对基底金属 Q235 碳钢腐蚀的具体影响机制。尽管在本研究中并没有发现 γ-Fe_2O_3 腐蚀产物的生成，但是，γ-Fe_2O_3 还是铁基金属比较常见的腐蚀产物。因此，我们在这个研究中，加入了 γ-Fe_2O_3 的光电化学效应影响的研究。

6.7.1　合成的腐蚀产物 γ-FeOOH 和 γ-Fe_2O_3 的表征

图 6-11 是实验室合成的腐蚀产物 γ-FeOOH 和 γ-Fe_2O_3 的红外光谱图。图中位于 $1022cm^{-1}$、$755cm^{-1}$、$588cm^{-1}$ 与 $479cm^{-1}$ 处的特征吸收峰归属于 γ-FeOOH[12]，而 $630cm^{-1}$、$552cm^{-1}$、$438cm^{-1}$ 为 γ-Fe_2O_3 的特征吸收峰[12]。

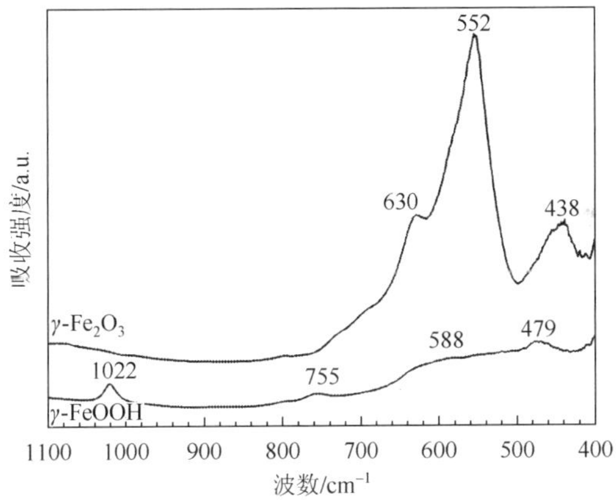

图 6-11　本研究中人工合成的腐蚀产物 γ-FeOOH 和 γ-Fe_2O_3 的红外光谱图

图 6-12 是实验室人工合成的腐蚀产物 γ-FeOOH 和 γ-Fe_2O_3 的 X 射线衍射图。人工合成的 γ-FeOOH 的 X 射线衍射图采用标准卡片 PDF 36-1451 进行比对，该合成的物质中含有（020）、（120）、（031）、（111）、（131）、（200）、（220）、（151）、（080）和（231）晶面的衍射峰，人工合成的 γ-FeOOH 的衍射峰位置与这个 PDF 卡片吻合得比较好。人工合成的 γ-Fe_2O_3 的 X 射线衍射图采用标准卡片 PDF 24-0072 卡片进行比对，在人工合成的 γ-Fe_2O_3 的衍射峰中发现有来自于（012）、（104）、（110）、（113）、（202）、（024）、（116）、（122）、（214）、（300）和（119）晶面的衍射峰，

并且这些衍射峰与该 PDF 卡片标准峰的位置吻合得比较好。

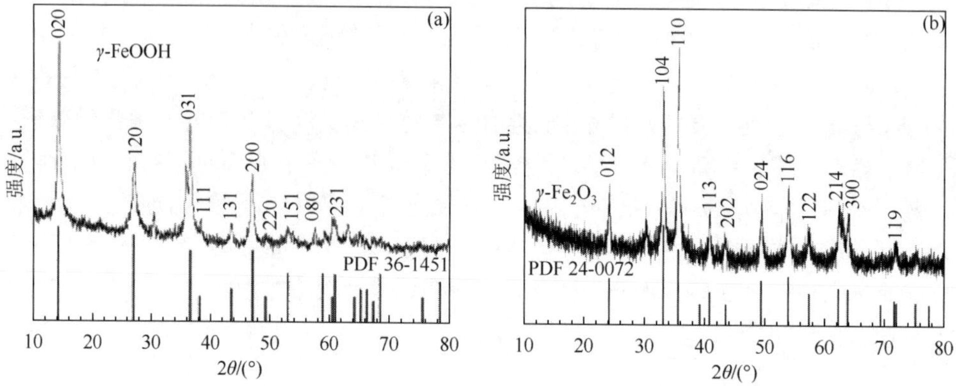

图 6-12 本研究中合成的腐蚀产物 γ-FeOOH（a）和 γ-Fe_2O_3（b）的 X 射线衍射谱图

结合图 6-11 的红外光谱实验结果和图 6-12 的 X 射线衍射实验结果可知，人工合成的粉末材料确实为 γ-FeOOH 与 γ-Fe_2O_3。

6.7.2 合成的腐蚀产物 γ-FeOOH 和 γ-Fe_2O_3 的半导体整流特性与光吸收性能

图 6-13 是实验室人工合成的腐蚀产物 γ-FeOOH 和 γ-Fe_2O_3 的莫特-肖特基曲线。由图 6-13 可见，γ-FeOOH 和 γ-Fe_2O_3 的莫特-肖特基曲线均具有正的斜率，表明人工制备的 γ-FeOOH 和 γ-Fe_2O_3 都具有 n 型半导体的整流特性。

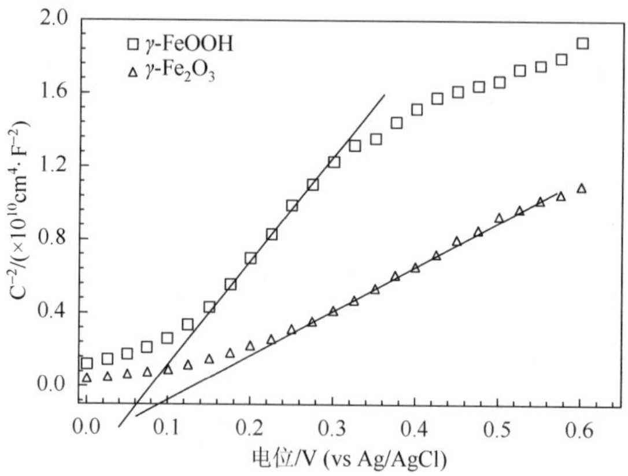

图 6-13 本研究中人工合成的 γ-FeOOH 和 γ-Fe_2O_3 的莫特-肖特基曲线

莫特-肖特基方程是描述半导体材料的空间电荷区的电容与外加电压之间的关系的方程。对于 n 型半导体材料而言，莫特-肖特基方程具体如式（5-3）所示。

半导体材料的平带电位可以通过将莫特-肖特基曲线外延至 $C^{-2}=0$，并通过莫特-肖特基方程计算获得。

基于图 6-13 的截距及式（5-3）的计算，人工制备的 γ-FeOOH 和 γ-Fe_2O_3 的平带电位分别为 0.052V 和 0.09V。对于 n 型半导体，其导带电位与平带电位之间的差别很小，因此，可认为平带电位与其导带电位数值相等。由于本研究中制备的 γ-FeOOH 和 γ-Fe_2O_3 均为 n 型半导体，所以，可认为 γ-FeOOH 和 γ-Fe_2O_3 的导带电位也分别为 0.052V 和 0.09V。

图 6-14 是人工制备的 γ-FeOOH 与 γ-Fe_2O_3 的紫外-可见漫反射光谱图。它们的最大光吸收波长，可以采用在曲线的临界下滑的部分做切线并与横轴相交，此相交处的波长即为该半导体的最大光吸收波长。通过计算得到 γ-FeOOH 的最大光吸收波长为 624nm，γ-Fe_2O_3 的最大光吸收波长为 645nm。以上结果表明制备的 γ-FeOOH 与 γ-Fe_2O_3 都具有可见光响应性能。

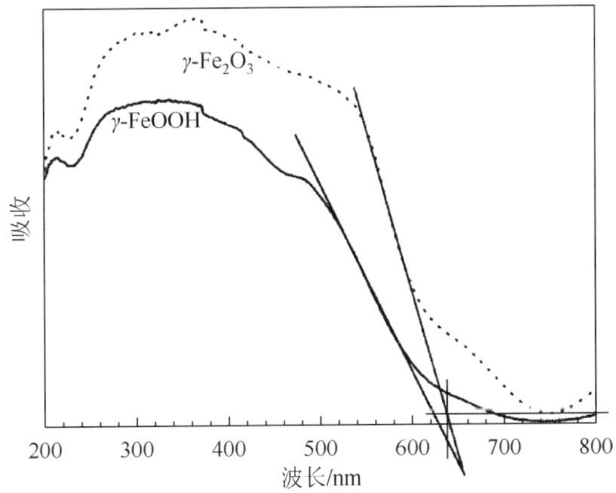

图 6-14　本研究中人工合成的 γ-FeOOH 和 γ-Fe_2O_3 的紫外-可见漫反射光谱图

半导体材料的禁带宽度可以通过式（5-7）计算。由图 6-14 得到 γ-FeOOH 和 γ-Fe_2O_3 的最大光吸收波长分别为 624nm 和 645nm。同时，由式（5-7）计算可知 γ-FeOOH 和 γ-Fe_2O_3 的禁带宽度分别为 1.987eV 和 1.922eV。而由图 6-13 及式（5-3）的计算得到的制备的 γ-FeOOH 和 γ-Fe_2O_3 的导带电位分别为 0.052V 和 0.09V，结合它们的禁带宽度数据，可以得到它们的价带电位分别为 2.039V 和 2.012V。

6.7.3　γ-FeOOH 薄膜光电极与 Q235 碳钢电极偶联后的光致电位与光生电流密度

由 γ-FeOOH 制备获得的 γ-FeOOH 薄膜光电极的光电化学效应可以通过在光照与暗态条件下测试 γ-FeOOH 薄膜光电极与 Q235 碳钢电极偶联体系的开路电位的变化

和偶合电流密度的变化来表征。这个偶联体系的开路电位的变化值和偶合电流密度的变化值即为第 5 章定义的光致电位与光生电流密度。γ-FeOOH 薄膜光电极与 Q235 碳钢电极的偶联体系在有光与无光条件下的开路电位变化值称为光致电位，它可以定性地表征半导体材料的光电化学效应对与之偶联的金属材料腐蚀过程的影响。光致电位的测试比较容易，直接将锈蚀后的金属浸泡在溶液体系中，测量开、闭光情况下该锈蚀后的金属的开路电位的变化情况。光致电位的测量数据具有良好的重现性[23-25]。

γ-FeOOH 薄膜光电极与 Q235 碳钢电极偶联体系的光生电流密度与电流流向可以定量和直观地表征半导体材料 γ-FeOOH 的光电化学效应对与之偶联的 Q235 碳钢腐蚀过程的影响。该偶合电流的流向可以直观地反映半导体腐蚀产物 γ-FeOOH 的光电化学效应对与之偶联的 Q235 碳钢腐蚀过程究竟是起抑制作用还是起促进作用，而光电流密度的大小则可以评价具有半导体性质腐蚀产物的光电化学效应对偶联金属腐蚀过程的影响程度。尽管本研究是在氯化钠溶液中进行，但是本研究中得到的实验结果对分析和评价紫外辐射对 Q235 碳钢在薄液层体系下腐蚀过程的影响机制仍然具有重要的指导意义。

图 6-15 所示的是在可见光辐射与暗态条件下，γ-FeOOH 薄膜光电极与 Q235 碳钢电极偶联体系的开路电位随时间的变化曲线，而图 6-16 所示的是在可见光辐射与暗态条件下，γ-FeOOH 薄膜光电极与 Q235 碳钢电极偶联体系的电流密度随时间的变化曲线。在暗态条件下，γ-FeOOH 在 3.5%氯化钠溶液中的开路电位值为 0.09V（vs Ag/AgCl），而 Q235 碳钢电极在 3.5%氯化钠溶液中的开路电位值为−0.58V（vs Ag/AgCl）。如图 6-15 所示，γ-FeOOH 薄膜光电极

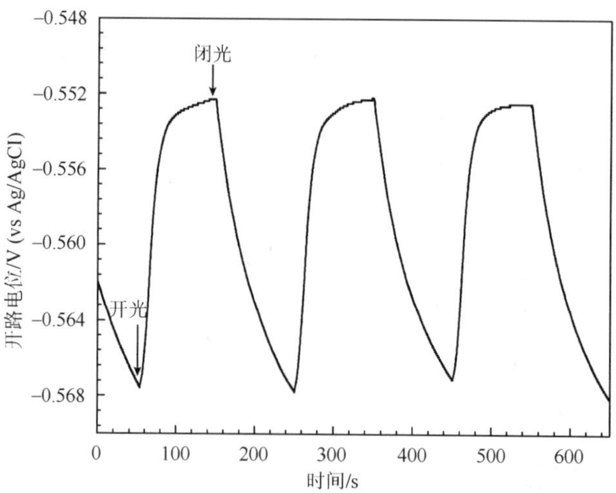

图 6-15　在 3.5%氯化钠溶液中，γ-FeOOH 薄膜光电极与 Q235 碳钢电极的偶联体系在可见光开光与闭光循环下开路电位随时间的变化曲线

与 Q235 碳钢电极偶联后的混合电位为–0.568V（vs Ag/AgCl）。当引入可见光后，偶联体系的混合电位迅速正移到–0.552V（vs Ag/AgCl），表明 γ-FeOOH 的光电化学效应能够产生一个大约 16mV 的正的光致电位。正的光致电位表明腐蚀产物在光照条件下产生的光电化学效应能够加速与之偶联的 Q235 碳钢电极的阳极溶解反应。

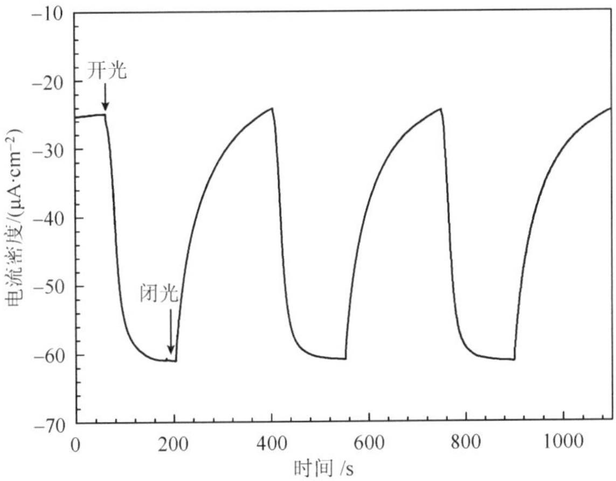

图 6-16　在 3.5%氯化钠溶液中，γ-FeOOH 薄膜光电极与 Q235 碳钢电极的偶联体系在可见光开光与闭光循环下电流密度随时间的变化曲线

由于在暗态条件下，γ-FeOOH 薄膜光电极的开路电位值与 Q235 碳钢电极的开路电位值不同，在该条件下电流从 γ-FeOOH 薄膜光电极流向 Q235 碳钢电极。如图 6-16 所示，在暗态条件下，该偶联体系的电流密度值为负数。按本研究的电化学工作站的连接方法，负的电流表明电子是从 Q235 碳钢电极通过电化学工作站流到 γ-FeOOH 薄膜光电极上。在此条件下，Q235 碳钢作为阳极，电子主要来自于 Q235 碳钢的阳极溶解，随后该阳极溶解产生的电子转移到 γ-FeOOH 薄膜光电极上，并在 γ-FeOOH 薄膜光电极与氯化钠电解液接触的界面上，和溶解氧发生氧还原反应。当引入可见光后，光电流密度迅速朝负的方向增大，最后稳定在 $-62\mu A\cdot cm^{-2}$。也就是说，在可见光辐射条件下，γ-FeOOH 薄膜光电极从 Q235 碳钢夺取电子，从而进一步加速 Q235 碳钢的阳极溶解过程。众所周知，γ-FeOOH 为 n 型半导体，在可见光辐射下，由于 γ-FeOOH 的光电化学效应，使得位于价带上的电子受到光子激发后跃迁到导带上，光生空穴则留在价带上。如图 6-16 所示，在可见光照射下，由 γ-FeOOH 产生的光生电子并没有转移到与之偶联的 Q235 碳钢电极表面。这主要是由于 Q235 碳钢电极的自腐蚀电位值明显低于

γ-FeOOH 的导带电势。因此，光生电子转移到 γ-FeOOH 与氯化钠电解液接触的相界面上，参与在该界面处发生的阴极氧还原反应。而 γ-FeOOH 产生的光生空穴会捕获由 Q235 碳钢阳极溶解所产生的电子，从而导致光电流密度明显向负方向增大。

以上实验结果表明，γ-FeOOH 的光电化学效应能够明显加速与之偶联的 Q235 碳钢的腐蚀速率，这个研究结果进一步说明在 Q235 碳钢表面生成的腐蚀产物 γ-FeOOH 在可见光辐射条件下，能够加速 Q235 碳钢的腐蚀过程。如图 6-16 所示，γ-FeOOH 的光生电流密度约为$-36\mu A\cdot cm^{-2}$，表明在可见光辐射条件下，由 γ-FeOOH 的光电化学效应所产生的光生空穴在 1s 内可以从与之偶联的 Q235 碳钢上夺取 2.25×10^{14} 个阳极溶解电子，即在 1s 内，$5mg\cdot cm^{-2}$ 的 γ-FeOOH 的光电化学效应可以导致 $1.05\times10^{-8}g\cdot cm^{-2}$ 的 Q235 碳钢被腐蚀掉。

6.7.4 γ-Fe_2O_3 薄膜光电极与 Q235 碳钢电极偶联后的光致电位与光生电流密度

采用与上节相同的方法，测量了 γ-Fe_2O_3 的光电化学效应及该效应对与之偶联的 Q235 碳钢腐蚀过程的影响，实验结果如图 6-17 和图 6-18 所示。图 6-17 是 γ-Fe_2O_3 的薄膜光电极与 Q235 碳钢电极偶联体系在暗态及有可见光辐射条件下的开路电位随时间的变化曲线。图 6-18 是 γ-Fe_2O_3 的薄膜光电极与 Q235 碳钢电极偶联体系在暗态及有可见光辐射条件下的电流密度随时间的变化曲线。

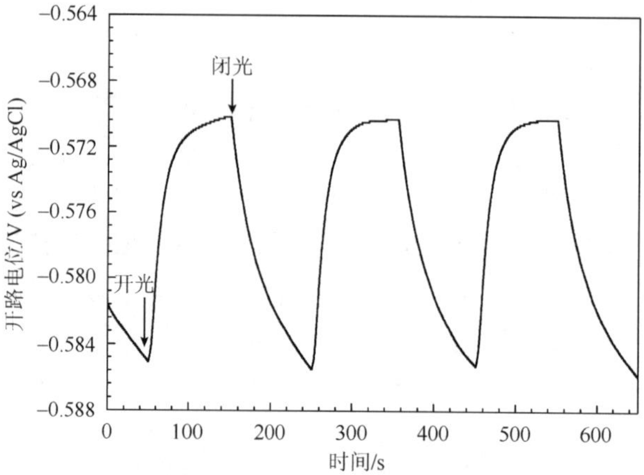

图 6-17 在 3.5%氯化钠溶液中，γ-Fe_2O_3 薄膜光电极与 Q235 碳钢电极的偶联体系在可见光开光与闭光循环下开路电位随时间的变化曲线

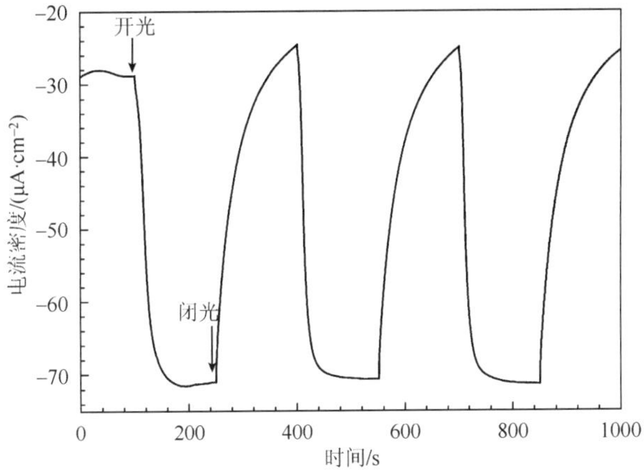

图 6-18　在 3.5%氯化钠溶液中，γ-Fe_2O_3 薄膜光电极与 Q235 碳钢电极的偶联体系在可见光开光与闭光循环下电流密度随时间的变化曲线

采用和 6.7.3 节相同的分析方法，在可见光辐射下，γ-Fe_2O_3 的光电化学效应可以使得该偶联体系产生大约 13mV 的正的光电压，如图 6-17 所示。该偶联体系的光生电流密度值约为$-44\mu A\cdot cm^{-2}$，如图 6-18 所示。采用上节的计算方法，在可见光辐射条件下，由 γ-Fe_2O_3 的光电化学效应所产生的光生空穴在 1s 内可以从与之偶联的 Q235 碳钢上夺取 2.75×10^{14} 个阳极溶解电子，即在 1s 内，$5mg\cdot cm^{-2}$ 的 γ-Fe_2O_3 的光电化学效应可以导致 $1.28\times10^{-8}g\cdot cm^{-2}$ 的 Q235 碳钢被腐蚀掉。

6.7.5　γ-FeOOH/γ-Fe_2O_3 混合腐蚀产物薄膜光电极与 Q235 碳钢电极偶联后的光致电位与光生电流密度

除了研究单一腐蚀产物的光电化学效应外，我们还研究了混合腐蚀产物的光电化学效应。在本节的研究中，我们制备了质量比为为 1∶1 的 γ-FeOOH 和 γ-Fe_2O_3 混合腐蚀产物薄膜光电极，并研究了它的光电化学效应及该效应对 Q235 碳钢腐蚀过程的影响。

图 6-19 是 γ-FeOOH/γ-Fe_2O_3 混合腐蚀产物薄膜光电极与 Q235 碳钢电极的偶联体系在可见光开、闭光条件下在 3.5%氯化钠溶液中的开路电位随时间的变化曲线。图 6-20 是 γ-FeOOH/γ-Fe_2O_3 混合腐蚀产物薄膜光电极与 Q235 碳钢电极的偶联体系在可见光开、闭光条件下在 3.5%氯化钠溶液中的电流密度随时间的变化曲线。与 γ-FeOOH 和 γ-Fe_2O_3 类似，γ-FeOOH/γ-Fe_2O_3 混合腐蚀产物的光电化学效应也会加速偶联金属 Q235 碳钢的腐蚀过程。

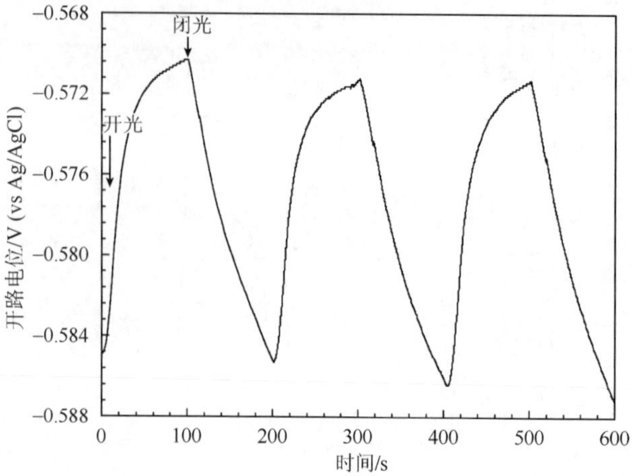

图 6-19 在 3.5%氯化钠溶液中，γ-FeOOH/γ-Fe_2O_3 混合腐蚀产物薄膜光电极与 Q235 碳钢电极的偶联体系在可见光开光与闭光循环下开路电位随时间的变化关系曲线

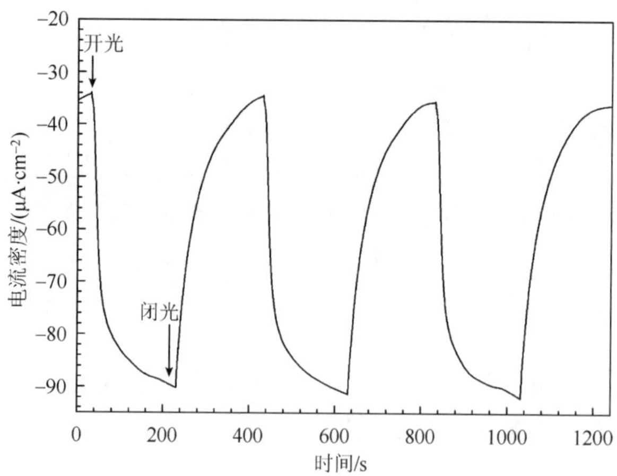

图 6-20 在 3.5%氯化钠溶液中，γ-FeOOH/γ-Fe_2O_3 混合腐蚀产物薄膜光电极与 Q235 碳钢电极的偶联体系在可见光开光与闭光循环下电流密度随时间的变化关系曲线

由图 6-19 可见，γ-FeOOH/γ-Fe_2O_3 混合腐蚀产物的光致电位大约为 15mV，这个数值与单一腐蚀产物 γ-FeOOH 或单一腐蚀产物 γ-Fe_2O_3 产生的光致电位大致相等。但是，γ-FeOOH/γ-Fe_2O_3 混合腐蚀产物的光生电流密度为$-56\mu A\cdot cm^{-2}$（图 6-20），它比 γ-FeOOH 或 γ-Fe_2O_3 单独作用产生的光致电流密度值大得多。同时，在可见光的照射下，这一光生电流密度值表明大约有 $56\mu A\cdot cm^{-2}$ 的电流从 γ-FeOOH/γ-Fe_2O_3 混合腐蚀产物薄膜光电极流向偶联的 Q235 碳钢电极。因此，在可见光辐射下，在 1s 内，由 γ-FeOOH/γ-Fe_2O_3 混合腐蚀产物的光电化学效应所产生的光生空穴可以从与之偶联的 Q235 碳钢上夺取 3.5×10^{14} 个阳极溶解产生的电子。也就

是说，在 1s 内，5mg（制备该薄膜光电极用的 γ-FeOOH/γ-Fe_2O_3 混合腐蚀产物的质量）的 γ-FeOOH/γ-Fe_2O_3 混合腐蚀产物的光电化学效应，可以导致 $1.63\times10^{-8}g\cdot cm^{-2}$ 的 Q235 碳钢被腐蚀掉。

从图 6-15、图 6-17 和图 6-19 的实验结果可见，γ-FeOOH、γ-Fe_2O_3、γ-FeOOH/γ-Fe_2O_3 混合腐蚀产物薄膜光电极分别与 Q235 碳钢电极偶联后的光致电位值并没有明显的差别，然而，它们的光生电流密度相差很大。γ-FeOOH/γ-Fe_2O_3 混合腐蚀产物薄膜光电极的光生电流密度明显大于单独的 γ-FeOOH 腐蚀产物或者单独的 γ-Fe_2O_3 腐蚀产物薄膜光电极的光生电流密度。这主要是由于 γ-FeOOH 与 γ-Fe_2O_3 之间的能带结构的差异导致在它们的界面处形成异质结电场[29]。这个异质结电场的强度大约为 18mV，电场方向是从 γ-FeOOH 指向 γ-Fe_2O_3。这个异质结电场的存在，不仅能够加速 γ-FeOOH 的光生电子从它的导带转移到 γ-Fe_2O_3 的导带，还能加速 γ-Fe_2O_3 的光生空穴从 γ-Fe_2O_3 的价带转移到 γ-FeOOH 的价带，由于它们的光生电子与光生空穴的分离效率得到进一步提升，γ-FeOOH/ γ-Fe_2O_3 混合腐蚀产物薄膜光电极的光生电流密度明显大于单一腐蚀产物薄膜光电极的光生电流密度。

当然，由于很多因素可能会影响腐蚀产物的半导体性质及它们的光电化学效应，所以，本研究中的该部分工作有一定的局限性。例如，在本研究中采用的 γ-FeOOH 和 γ-Fe_2O_3 是实验室人工合成的，它们与在真正的大气暴露环境条件下生成的腐蚀产物有所不同。同时，实验室人工制备的腐蚀产物薄膜光电极的形貌与在 Q235 碳钢表面形成的 γ-FeOOH 和 γ-Fe_2O_3 腐蚀产物形貌也会有较大的不同。另外，在制备 γ-FeOOH/γ-Fe_2O_3 混合腐蚀产物薄膜光电极过程中，这两种腐蚀产物的混合比例为 1∶1，并且是均匀混合的，实际上，在真实的大气环境条件下，这两种腐蚀产物并不能达到均匀混合，并且混合比例不一定为 1∶1。其次，在真实大气环境下生成的其他大气腐蚀产物也会对该混合体系的半导体性质有影响。上述因素都可能导致混合腐蚀产物电极的光电化学性质与本研究中的结果不一致。同时，本研究的相关实验是在体相溶液中进行的。在大气薄电解液层体系下，具有半导体性质的腐蚀产物的光电化学效应与其在体相溶液中的光电化学效应也会有差别。因此，这方面的研究还需要更多的实验数据。但是，可以确定的是金属在大气薄电解液层体系和在体相溶液中的腐蚀机理的本质相同，即均为电化学过程。因此，由于人工合成的腐蚀产物在体相溶液中测量得到是光生空穴会从与之偶联的基底金属 Q235 碳钢夺取铁阳极溶解产生的电子，所以，在大气薄电解液层下同样的腐蚀产物产生的光生空穴也会从与之偶联的基底金属 Q235 碳钢上夺取铁阳极溶解产生的电子，从而加速基底金属 Q235 碳钢的大气腐蚀过程。这两种情况下的区别是，夺取电子的数量有差别。

6.8 紫外辐射对 Q235 碳钢大气腐蚀过程的影响机理

紫外辐射对预先沉降了氯化钠盐粒的 Q235 碳钢的大气腐蚀过程的影响机理也可以用图 5-26 来解释。具有半导体性质的腐蚀产物 γ-FeOOH 和 γ-Fe_2O_3 在紫外光照辐射下，其价带上的电子会激发到导带上，从而产生光生电子-空穴对。由于腐蚀产物界面间存在异质结电场，这个异质结电场的存在会大大提高 γ-FeOOH 和 γ-Fe_2O_3 的光生电子和光生空穴的分离效率。在本研究中，由于 γ-FeOOH 和 γ-Fe_2O_3 产生的光生电子的准费米能级电位比基底金属 Q235 碳钢的自腐蚀电位更正，所以，它们产生的光生电子无法转移到基底金属 Q235 碳钢上，相反，这些光生电子会转移到腐蚀产物与薄电解液层接触的界面上，参与在该界面处氧的阴极还原反应，从而加速了 Q235 碳钢大气腐蚀电化学反应的阴极过程。同时，在价带上滞留的光生空穴会夺取基底金属 Q235 碳钢阳极溶解产生的电子，进行电子-光生空穴的复合。本研究在实验中也观察到这一现象。因此，紫外辐射对 Q235 碳钢大气腐蚀过程的影响主要是通过具有半导体性质的腐蚀产物的光电化学效应进行的。

6.9 小　　结

本章首次研究了紫外辐射对预先沉降了氯化钠盐粒的 Q235 碳钢大气腐蚀过程的影响机制，并且研究了大气腐蚀产物的光电化学效应对与之偶联的基底金属腐蚀过程的影响。主要的实验结论如下：

（1）紫外辐射会显著影响预先沉降氯化钠盐粒的 Q235 碳钢的大气腐蚀过程。紫外辐射会增大 Q235 碳钢的大气腐蚀速率，具体影响的程度与腐蚀暴露时间有关。同时，紫外辐射还会影响大气腐蚀形貌、大气腐蚀产物的形成及大气腐蚀产物的性质。

（2）紫外辐射对 Q235 碳钢大气腐蚀过程的影响主要是通过具有半导体性质腐蚀产物的光电化学效应进行的。具有半导体性质的腐蚀产物在受到紫外光照射后会产生光生电子与光生空穴，这些光生电子会加速 Q235 碳钢大气腐蚀电化学反应的阴极氧还原反应过程，而光生空穴会直接夺取 Q235 碳钢阳极溶解产生的电子，从而加速 Q235 碳钢大气腐蚀电化学反应的阳极过程。

（3）锈蚀后的 Q235 碳钢试样在白光照射下会产生一个正的光电压，从而进一步证明紫外辐射对 Q235 碳钢大气腐蚀过程的影响主要是通过具有半导体性质的腐蚀产物的光电化学效应进行的。

（4）本研究首次通过光致电位和光生电流密度这两个物理量定性和定量地表

征了具有半导体性质腐蚀产物的光电化学效应。首次将光电化学效应与基底金属的腐蚀速率联系起来，并且直观地证实了腐蚀产物的光电化学效应会加速基底金属 Q235 碳钢的大气腐蚀过程。

参考文献

[1] Frankenthal R，Siconolfi D，Sinclair J. Accelerated life testing of electronic devices by atmospheric particles：why and how. Journal of the Electrochemical Society，1993，140（11）：3129-3134.

[2] Forslund M，Leygraf C. *In situ* weight gain rates on copper during outdoor exposures dependence on airborne pollutants and climatic parameters. Journal of the Electrochemical Society，1997，144（1）：113-120.

[3] Falk T，Svensson J E，Johansson L G. The role of carbon dioxide in the atmospheric corrosion of zinc a laboratory study. Journal of the Electrochemical Society，1998，145（1）：39-44.

[4] Leblanc P，Frankel G. A study of corrosion and pitting initiation of AA2024-T3 using atomic force microscopy. Journal of the Electrochemical Society，2002，149（6）：B239-B247.

[5] Baek Y，Frankel G. Electrochemical quartz crystal microbalance study of corrosion of phases in AA2024. Journal of the Electrochemical Society，2003，150（1）：B1-B9.

[6] Cole I S，Ganther W，Sinclair J，et al. A study of the wetting of metal surfaces in order to understand the processes controlling atmospheric corrosion. Journal of the Electrochemical Society，2004，151（12）：B627-B635.

[7] Maier B，Frankel G. Pitting corrosion of bare stainless steel 304 under chloride solution droplets. Journal of the Electrochemical Society，2010，157（10）：C302-C312.

[8] Thomas S，Cole I，Birbilis N. Compact oxides formed on zinc during exposure to a single sea-water droplet. Journal of the Electrochemical Society，2013，160（2）：C59-C63.

[9] 陈卓元. 铜的大气腐蚀及其研究方法. 北京：科学出版社，2011.

[10] Chen Z Y，Cui F S，Kelly R G. Calculations of the cathodic current delivery capacity and stability of crevice corrosion under atmospheric environments. Journal of the Electrochemical Society，2008，155（7）：C360-C368.

[11] Barton T F，Price T，Dillard J G. The production of γ-FeOOH from $FeSO_4$ in the presence of EDTA. Journal of Colloid and Interface Science，1990，138（1）：122-127.

[12] Raman A，Kuban B，Razvan A. The application of infrared spectroscopy to the study of atmospheric rust systems-I. Standard spectra and illustrative applications to identify rust phases in natural atmospheric corrosion products. Corrosion Science，1991，32（12）：1295-1306.

[13] Weckler B，Lutz H. Lattice vibration spectra. Part XCV. Infrared spectroscopic studies on the iron oxide hydroxides goethite（α），akaganeite（β），lepidocrocite（γ），and feroxyhite（δ）. European Journal of Solid State and Inorganic Chemistry，1998，35（8）：531-544.

[14] Marshall P，Rutherford D. Physical investigations on colloidal iron-dextran complexes. Journal of Colloid and Interface Science，1971，37（2）：390-402.

[15] Misawa T，Hashimoto K，Shimodaira S. The mechanism of formation of iron oxide and oxyhydroxides in aqueous solutions at room temperature. Corrosion Science，1974，14（2）：131-149.

[16] Bernal J，Dasgupta D，Mackay A. The oxides and hydroxides of iron and their structural inter-relationships. Clay Miner Bull，1959，4（21）：15-30.

[17] Misawa T，Asami K，Hashimoto K，et al. The mechanism of atmospheric rusting and the protective amorphous rust on low alloy steel. Corrosion Science，1974，14（4）：279-289.

[18] Ishikawa T，Takeuchi K，Kandori K，et al. Transformation of γ-FeOOH to α-FeOOH in acidic solutions containing metal ions. Colloids and Surfaces A，2005，266（1）：155-159.

[19] Morcillo M，Fuente D D L，Díaz I，et al. Atmospheric corrosion of mild steel. Revista de Metalurgia，2011，47：426-444.

[20] Borghi E，Regazzoni A，Maroto A，et al. Reductive dissolution of magnetite by solutions containing EDTA and Fe Ⅱ. Journal of Colloid and Interface Science，1989，130（2）：299-310.

[21] Song L Y，Chen Z Y. Effect of γ-FeOOH and γ-Fe_2O_3 on the corrosion of Q235 carbon steel under visible light. Journal of the Electrochemical Society，2015，162（3）：C79-C84.

[22] Song L，Chen Z，Hou B. The role of the photovoltaic effect of γ-FeOOH and β-FeOOH on the corrosion of 09CuPCrNi weathering steel under visible light. Corrosion Science，2015，93：191-200.

[23] Song S H，Chen Z Y. Effect of UV illumination on the NaCl-induced atmospheric corrosion of pure zinc. Journal of the Electrochemical Society，2014，161（6）：C288-C293.

[24] Song L Y，Chen Z Y. The role of UV illumination on the NaCl-induced atmospheric corrosion of Q235 carbon steel. Corrosion Science，2014，86：318-325.

[25] Song L Y，Ma X M，Chen Z Y，et al. The role of UV illumination on the initial atmospheric corrosion of 09CuPCrNi weathering steel in the presence of NaCl particles. Corrosion Science，2014，87：427-437.

[26] Nakata K，Fujishima A. TiO_2 photocatalysis：design and applications. Journal of Photochemistry and Photobiology C，2012，13（3）：169-189.

[27] Lei C，Liu Y，Zhou H，et al. Photogenerated cathodic protection of stainless steel by liquid-phase-deposited sodium polyacrylate/TiO_2 hybrid films. Corrosion Science，2013，68：214-222.

[28] Sun M M，Chen Z Y，Bu Y Y，et al. Effect of ZnO on the corrosion of zinc，Q235 carbon steel and 304 stainless steel under white light illumination. Corrosion Science，2014，82：77-84.

[29] Bu Y Y，Chen Z Y. Role of polyaniline on the photocatalytic degradation and stability performance of the polyaniline/silver/silver phosphate composite under visible light. ACS applied materials & interfaces，2014，6（20）：17589-17598.

第 7 章　紫外辐射对纯锌大气腐蚀过程的影响

7.1 引　　言

锌是人类自远古时就发现的元素之一。早在明朝时期，锌矿石和铜熔化制得的黄铜合金就被古代人们所利用。但金属锌的获得比铜、铁、锡、铅要晚得多，一般认为，这是由于碳和锌矿共热时，温度很快达 1000℃以上，而金属锌的沸点是 906℃，所以锌在如此高的温度时会变成蒸气状态而散失掉，不易被古代人们所察觉。直到人们掌握了冷凝气体的方法后，单质锌才得以制取。

中国是世界上最早发现并使用锌的国家。在 10～11 世纪，中国就开始大规模生产和使用金属锌。目前，金属锌广泛应用于汽车、建筑、船舶、轻工等行业。锌最大的用途是钢材和钢结构件的表面镀层（如镀锌板、镀锌钢等）。由于镀锌层具有优良的抗大气腐蚀性能[1-7]，在常温下表面易生成一层保护膜，所以，金属锌产量的大约一半用于镀锌保护层。同时，由于金属锌具有较负的电化学电位，所以，它也常被用于制作牺牲阳极材料和含锌粉的富锌底漆涂料[8-10]，以保护其他电化学电位更正一些的金属材料。正是由于锌在大气环境中的广泛应用，它遭受大气腐蚀破坏的机会大大增加。

本章主要结合作者在中国科学院海洋研究所工作期间开展的关于紫外辐射对氯化钠盐粒导致的纯锌大气腐蚀过程的影响规律与机理的相关研究工作，较为系统地阐述了纯锌海洋大气腐蚀过程的光电化学影响机理。

本章研究中选用的材料是纯度为 99.99%的纯锌试样，挂片试样的尺寸为 50mm×10mm×1mm。实验暴露之前将纯锌试样用砂纸由粗至细逐级打磨至 3000 目，然后采用金刚石磨抛剂抛光至 1μm。每个纯锌试样用酒精棉擦拭，并在丙酮溶液中超声清洗 5min，随后将准备好的纯锌试样在干燥器内放置 24h。在试样暴露前，对处理好的试样进行氯化钠盐粒的沉降。氯化钠盐粒的沉降方采用氯化钠乙醇饱和溶液法进行，具体操作方法见本书作者的另一部专著[11]。在本研究中，氯化钠盐粒的沉降量为 $15\mu g\cdot cm^{-2}$。

将准备好的试样放置在 4.1 节中提到的暴露实验装置中进行模拟大气腐蚀暴露实验。实验分别在暗态和紫外辐射的条件下进行，相对湿度为 97%，温度为 25℃，实验是在未添加任何污染性气体的纯净空气中进行暴露的，暴露周期为 10 天。紫外辐射的光源与第 5 章中的光源相同。

暴露实验结束后，采用失重法分析纯锌试样的大气腐蚀速率。具体的实验步骤见本书作者的另一部专著[11]。在本研究中，清除纯锌试样表面生成的大气腐蚀产物的清洗液是根据国际标准 ISO 8407 进行配制的。具体配方如下：取 250g 甘氨酸，加入蒸馏水，配制 1000mL 甘氨酸饱和溶液。清洗试样腐蚀产物的具体操作步骤如下：将腐蚀暴露后的纯锌试样放入甘氨酸饱和溶液中，酸洗 1min，蒸馏水冲洗，冷风吹干，之后使用精度为±4μg 的精细天平（Sartorius CPA 26P，德国）称重。称重时需称量作参比用的不锈钢试样，以校正天平的系统误差，具体操作方法见本书作者的另一部专著[11]。重复上述酸洗步骤，直至腐蚀产物被全部清除掉。

暴露实验结束后，采用 X 射线衍射、红外光谱和扫描电镜等技术手段分析纯锌试样表面生成的大气腐蚀产物的成分和腐蚀形貌。采用电化学方法分析腐蚀暴露后的带锈纯锌试样在 5.2%氯化钠溶液中的电化学行为（包括线性极化、弱极化、电化学阻抗谱等）。工作电极为硅胶封装的锈蚀后的锌试样，辅助电极为 Pt 片电极（面积为 4cm^2），参比电极为 Ag/AgCl（饱和 KCl）电极。线性极化的电位扫描范围为−10～10mV（vs E_{corr}），线性极化的电位扫描范围为−40～30mV（vs E_{corr}），电位扫描速度为 0.1mV·s^{-1}；电化学阻抗谱的测量是在开路电位条件下进行的，测量的频率范围为 100kHz～10mHz，电位扰动幅度为±5mV。光致开路电位的测试是以腐蚀暴露后的带锈纯锌试样作为工作电极，电极工作面积为 1cm^2，Ag/AgCl（饱和 KCl）作为参比电极，在 5.2%氯化钠溶液中进行测试。测试条件为在白光辐射与暗态下交替进行。测试过程如下：在暗态条件下，测量带锈纯锌试样的开路电位，待开路电位值稳定后，打开白光光源，此时开路电位值发生明显变化，待其值稳定后，再将光源关闭，依次重复进行 3～4 个循环。本实验中使用的光源为 300W 氙灯（光照密度为 150mW·cm^{-2}），它产生的白光通过一块石英玻璃照射到浸泡在 5.2%氯化钠溶液中锈蚀的纯锌试样表面。

在锌的大气腐蚀产物中，只有氧化锌具有半导体特性，而其余的腐蚀产物，如碱式氯化锌、碱式碳酸锌、氢氧化锌、氯化锌、碳酸锌等都不具有半导体特性。为进行相关的机理分析，本研究还定量表征了腐蚀产物氧化锌的光电化学效应。因此，本章对具有半导体性质的锌的大气腐蚀产物氧化锌的光电化学行为及该行为对腐蚀过程的影响进行了研究。本章分别研究了氧化锌在氯化钠溶液和硫化钠溶液（硫化钠是有效的光生空穴清除剂）中的光电化学效应，并研究了氧化锌在不同电解液中的光电化学行为对具有不同自腐蚀电位的金属锌、Q235 碳钢和 304 不锈钢腐蚀过程的影响，从而对具有半导体性质腐蚀产物的光电化学效应对偶联金属材料的腐蚀过程的影响机理进行了深入探讨和分析。为此，在本章的研究中，首先用共沉淀法制备了氧化锌粉末。具体的制备步骤如下：将 0.05mol 的七水硫酸锌（$ZnSO_4·7H_2O$）溶解于 200mL 蒸馏水中，搅拌 10min。溶液的 pH 用浓度为

4mol·L^{-1}的氢氧化钠（NaOH）调到 14。之后，将混合溶液不断搅拌 2h，而后老化 24h。得到的沉淀用蒸馏水离心洗 5 次，随后在 100℃条件下烘干 10h，将得到的沉淀物放入马弗炉中用 5℃·min^{-1}的速率升至 800℃，保温 3h 就可得到氧化锌粉末。

氧化锌薄膜光电极的制备方法与第 5 章的类似。具体步骤如下：将制备好的腐蚀产物氧化锌沉降在干净的氧化铟锡（ITO）导电玻璃上，氧化铟锡半导体膜层的成分为 10% SnO_2-90% In_2O_3。ITO 导电玻璃的尺寸为 15mm×10mm，其玻璃基底的厚度为 1mm，氧化铟锡半导体膜层的厚度为 100nm。在沉降氧化锌粉末之前，先将 ITO 导电玻璃在分析纯的丙酮溶液中超声清洗 5min，接着用蒸馏水冲洗干净，然后在干净的空气流中干燥。在 ITO 导电玻璃的导电面（有氧化铟锡半导体材料）的一面，贴上绝缘胶带，使得导电面的暴露面积为 1cm^2。称取 50mg 已制备好的氧化锌粉末放入干净的研钵中，倒入 1mL 蒸馏水，并加入 0.1mg 十二烷基苯磺酸钠，在研钵中充分混合并研磨 10min，直至混合物变为均匀的泥浆状。加入十二烷基苯磺酸钠是为了改善研磨后浆料的延展性，它在随后的高温处理中会被烧掉，因此对实验测试没有影响。将研磨好的氧化锌浆料均匀地涂覆在 ITO 导电玻璃的导电面上，待泥浆混合物在 ITO 导电玻璃上干燥后，将绝缘胶带撕掉。随后将负载有氧化锌浆料的 ITO 导电玻璃在 350℃条件下，恒温烧结处理 1h。这种烧结处理可以提高氧化锌粉末在 ITO 导电玻璃上的黏结力，同时还可以将之前加入的十二烷基苯磺酸钠处理掉。之后，将铜线用导电银胶连接至 ITO 导电玻璃的导电面。待导电银胶干燥后，在 ITO 导电玻璃上没有涂覆氧化锌粉末的部分覆盖绝缘硅胶。这样，整个光电极中只有暴露的氧化锌腐蚀产物与电解液接触，铜线与电解液没有直接接触，这种方法制备的光电极的工作面积为 1cm^2。

本研究中使用的金属锌电极、Q235 碳钢电极和 304 不锈钢电极采用环氧封样的工作面积为 1cm^2，在每次使用之前都采用砂纸逐级打磨至 2400 目，随后在分析纯的无水乙醇中超声清洗 5min，最后在干燥器内放置 24h 后使用。金属锌采用的是 99.99%纯度的纯锌试样。Q235 碳钢的化学成分（%）为：C（0.14～0.22）、Mn（0.30～0.65）、Si（≤0.3）、S（≤0.5）、P（≤0.045），其余为 Fe。304 不锈钢的化学成分（%）如下：C（≤0.08）、Si（≤1.00）、Mn（≤2.00）、S（≤0.03）、P（≤0.05）、Cr（18.00～20.00）、Ni（8.00～10.50），其余为 Fe。

光致电位与光致电流的测量采用上海辰华仪器有限公司 CHI660D 电化学工作站进行。具体的操作步骤见 4.5 节。

7.2　紫外辐射对纯锌大气腐蚀速率的影响

图 7-1 是预先沉降了 15μg·cm^{-2}氯化钠盐粒的纯锌试样分别在紫外辐射和暗态

条件下，暴露 10 天后腐蚀失重的实验结果。暴露的环境温度为 25℃，相对湿度为 97%。由图 7-1 可见，在紫外辐射条件下暴露的纯锌试样的腐蚀失重比在暗态条件下暴露的大，表明紫外辐射明显促进了纯锌的大气腐蚀过程，增大了其大气腐蚀速率。

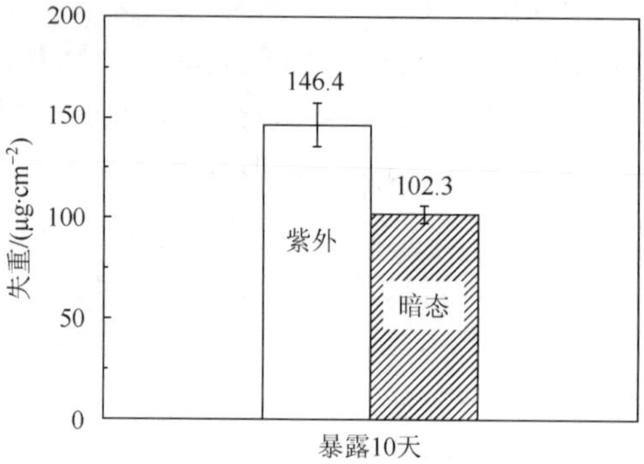

图 7-1　预先沉降了 15μg·cm^{-2} 氯化钠盐粒的纯锌在相对湿度 97%和温度 25℃的纯净大气环境中，分别在紫外辐射与暗态条件下暴露 10 天后的腐蚀失重结果

与第 5 章的实验相似，在本研究的实验中，只有面向紫外光源的一面直接接受光照辐射的作用，而它的反面没有直接接受光照辐射的作用。我们在计算腐蚀失重时是将质量的变化除以试样正反两面的面积总和。如果在紫外辐射暴露条件下的试样的正反两面都能直接受到光照辐射的作用，它的腐蚀失重实验结果会比图 7-1 所示的实验结果大得多。

7.3　紫外辐射对纯锌大气腐蚀产物的影响

预先沉降了 15μg·cm^{-2} 氯化钠盐粒的纯锌试样分别在紫外辐射和暗态条件下暴露 10 天，试样表面生成的腐蚀产物采用 X 射线衍射技术进行测试分析，实验结果如图 7-2 所示。从图 7-2 可以看出，在紫外辐射和暗态条件下暴露的纯锌试样表面生成腐蚀产物的 X 射线衍射峰的峰位基本一致，只是衍射峰的强度有差异。这表明两种暴露条件下生成的腐蚀产物相似。通过与标准谱图对比，可以发现在紫外辐射和暗态条件下暴露的纯锌试样均有氧化锌生成，分别对应氧化锌的（101）、（110）和（202）衍射晶面[12]。同时，由图 7-2 还可见，紫外辐射略微促进了氧化锌的（110）晶面的生长，并略微抑制了其（101）晶面的生长。除氧化锌腐蚀产物外，从图 7-2 中未发现其他晶态腐蚀产物。

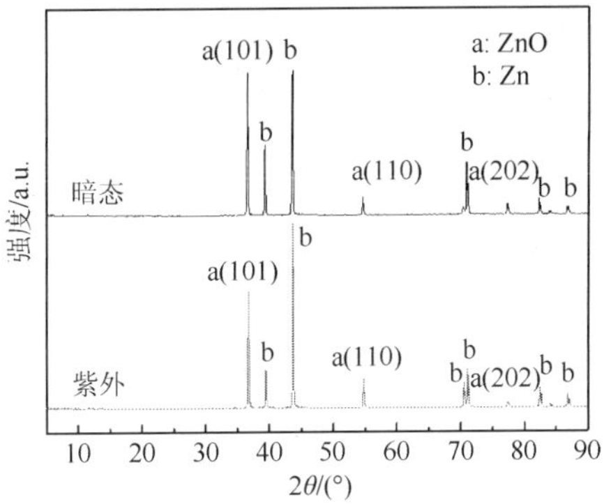

图 7-2 预先沉降了 15μg·cm^{-2} 氯化钠盐粒的纯锌在相对湿度 97%和温度 25℃的纯净大气环境中，分别在紫外辐射与暗态条件下，暴露 10 天后生成腐蚀产物的 X 射线衍射谱图

为进一步获得大气腐蚀暴露过程中在纯锌试样表面生成的非晶态腐蚀产物的信息，对锈蚀后纯锌试样的腐蚀产物进行了红外光谱分析。图 7-3 是预先沉降了 15μg·cm^{-2} 氯化钠盐粒的纯锌试样分别在紫外辐射和暗态条件下，暴露 10 天后试样表面生成的腐蚀产物的红外光谱图。与相关文献中的红外图谱对比可知[13]，纯锌试样表面腐蚀产物的主要成分为：碱式氯化锌［$Zn_5(OH)_8Cl_2 \cdot H_2O$］、碱式碳酸锌［$Zn_5(OH)_6(CO_3)_2$］和氧化锌（ZnO）。3490cm^{-1} 和 3450cm^{-1} 处对应的双峰是由 $Zn_5(OH)_8Cl_2 \cdot H_2O$ 中的 O—H 振动引起的；905cm^{-1} 和 720cm^{-1} 峰对应于 $Zn_5(OH)_8Cl_2 \cdot H_2O$ 中 Zn—O—H 的振动；1500cm^{-1} 和 1390cm^{-1} 双峰是由 $Zn_5(OH)_6(CO_3)_2$ 中 CO_3^{2-} 的振动引起的；835cm^{-1} 则对应于 $Zn_5(OH)_6(CO_3)_2$ 中 Zn—O—H 的振动；472cm^{-1} 对应于 ZnO 中 Zn—O 的振动；$Zn_5(OH)_8Cl_2 \cdot H_2O$ 和 $Zn_5(OH)_6(CO_3)_2$ 中 Zn—O—H 的振动均有 1040cm^{-1} 峰。对比分别在紫外辐射和暗态条件下暴露的纯锌试样的红外光谱图可以看出，在暗态下暴露的试样在 3490cm^{-1} 和 3450cm^{-1} 处呈现两个清晰的吸收峰；而在紫外辐射条件下暴露的试样在这两个位置的吸收峰的区分并不明显，并且可认为已合并为位于 3450cm^{-1} 处较宽的吸收峰。与在紫外辐射暴露条件下腐蚀产物的红外光谱图相对比，暗态条件下暴露的试样在 1500cm^{-1} 和 1390cm^{-1} 处两个 CO_3^{2-} 的吸收峰的分峰并不明显。同时，在紫外辐射条件下暴露的试样在 720cm^{-1} 处的 $Zn_5(OH)_8Cl_2 \cdot H_2O$ 的特征吸收峰强度明显小于在暗态条件下暴露的试样。这些结果综合说明，紫外辐射可能促进了碱式碳酸锌 $Zn_5(OH)_6(CO_3)_2$ 的生成，但抑制了碱式氯化锌 $Zn_5(OH)_8Cl_2 \cdot H_2O$ 的生成。

在图 7-3 的红外光谱图中发现了 $Zn_5(OH)_6(CO_3)_2$ 和 $Zn_5(OH)_8Cl_2 \cdot H_2O$。然而，在 X 射线衍射图（图 7-2）中却没有发现 $Zn_5(OH)_6(CO_3)_2$ 和 $Zn_5(OH)_8Cl_2 \cdot H_2O$ 的衍射峰，说明 $Zn_5(OH)_6(CO_3)_2$ 和 $Zn_5(OH)_8Cl_2 \cdot H_2O$ 在腐蚀产物中是以非晶态的形式存在的。

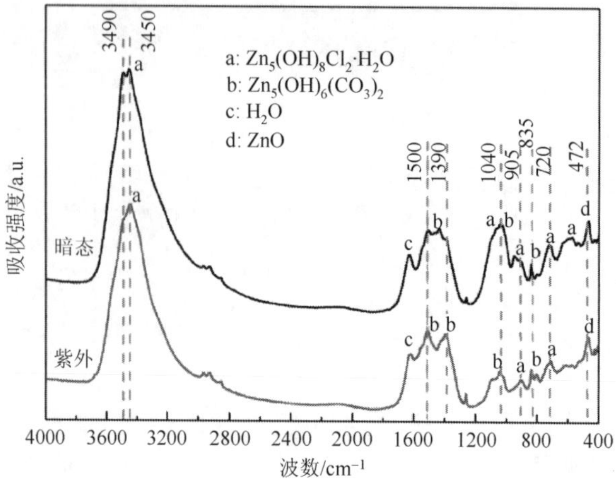

图 7-3 预先沉降了 15μg·cm^{-2} 氯化钠盐粒的纯锌试样在相对湿度 97%和温度 25℃的纯净大气环境中，分别在紫外辐射与暗态条件下暴露 10 天后生成腐蚀产物的红外光谱图

7.4 紫外辐射对纯锌大气腐蚀形貌的影响

图 7-4 是预先沉降了 15μg·cm^{-2} 氯化钠盐粒的纯锌试样，在暗态条件下暴露 10 天后大气腐蚀形貌的扫描电镜图。图 7-4 中的放大倍数分别为 500 倍（a）、1000 倍（b）、2000 倍（c）和 5000 倍（d）。图 7-5 则是预先沉降了 15μg·cm^{-2} 氯化钠盐粒的纯锌试样，在紫外辐射条件下暴露 10 天后的大气腐蚀形貌的扫描电镜图。图 7-5 中的放大倍数也分别为 500 倍（a）、1000 倍（b）、2000 倍（c）和 5000 倍（d）。从图 7-5 中可以看出，在紫外辐射暴露条件下生成的腐蚀产物较为清晰，产物层较厚，而在暗态条件下暴露的纯锌试样的 500 倍和 1000 倍的腐蚀形貌图［图 7-4（a）和图 7-4（b）］中几乎看不出腐蚀产物。在紫外辐射条件下生成的腐蚀产物的 1000 倍、2000 倍和 5000 倍形貌图中，腐蚀产物呈现出较好的针片状晶形结构，枝晶彼此

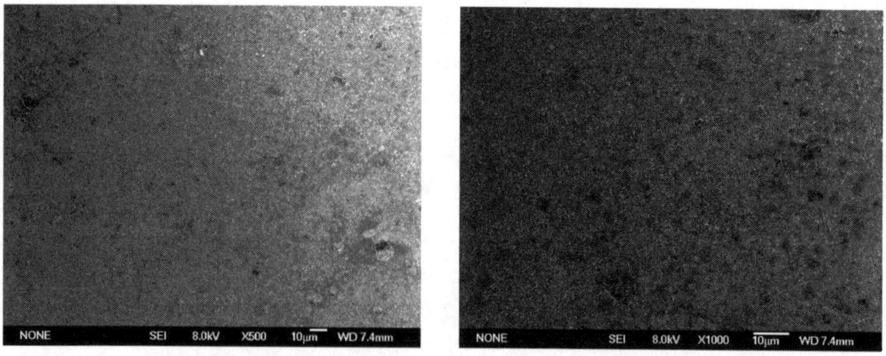

(a) (b)

(c)

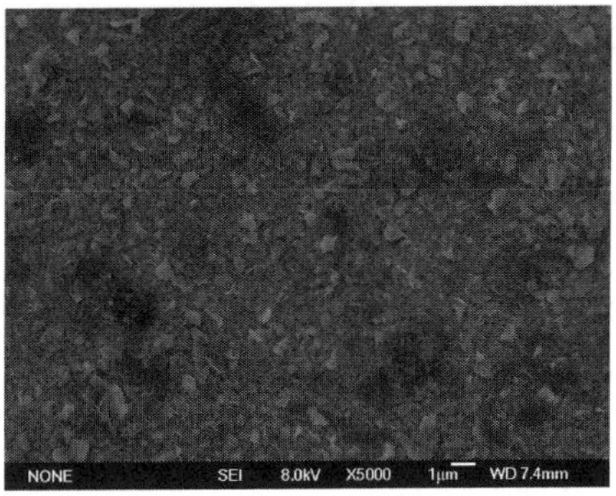

(d)

图 7-4　预先沉降了 15μg·cm^{-2}氯化钠盐粒的纯锌试样在相对湿度 97%和温度 25℃的纯净大气环境中，在暗态条件下暴露 10 天后生成的腐蚀产物的扫描电镜照片

（a）放大倍数 500 倍；（b）放大倍数 1000 倍；（c）放大倍数 2000 倍；（d）放大倍数 5000 倍

(a)

(b)

(c)

(d)

图 7-5　预先沉降了 15μg·cm^{-2}氯化钠盐粒的纯锌试样在相对湿度 97%和温度 25℃的纯净大气环境中，在紫外辐射条件下暴露 10 天后生成的腐蚀产物的扫描电镜照片

（a）放大倍数 500 倍；（b）放大倍数 1000 倍；（c）放大倍数 2000 倍；（d）放大倍数 5000 倍

交错，覆盖在纯锌试样表面，由此会在腐蚀产物层表面形成微孔，这些微孔可以作为氧气和水的传输通道，从而加速锌的腐蚀；而在暗态条件下生成的腐蚀产物则多

为无定形结构，部分以片状结构存在，且粒径较在紫外辐射条件下生成的小得多。

7.5　大气腐蚀暴露后带锈纯锌试样的极化行为

在本章的研究中，采用线性极化和弱极化来测量在不同暴露条件下获得的带锈纯锌试样的瞬时腐蚀速率。将腐蚀暴露后的锌试样取出并干燥，之后将铜导线焊接在锌试样的背光面，然后用硅胶将背光面及焊接处密封，放于干燥器中干燥24h之后再进行电化学测试。线性极化测试电压范围为–10～10mV（vs E_{corr}），扫描速度为0.1mV·s^{-1}。

图7-6是预先沉降了15μg·cm^{-2}氯化钠盐粒的纯锌试样在相对湿度为97%和温度为25℃的环境中，分别在紫外辐射和暗态条件下暴露10天后获得的带锈纯锌试样在5.2%氯化钠溶液中测试的线性极化曲线。由于腐蚀暴露后，纯锌试样表面生成了大量的腐蚀产物，线性极化数据容易偏离线性区域，因此，在计算极化电阻过程中，选取–5～5mV（vs E_{corr}）范围的数据进行计算。在此电位范围内，电位与电流密度之间呈较好的线性关系，此时，计算极化电阻（R_p）值的公式为

$$R_p = \frac{\Delta E}{\Delta i} \tag{7-1}$$

其中，ΔE为选取范围内的电位差值；Δi为选取范围内的电流密度差值。

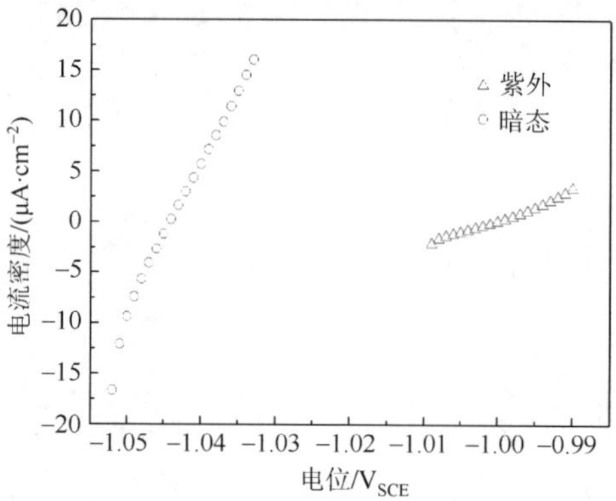

图7-6　预先沉降了15μg·cm^{-2}氯化钠盐粒的纯锌试样在相对湿度97%和温度25℃的纯净大气环境中，分别在紫外辐射和暗态条件下暴露10天后获得的带锈纯锌试样的线性极化曲线，极化曲线的测量在5.2%氯化钠溶液中进行，电势范围为–10～10mV（vs E_{corr}），扫描速率为0.1mV·s^{-1}

图7-7是预先沉降了15μg·cm^{-2}氯化钠盐粒的纯锌试样在相对湿度为97%和温度为25℃环境中，分别在紫外辐射和暗态条件下暴露10天后获得的带锈纯锌试样在5.2%氯化钠溶液中测试的弱极化曲线。从图7-7可见，在紫外辐射暴露条件下获得的带锈纯锌试样的腐蚀电位比在暗态暴露条件下获得的带锈纯锌试样的腐蚀电位更正。这说明在暴露相同时间后，在紫外辐射条件下暴露的锌试样比在暗态条件

下暴露的锌试样更不容易发生腐蚀。这可能是由于在紫外辐射暴露条件下，生成了较厚的腐蚀产物层，该锈层对锈层下基底金属的进一步腐蚀具有明显的阻碍作用。

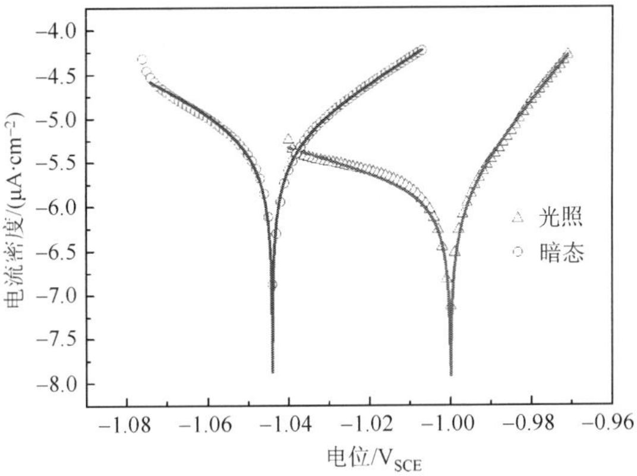

图 7-7　预先沉降了 $15\mu g\cdot cm^{-2}$ 氯化钠盐粒的纯锌试样在相对湿度 97%和温度 25℃的纯净大气环境中，分别在紫外辐射和暗态条件下暴露 10 天后获得的带锈纯锌试样的弱极化曲线，测量的电势范围为–40～30mV（vs E_{corr}），扫描速率为 $0.1mV\cdot s^{-1}$

对图 7-7 所示的弱极化曲线运用 Bulter-Volmer 公式进行拟合计算，可以得出参数 i_{corr}、β_a 和 β_c 的值

$$i = i_{corr}\left(e^{\frac{E-E_{corr}}{\beta_a}} - e^{-\frac{E-E_{corr}}{\beta_c}}\right) \tag{7-2}$$

其中，i 为电流密度；E 为外加电位；i_{corr} 为腐蚀电流密度；E_{corr} 为腐蚀电位；β_a 和 β_c 分别为阳极反应和阴极反应的自然对数塔菲尔斜率。

同时根据参数 β_a 和 β_c 的值，可以按式（7-3）计算 B 的值。根据式（7-1）计算得到的线性极化电阻 R_p 值，就可以按式（7-4）计算由线性极化曲线（图 7-6）导出的腐蚀电流密度值。

$$B = \frac{\beta_a \cdot \beta_c}{\beta_a + \beta_c} \tag{7-3}$$

$$i_{corr} = \frac{B}{R_p} \tag{7-4}$$

弱极化曲线拟合和计算所得的数据见表 7-1。

表 7-1　对图 7-7 所示的弱极化曲线进行拟合计算得到的拟合参数数据

	$i_{corr\text{-}fit}$/（$\mu A\cdot cm^{-2}$）	$\beta_{a\text{-}fit}$/mV	$\beta_{c\text{-}fit}$/mV	B_{fit}/mV	$R_{p\text{-}LPR}$/($\Omega\cdot cm^2$)	$i_{corr\text{-}LPR}$/($\mu A\cdot cm^{-2}$)
紫外辐射	1.24	7.8	30.1	6.2	4186	1.48
暗态	5.33	15.3	18.6	8.4	980	8.57

注：对图 7-7 所示的弱极化曲线进行拟合计算得到 $i_{corr\text{-}fit}$、$\beta_{a\text{-}fit}$ 和 $\beta_{c\text{-}fit}$，并根据 $\beta_{a\text{-}fit}$ 和 $\beta_{c\text{-}fit}$ 拟合结果计算获得的 B_{fit} 及对图 7-6 所示的线性极化曲线计算得到的 $R_{p\text{-}LPR}$ 和 $i_{corr\text{-}LPR}$。

如表 7-1 的数据所示，通过弱极化拟合获得的腐蚀电流密度数据和通过线性极化计算获得的腐蚀电流密度数据有较好的相似性和相同的变化趋势，说明本研究中使用的弱极化处理可获得较为准确的腐蚀速率数据。同时，在紫外辐射条件下暴露的带锈纯锌试样在 5.2%氯化钠溶液中的腐蚀电流密度小于在暗态条件下暴露的带锈纯锌试样在 5.2%氯化钠溶液中的腐蚀电流密度。在紫外辐射条件下暴露的带锈纯锌试样在 5.2%氯化钠溶液中的线性极化电阻 $R_{p\text{-}LPR}$ 值明显大于在暗态条件下暴露的带锈纯锌试样在 5.2%氯化钠溶液中的线性极化电阻值。这说明紫外辐射条件下暴露的纯锌试样发生进一步腐蚀反应受到的阻力明显大于在暗态件下暴露的纯锌试样。这一现象的产生可能与腐蚀产物的生成量有关，在紫外辐射暴露条件下生成的腐蚀产物较多，对基体的保护作用比较好，导致锈蚀后的纯锌试样在氯化钠溶液中的腐蚀速率较小。

对比腐蚀失重实验结果（图 7-1）和暴露后带锈试样的腐蚀电流密度实验结果（表 7-1 和图 7-6 及图 7-7）可知，在紫外辐射条件下暴露后获得的带锈纯锌试样要发生进一步的腐蚀比在暗态条件下暴露后获得的带锈纯锌试样发生腐蚀更困难一些，如果没有其他因素的作用，会使得在光照辐射暴露条件下的纯锌试样的大气腐蚀速率降低，因此，该实验结果说明在有紫外辐射的情况下，腐蚀产物对锌基体不再是单纯的保护作用，相反，紫外辐射与腐蚀产物共同起到了进一步促进纯锌大气腐蚀过程的作用。

7.6 暴露后的带锈纯锌试样的电化学阻抗谱

在本节中，电化学阻抗谱被用来研究在紫外辐射和暗态条件下暴露后获得的带锈纯锌试样在 5.2%氯化钠溶液中的腐蚀行为与机理。分别在紫外辐射和暗态条件下，在相对湿度为 97%和温度为 25℃的模拟大气环境中，暴露 10 天后获得锈蚀的纯锌试样，之后在 5.2%氯化钠溶液中测量该带锈试样的电化学阻抗谱。图 7-8 是在 5.2%氯化钠溶液中测试得到的暴露后带锈纯锌试样的电化学阻抗谱数据。由图 7-8 可见，在紫外辐射条件下暴露后锈蚀的纯锌试样的阻抗值明显比在暗态条件下暴露后锈蚀的纯锌试样的阻抗值大。这表明紫外辐射条件下暴露后获得的带锈纯锌试样表面发生腐蚀反应受到的阻力更大，反应速率更慢，这与弱极化实验结果一致。在暗态条件下暴露后获得的带锈纯锌试样的 Nyquist 图表现为高频区的一段圆弧和低频段的扩散阻抗。低频扩散阻抗的出现可能是由于腐蚀产物较少，对锌基体的保护效果不够好，基体金属腐蚀速率较快而在电极表面形成扩散层，腐蚀反应受氧气传质过程控制，导致代表界面腐蚀反应的低频半圆弧被扩散阻抗所掩盖。在紫外辐射条件下暴露后获得的带锈纯锌试样的 Nyquist 图呈现三个容抗弧，低频区没有扩散阻抗出现，可能是由于在紫外辐射条件下暴露的试样表面生成较厚的腐蚀产物，电极表面反应速率较慢，消耗氧气较少，不会受到氧气传质作用的影响。

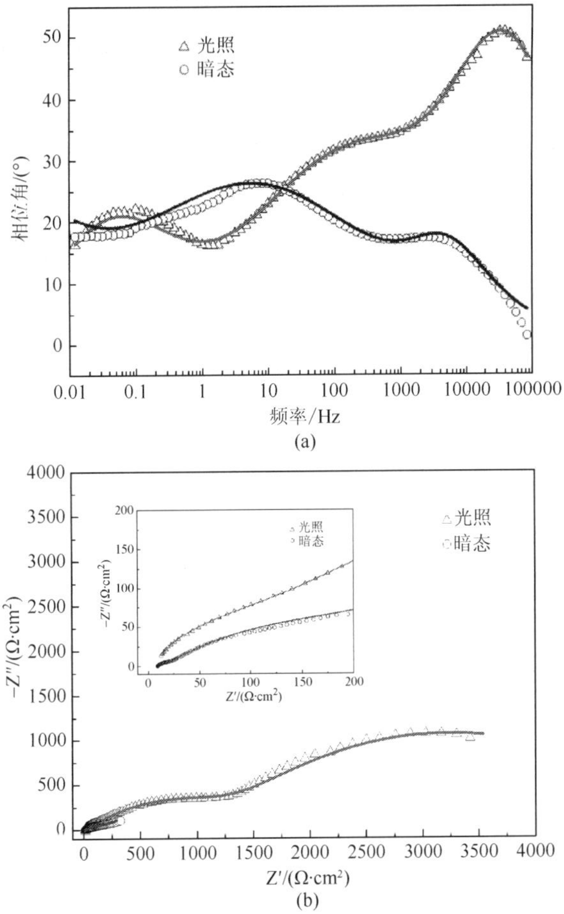

图 7-8　在 5.2%氯化钠溶液中测量得到的在不同暴露条件下获得的锈蚀纯锌试样的阻抗谱数据（锈蚀的纯锌试样是将预先沉降了 $15\mu g\cdot cm^{-2}$ 氯化钠盐粒的纯锌试样在相对湿度为 97%和温度为 25℃的纯净大气环境中，分别在紫外辐射与暗态条件下暴露 10 天后得到的）

图 7-8（a）是相位角随频率的变化图。由图可见，在暗态条件下暴露后获得的带锈纯锌试样的阻抗谱在整个频率区间呈现出两个时间常数，分别对应高频区腐蚀产物层的响应及低频区基底金属表面的腐蚀反应。而在紫外辐射条件下暴露后获得的带锈纯锌试样的阻抗谱的相位角在整个频率区间出现三个极大值，表现为三个时间常数的特征。第三个时间常数的出现可能是由锈层结构不同导致的。高频区对应于外锈层电容及电阻；中频区对应于内锈层电容及表面电阻；低频区对应的时间常数则来自于与锈层/金属界面腐蚀反应相关的双电层电容及电荷转移电阻。

为了进一步理解大气腐蚀暴露后获得的带锈纯锌试样在氯化钠溶液中的电极

过程，我们对图 7-8 中的阻抗谱图进行等效电路拟合，采用的等效电路图如图 7-9 所示。图中 R_s 代表溶液电阻；CPE 为常相位角元件，表示非理想电容；R_{of} 和 CPE_{of} 分别代表在紫外辐射条件下暴露后生成的外层腐蚀产物的膜电阻和电容；R_{if} 和 CPE_{if} 分别代表在紫外辐射条件下暴露后生成的内层腐蚀产物的膜电阻和电容；R_f 和 CPE_f 分别代表在暗态条件下暴露后生成的腐蚀产物的膜电阻和电容；CPE_{dl} 代表溶液和金属界面的双电层电容；R_{ct} 代表电荷转移电阻；Z_w 代表扩散阻抗。图 7-8 中，空心的三角和空心圆符号分别代表在紫外辐射和暗态条件下暴露的带锈纯锌试样在 5.2%氯化钠溶液中的实测阻抗谱数据，实线则是按图 7-9 的等效电路图获得的拟合数据。由图 7-8 可见，阻抗谱图拟合结果非常好，说明图 7-9 中的等效电路能够较好地揭示带锈的纯锌在氯化钠溶液中的反应机制。

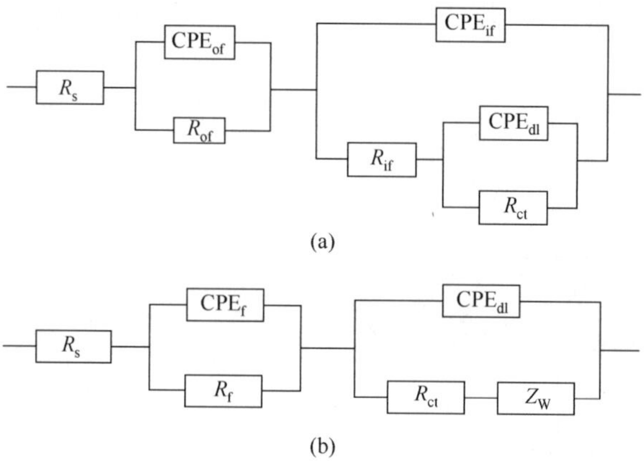

图 7-9　用来拟合图 7-8 所示的阻抗谱数据的等效电路图

（a）在紫外辐射条件下暴露后生成的带锈纯锌试样的阻抗谱的等效电路图；（b）在暗态条件下暴露后生成的带锈纯锌试样的阻抗谱的等效电路图

图 7-8 中阻抗谱的拟合参数见表 7-2。无论在紫外辐射还是在暗态条件下暴露后获得的带锈纯锌试样的 R_s 数值都比较小。这表明阻抗谱的测量过程中，工作电极和参比电极之间的欧姆降比较小，电极测试所得结果较为可靠。从腐蚀产物膜层电阻值来看，在紫外辐射条件下暴露后的带锈纯锌试样表面生成的腐蚀产物的膜层电阻总值 $R_f=R_{of}+R_{if}$，约为 3900Ω·cm^2。相较而言，在暗态条件下暴露后的带锈纯锌试样表面生成的腐蚀产物的膜层电阻值约为 230Ω·cm^2，该数值远小于在紫外辐射条件下生成的腐蚀产物的膜层电阻值，由此说明在紫外辐射条件下暴露后生成的腐蚀产物膜对纯锌试样的保护效果更好。对于平滑电极来说，C_{dl} 数值一般在 60μF·cm^{-2} 左右，而本研究中的拟合数据显示 C_{dl} 数值在 10～30μF·cm^{-2}，说明在腐蚀过程中参与反应的电极真实面积发生了改变。表 7-2 中在紫外辐射条件下暴露后的带锈锌试样阻抗谱的 R_{ct} 值明显大于在暗态条件下暴露后的带锈锌试样

阻抗谱的 R_{ct} 值。这说明金属锌表面有腐蚀产物生成，并且在紫外辐射条件下暴露后的带锈纯锌试样在氯化钠溶液中的腐蚀速率远小于在暗态条件下暴露后的带锈纯锌试样在氯化钠溶液中的腐蚀速率。

表 7-2　图 7-8 的阻抗谱数据按图 7-9 的等效电路图拟合获得的拟合参数

试样	R_s/（$\Omega\cdot cm^2$）	（Y_0）$_{of}$/（$\mu F\cdot cm^{-2}\cdot Hz^{1-n}$）	n_{of}	R_{of}/（$\Omega\cdot cm^2$）	（Y_0）$_{if}$/（$\mu F\cdot cm^{-2}\cdot Hz^{1-n}$）
紫外辐射	7.8	1093	0.63	3820	0.94
暗态	9.0	—	—	—	—

试样	n_{if}	R_{if}/（$\Omega\cdot cm^2$）	（Y_0）$_f$/（$\mu F\cdot cm^{-2}\cdot Hz^{1-n}$）	n_f	R_f/（$\Omega\cdot cm^2$）
紫外辐射	0.85	101.5	—	—	—
暗态	—	—	3319	0.45	231.8

试样	（Y_0）$_{dl}$/（$\mu F\cdot cm^{-2}\cdot Hz^{1-n}$）	n_{dl}	R_{ct}/（$\Omega\cdot cm^2$）	Z_W/（$mF\cdot cm^{-2}\cdot Hz^{0.5}$）
紫外辐射	8.3	0.51	1301	—
暗态	33.3	0.85	6.5	31.0

注：紫外辐射代表在紫外辐射条件下暴露 10 天后的带锈纯锌试样在 5.2%氯化钠溶液中测量的阻抗谱的拟合参数；暗态代表在暗态条件下暴露 10 天后的带锈纯锌试样在 5.2%氯化钠溶液中测量的阻抗谱的拟合参数。

7.7　锈蚀后纯锌试样的光致电位

综合电化学测试结果与腐蚀失重实验结果可以得出：当将锈蚀后的纯锌试样浸泡在氯化钠溶液中进行电化学测试时，在紫外辐射条件下暴露后的锌试样的腐蚀速率明显小于在暗态条件下暴露的锌试样的腐蚀速率。而大气腐蚀暴露实验结果则显示，紫外辐射促进了锌的大气腐蚀过程。这两方面的实验结果似乎矛盾，为了明确出现这一现象的原因，对锈蚀后的锌试样在氯化钠溶液中的光致电位信息进行测试。

图 7-10 是在紫外辐射条件下暴露 10 天后的带锈纯锌试样在 5.2%氯化钠溶液中，在白光关闭和开光的情况下，该带锈试样的开路电位随时间的变化关系曲线。如图 7-10 所示，当白光照射到带锈纯锌试样表面的锈层时，带锈纯锌试样的开路电位上升，最后趋于平稳；随后关闭白光光源，带锈纯锌试样的开路电位值下降。在整个测试时间内，带锈锌试样的电位变化幅度约为 15mV。也就是说，白光照射到锈蚀后的锌片上时，产生了正的光电压，大小约为 15mV。对于在暗态条件下暴露后的带锈锌试样，开路电位在白光开光和闭光时也呈现出与图 7-10 相同的变化规律。

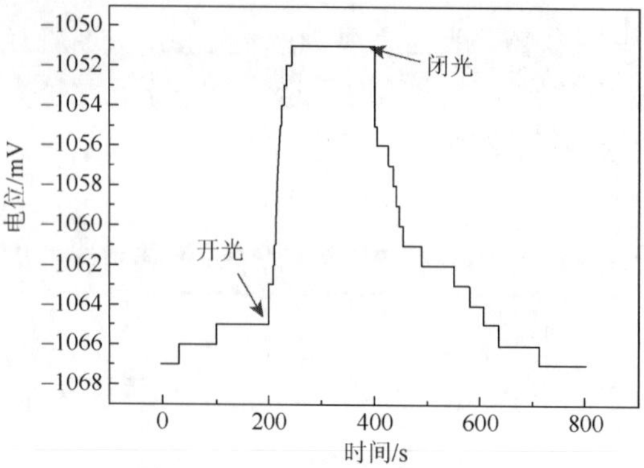

图 7-10 预先沉降了 15μg·cm^{-2} 氯化钠盐粒的纯锌试样在相对湿度 97%和温度 25℃的纯净大气环境中，在紫外辐射条件下暴露 10 天后的带锈纯锌试样在 5.2%氯化钠溶液中和在白光闭光与开光循环中的开路电位随时间的变化曲线

7.8 氧化锌腐蚀产物的光电化学效应分析

由第 5 章和第 6 章的讨论可见，紫外辐射主要是通过具有半导体性质腐蚀产物的光电化学效应来影响 09CuPCrNi 耐候钢和 Q235 碳钢大气腐蚀过程的。那么，紫外辐射是怎样影响锌的大气腐蚀过程的呢？在本节的研究中，我们将定量研究具有半导体性质的锌大气腐蚀产物的光电化学效应及这种效应对锌大气腐蚀过程的影响机理。在不含污染性气体的潮湿大气环境中，氯化钠导致锌的大气腐蚀产物主要有氧化锌、碱式氯化锌、碱式碳酸锌、氢氧化锌、氯化锌和碳酸锌等。在这些腐蚀产物中，只有氧化锌具有半导体性质。在本节中，我们在实验室内合成氧化锌模拟腐蚀产物，并定量研究它在氯化钠溶液中的光电化学效应及这种光电化学效应对与之偶联的基底金属锌腐蚀过程的影响规律。此外，我们研究了与氧化锌接触的电解液对氧化锌的光电化学效应的影响和氧化锌的光电化学效应对具有不同自腐蚀电位的金属（锌、Q235 碳钢和 304 不锈钢）的腐蚀过程的影响，并通过这些系列研究结果来探讨氧化锌产生的光生电子在腐蚀产物与偶联金属之间的流向。同时，结合本章中紫外辐射对金属锌大气腐蚀过程的影响规律的实验结果，提出紫外辐射对纯锌大气腐蚀过程的影响机理。

7.8.1 制备的氧化锌腐蚀产物的物理表征

采用共沉淀法制备氧化锌粉末，并对制备的氧化锌腐蚀产物进行物理表征。图 7-11 是制备的氧化锌粉末的 X 射线衍射谱图。由图 7-11 可见，位于(100)、(002)、(101)、(102)、(110)、(103)、(112) 和 (201) 晶面的衍射峰能很好地与标准的氧化锌（PDF 36-1451）的衍射峰匹配，表明制备的粉末为氧化锌。

图 7-12 是制备的氧化锌的扫描电镜照片。制备的氧化锌以长约 600nm、直径

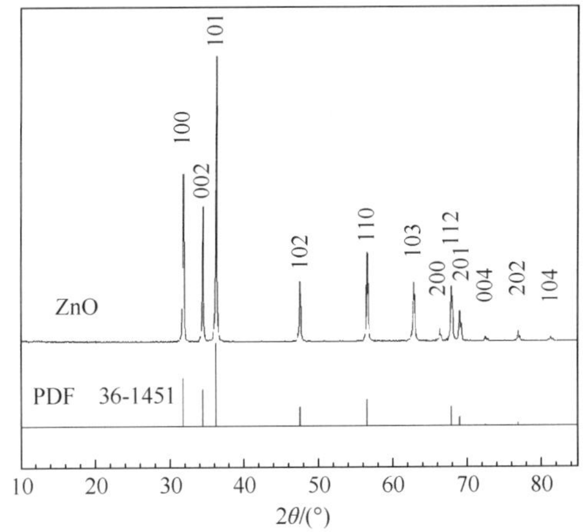

图 7-11　制备的氧化锌材料的 X 射线衍射谱图

约 150nm 的短纳米棒颗粒的形式存在。

图 7-12　制备的氧化锌材料的扫描电镜照片

图 7-13 是制备的氧化锌腐蚀产物的紫外-可见漫反射光谱图。它的最大吸收波长通过沿紫外-可见漫反射光谱曲线的临界下滑部分作切线并与横轴相交处的数值来确定。本章中制备的氧化锌腐蚀产物的光吸收阈值约为 390nm，对应的禁带宽度值为 3.2eV，这表明制备的氧化锌腐蚀产物仅具有紫外光吸收性能，不具有可见光吸收性能。

7.8.2　氧化锌在氯化钠溶液中与锌偶联体系的光电化学效应

将制备的氧化锌腐蚀产物涂覆在 ITO 导电玻璃上，制备成氧化锌腐蚀产物光电极，并采用 4.1 节所示的实验装置，对制备的氧化锌腐蚀产物的光电化学效应进行了定量表征。同时，从实验上直接观察在白光辐射条件下，电子在氧化锌腐

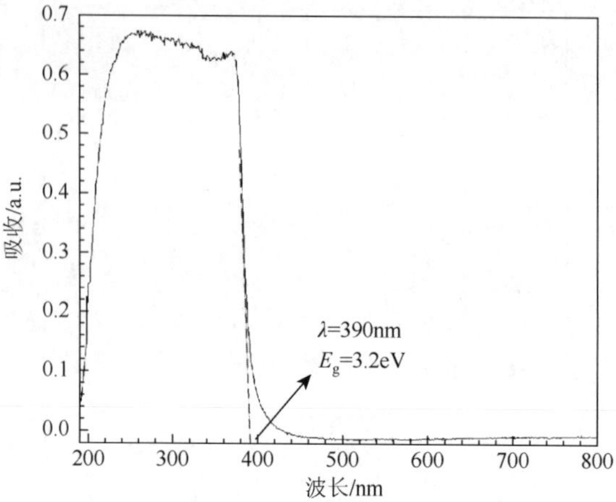

图 7-13　制备的氧化锌的紫外-可见漫反射光谱图

蚀产物和基底锌之间的流向，从而可以直观地证明氧化锌的光电化学效应对金属锌大气腐蚀过程的影响规律。

在白光辐射下，将氧化锌薄膜光电极放置在含 3.5%氯化钠溶液的光电池中（见 4.1 节所示的实验装置示意图），测试氧化锌薄膜光电极与纯锌电极偶联后体系的光致电位和光生电流密度数据以评价氧化锌在氯化钠溶液中的光电化学效应。接下来测量氧化锌薄膜光电极（放置在 3.5%氯化钠溶液中）与纯锌电极的偶联体系在白光照射下的光致电位和光生电流密度，结果如图 7-14 和图 7-15 所示。

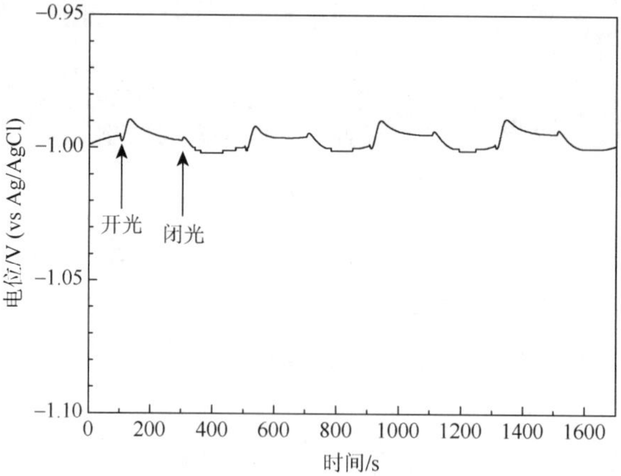

图 7-14　在 3.5%氯化钠溶液中，氧化锌薄膜光电极与纯锌电极的偶联体系在白光开光与闭光循环下，该偶联体系的开路电位随时间的变化曲线

图 7-14 是在白光开光和闭光条件下，氧化锌薄膜光电极与纯锌电极偶联体系的开路电位随时间的变化曲线。图 7-15 则是在白光开光和闭光条件下，氧化锌薄

膜光电极与纯锌电极偶联体系的电流密度随时间的变化曲线。在开光前，氧化锌薄膜光电极在 3.5%氯化钠溶液中的开路电位值为−0.04V（vs Ag/AgCl），纯锌电极在 3.5%氯化钠溶液中的开路电位值为−1.0V（vs Ag/AgCl）。氧化锌薄膜光电极与纯锌电极的偶联体系在暗态条件下，在 3.5%氯化钠溶液中测试得到的混合电位比−1.0V 略微正移，如图 7-14 所示。在白光辐射条件下，与氧化锌薄膜光电极偶联后的纯锌电极的开路电位值迅速正移，并随时间延长而略有下降，但依然比开光前的电位正。在当前实验条件下，腐蚀产物氧化锌的光电化学效应可以引起几毫伏的正的光致电位变化，光致电位的数值不是很稳定。由此可知，在白光辐射条件下，正的光致电位会加速偶联的基底金属锌的阳极溶解速度，从而促进锌的腐蚀过程。

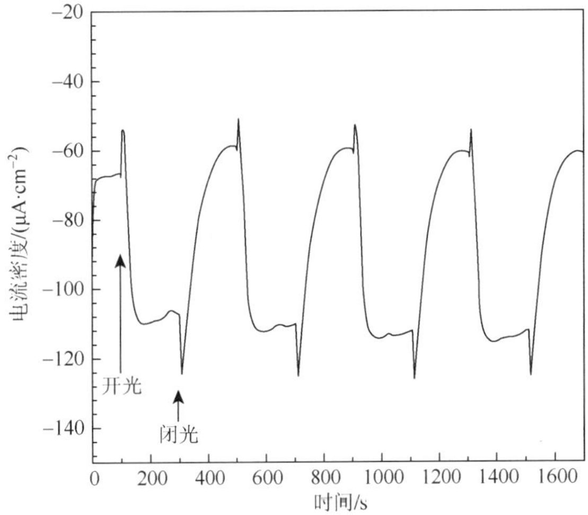

图 7-15　在 3.5%氯化钠溶液中，氧化锌薄膜光电极与纯锌电极的偶联体系在白光开光与闭光循环下，该偶联体系的电流密度随时间的变化曲线

图 7-15 则是在白光开光和闭光条件下，氧化锌薄膜光电极与纯锌电极偶联体系的电流密度随时间的变化曲线。由于在暗态条件下，氧化锌薄膜光电极与纯锌电极在氯化钠溶液中的自腐蚀电位不一样，它们在暗态条件下偶联后会引发约−68μA·cm^{-2} 的电偶电流。按本研究中电化学工作站的连接方法，负的电流表明电子是从纯锌电极通过电化学工作站流到氧化锌薄膜光电极上的。在此条件下，纯锌作为阳极，电子主要来自于纯锌的阳极溶解，随后该阳极溶解产生的电子转移到氧化锌薄膜光电极上，并在氧化锌薄膜光电极与氯化钠电解液接触的界面上，与溶解氧发生氧的还原反应。当引入白光辐射后，电流密度迅速朝负方向增大。也就是说，在白光辐射条件下，氧化锌薄膜光电极从纯锌试样中夺取电子，从而进一步加速纯锌的阳极溶解过程。众所周知，氧化锌为 n 型半导体。在可见光辐射下，由于氧化

锌的光电化学效应，位于价带上的电子受到光子激发后跃迁到导带上，光生空穴则留在价带上。但是，由氧化锌产生的光生电子并没有转移到与之偶联的纯锌电极表面。这主要是由于纯锌电极的自腐蚀电位值明显低于氧化锌的导带电位。因此，光生电子会转移到氧化锌与氯化钠电解液接触的相界面上，参与在该界面处发生的氧还原反应。而氧化锌产生的光生空穴会捕获由纯锌阳极溶解所产生的电子，从而导致在白光辐射条件下，该偶联体系的电流密度明显向负方向增大。

如图 7-15 所示，随着白光开光与闭光循环的增加，氧化锌薄膜光电极与纯锌电极偶联体系在开光前后的电流密度变化值大约为$-54\mu A\cdot cm^{-2}$，也就是说，在这种情况下，氧化锌的光生电流密度为$-54\mu A\cdot cm^{-2}$。这意味着在白光的照射下，大约有 $54\mu A\cdot cm^{-2}$ 的电流从氧化锌光电极流向纯锌电极。该结果表明，氧化锌的光电化学效应加速了与之偶联的金属锌的腐蚀过程。经过计算，在白光辐射下，在 1s 内，由氧化锌腐蚀产物薄膜光电极的光电化学效应所产生的光生空穴可以从与之偶联的纯锌试样上夺取 3.37×10^{14} 个阳极溶解所产生的电子，即 50mg（制备该薄膜光电极所用的氧化锌的量）的氧化锌所产生的光电化学效应，可以导致 $1.83\times10^{-8}g\cdot cm^{-2}$ 的锌在 1s 内被腐蚀掉。

图 7-15 的研究结果直接证明了由具有半导体性质腐蚀产物的光电化学效应产生的光生电子和光生空穴在腐蚀产物层中的迁移方向及对基底金属腐蚀过程的影响机理。在潮湿的大气环境中，覆盖着氧化锌腐蚀产物的纯锌试样在紫外光照辐射下，由于氧化锌的光电化学效应而产生的光生空穴也会直接夺取基底金属锌的阳极溶解产生的电子，从而加速基底金属锌的大气腐蚀速率。而光生电子则会迁移至腐蚀产物与氯化钠电解液接触的界面，参与在该界面发生的阴极氧还原反应，从而促进了锌大气腐蚀的阴极过程。虽然实验条件有差异，具体的影响程度与图 7-15 中的数据会有所不同，但是上述影响机理依然相同，仍可作为机理研究的参考。

7.8.3 氧化锌在硫化钠溶液中与锌偶联体系的光电化学效应

在氯化钠溶液中，由氧化锌的光电化学效应产生的光生空穴只能氧化水生成氧气［式（5-5)］，由于该反应的电位较正，所以该反应的进行在热力学上会比较困难。由于在氯化钠溶液中没有有效的空穴清除剂，氧化锌在光照辐射下产生的空穴会在其价带上累积，空穴直接和基底金属锌发生反应，夺取锌阳极溶解产生的电子，这一步反应比式（5-5）在热力学上更容易进行。如果溶液中存在有效的空穴捕获剂，光生空穴和基底金属发生的反应就会受到抑制，光生电子就可以转移到基底金属上，并在一定程度上减缓基底金属的大气腐蚀过程。

在本研究中，将氧化锌薄膜光电极浸入含 $0.1mol\cdot L^{-1}$ 硫化钠和 $0.2mol\cdot L^{-1}$ 氢氧化钠混合溶液的光电化学池中进行测试。硫化钠溶液是比水更有效的空穴捕获剂。当氧化锌薄膜光电极被放入含 S^{2-}的溶液中时，由于硫化钠溶液中 S/S^{2-}的氧化还

原电位比 O_2/H_2O 的负很多，S^{2-}将代替 H_2O 优先捕获氧化锌价带上的光生空穴，具体的反应机理如下[14]

$$S^{2-}+2h^+ \longrightarrow S$$

$$E=-0.508V \text{ vs SHE}（-0.705V \text{ vs Ag/AgCl}） \tag{7-5}$$

上述反应的反应能垒很低，导致光生空穴的消耗速率显著提高。因此，这个反应极大地促进了氧化锌价带上光生空穴的去极化，大量的光生电子被分离并激发到氧化锌的导带上，从而在光照辐射条件下氧化锌薄膜光电极的开路电位移动到很负的数值。图 7-16 是将氧化锌薄膜光电极浸入浓度为 3.5%的氯化钠溶液（实线）、浓度为 $0.1mol·L^{-1}$ 的硫化钠和浓度为 $0.2mol·L^{-1}$ 的氢氧化钠混合溶液（虚线）中，在白光开光和闭光循环条件下，氧化锌薄膜光电极的开路电位随时间的变化曲线。由图可见，在氯化钠溶液中，氧化锌薄膜光电极在暗态条件下的开路电位值为−0.04V（vs Ag/AgCl），在白光开光辐射后，它的开路电位值迅速负移至−0.32V（vs Ag/AgCl），因此氧化锌薄膜光电极在氯化钠溶液中的光致开路电位值为−280mV。而在浓度为 $0.1mol·L^{-1}$ 的硫化钠和浓度为 $0.2mol·L^{-1}$ 的氢氧化钠混合溶液中，氧化锌薄膜光电极在暗态条件下的开路电位值为−0.45V（vs Ag/AgCl），在白光开光辐射后，它的开路电位值迅速负移至−1.0V（vs Ag/AgCl），因此氧化锌薄膜光电极在硫化钠溶液中的光致开路电位值为−550mV。与在氯化钠溶液中的光致电位相比，氧化锌薄膜光电极在浓度为 $0.1mol·L^{-1}$ 的硫化钠和浓度为 $0.2mol·L^{-1}$ 的氢氧化钠混合溶液中比它在氯化钠溶液中具有更强的光电化学效应。该光电化学效应可能对金属的腐蚀起到抑制作用。在本研究中，在硫化钠溶液中加入氢氧化钠是为了使溶液中的硫化钠更稳定。

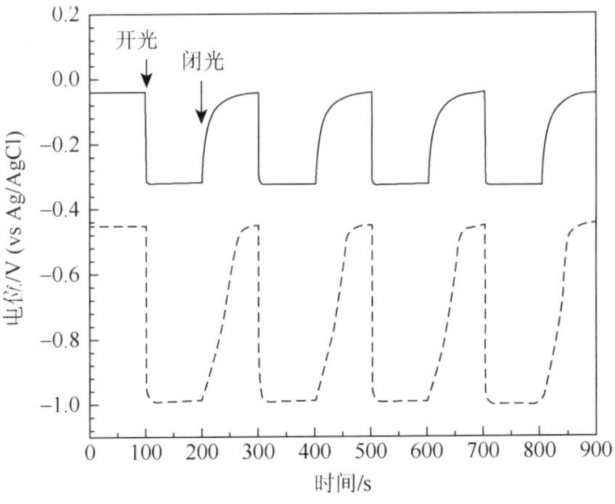

图 7-16　在浓度为 3.5%的氯化钠溶液（实线）、浓度为 $0.1mol·L^{-1}$ 的硫化钠和浓度为 $0.2mol·L^{-1}$ 的氢氧化钠混合溶液（虚线）中，在白光开光和闭光循环条件下，氧化锌薄膜光电极的开路电位随时间的变化曲线

采用与上节相同的方法，测量氧化锌薄膜光电极与纯锌电极偶联体系在浓度为 0.1mol·L^{-1} 的硫化钠和浓度为 0.2mol·L^{-1} 的氢氧化钠混合溶液中的光电化学效应。采用在白光辐射下，将氧化锌薄膜光电极放置在浓度为 0.1mol·L^{-1} 的硫化钠和浓度为 0.2mol·L^{-1} 的氢氧化钠混合溶液的光电池中，将纯锌电极放置在含 3.5%氯化钠溶液的腐蚀池中（见 4.1 节所示的实验装置示意图），测试氧化锌薄膜光电极与纯锌电极偶联后体系的光致电位和光生电流密度数据，并以此来评价氧化锌在浓度为 0.1mol·L^{-1} 的硫化钠和浓度为 0.2mol·L^{-1} 的氢氧化钠混合溶液中的光电化学效应，测试结果如图 7-17 和图 7-18 所示。

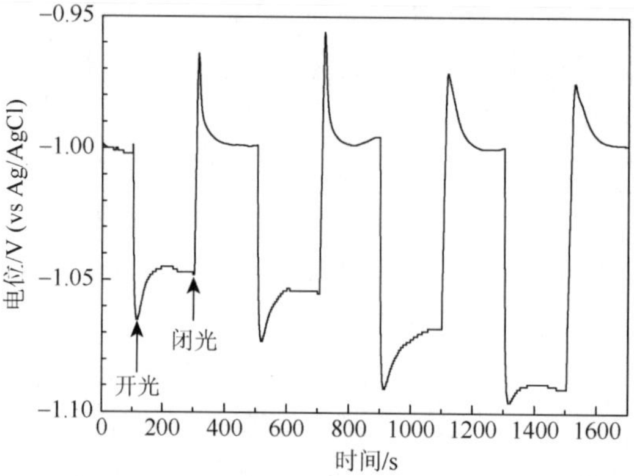

图 7-17　将氧化锌薄膜光电极浸入浓度为 0.1mol·L^{-1} 的硫化钠和浓度为 0.2mol·L^{-1} 的氢氧化钠混合溶液中并将纯锌电极浸入 3.5%氯化钠溶液中，二者之间通过 Nafion 膜进行离子导电，氧化锌薄膜光电极与纯锌电极的偶联体系在白光开光与闭光循环下，该偶联体系的开路电位随时间的变化曲线

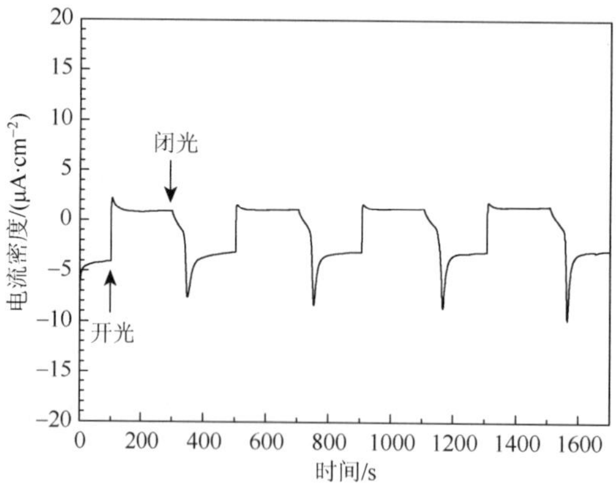

图 7-18　将氧化锌薄膜光电极浸入浓度为 0.1mol·L^{-1} 的硫化钠和浓度为 0.2mol·L^{-1} 的氢氧化钠混合溶液中并将纯锌电极浸入 3.5%氯化钠溶液中，二者之间通过 Nafion 膜进行离子导电，氧化锌薄膜光电极与纯锌电极的偶联体系在白光开光与闭光循环下，该偶联体系的电流密度随时间的变化曲线

图 7-17 是在白光开光和闭光条件下，氧化锌薄膜光电极与纯锌电极偶联体系的开路电位随时间的变化曲线。图 7-18 是在白光开光和闭光条件下，氧化锌薄膜光电极与纯锌电极偶联体系的电流密度随时间的变化曲线。在开光前，氧化锌薄膜光电极在浓度为 $0.1mol \cdot L^{-1}$ 的硫化钠和浓度为 $0.2mol \cdot L^{-1}$ 的氢氧化钠混合溶液中的开路电位值为–0.45V（vs Ag/AgCl），纯锌电极在 3.5%氯化钠溶液中的开路电位值为–1.0V（vs Ag/AgCl）。氧化锌薄膜光电极与纯锌电极的偶联体系在暗态条件下，在 3.5%氯化钠溶液中测试得到的混合电位也在–1.0V（vs Ag/AgCl）左右，如图 7-17 所示。在白光辐射条件下，与氧化锌薄膜光电极偶联后的纯锌电极的开路电位值迅速负移至–1.05V（vs Ag/AgCl），并随白光开光与闭光循环进行，电位负移值继续增大。由图 7-17 可见，氧化锌薄膜光电极的光致开路电位值为–50～–90mV。负的光致电位表明氧化锌薄膜光电极的光电化学效应会使得与之偶联的金属锌电极的腐蚀受到抑制。

图 7-18 则是在白光开光和闭光条件下，氧化锌薄膜光电极与纯锌电极偶联体系的电流密度随时间的变化曲线。尽管这两个电极在暗态条件下的开路电位差别比较大，它们在暗态条件下偶联后引发的电偶电流比较小，约为 $-4\mu A \cdot cm^{-2}$。当引入白光辐射后，电流密度迅速朝正方向增大。这表明在白光辐射条件下，光生电子从氧化锌薄膜光电极流入纯锌电极，从而减缓了锌的腐蚀过程。由图 7-18 可见，氧化锌薄膜光电极在这种实验条件下的光致电流密度比较小，因此，由氧化锌薄膜光电极的光电化学效应引起的减缓基底金属的腐蚀效果有限。

7.8.4　氧化锌在氯化钠溶液中与 Q235 碳钢偶联的光电化学效应

采用与 7.8.2 节相同的方法研究氧化锌在氯化钠溶液中与 Q235 碳钢偶联体系的光电化学效应。白光辐射下，将氧化锌薄膜光电极放置在含 3.5%氯化钠溶液的光电池中（见 4.1 节所示的实验装置示意图），测试氧化锌薄膜光电极与 Q235 碳钢电极偶联后体系的光致电位和光生电流密度数据，用以评价它们的光电化学效应，测试结果如图 7-19 和图 7-20 所示。

图 7-19 是在白光开光和闭光条件下，氧化锌薄膜光电极与 Q235 碳钢电极偶联体系的开路电位随时间的变化曲线。图 7-20 是在白光开光和闭光条件下，氧化锌薄膜光电极与纯锌电极偶联体系的电流密度随时间的变化曲线。在开光前，氧化锌薄膜光电极在 3.5%氯化钠溶液中的开路电位值为–0.04V（vs Ag/AgCl），Q235 碳钢电极在 3.5%氯化钠溶液中的开路电位值为–0.60V（vs Ag/AgCl）。氧化锌薄膜光电极与 Q235 碳钢电极的偶联体系在暗态条件下，在 3.5%氯化钠溶液中测试得到的混合电位大约为–0.58V（vs Ag/AgCl），如图 7-19 所示。在白光辐射条件下，与氧化锌薄膜光电极偶联后的 Q235 碳钢电极的开路电位值迅速正移，但其正移值不大，即在当前实验条件下，由腐蚀产物氧化锌的光电化学效应仅能引起约几毫伏的正光致电位，并且该光致电位不稳定，这一结果与氧化锌薄膜光电极和纯锌光电极偶联

体系的相似。同样，在这种情况下，氧化锌薄膜光电极的光电化学效应会加速与之偶联的基底金属 Q235 碳钢的阳极溶解速度，从而促进它的腐蚀过程。

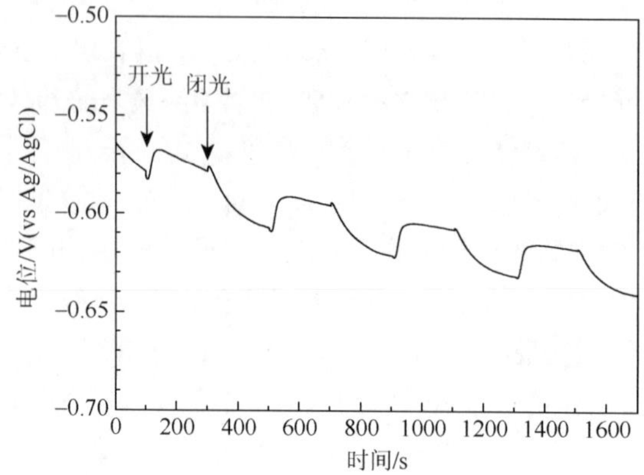

图 7-19　在 3.5%氯化钠溶液中，氧化锌薄膜光电极与 Q235 碳钢电极的偶联体系在白光开光与闭光循环下，该偶联体系的开路电位随时间的变化曲线

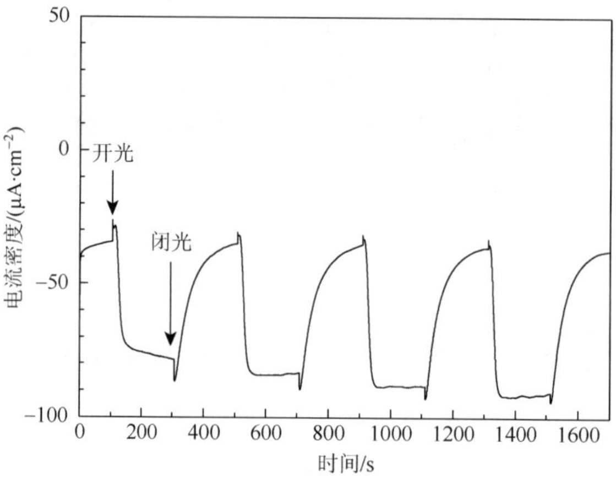

图 7-20　在 3.5%氯化钠溶液中，氧化锌薄膜光电极与 Q235 碳钢电极的偶联体系在白光开光与闭光循环下，该偶联体系的电流密度随时间的变化曲线

图 7-20 是在白光开光和闭光条件下，氧化锌薄膜光电极与纯锌电极偶联体系的电流密度随时间的变化曲线。由于在暗态条件下，氧化锌薄膜光电极与纯锌电极在氯化钠溶液中的自腐蚀电位不同，所以在暗态条件下偶联后两电极之间会引发约$-40\mu A\cdot cm^{-2}$的电偶电流。按本研究的电化学工作站的连接方法，负的电流表明电子是从 Q235 碳钢电极通过电化学工作站流到氧化锌薄膜光电极上。在此条件下，Q235 碳钢作为阳极，电子主要来自于铁的阳极溶解，随后该阳极溶解产生的电子转移到氧化锌薄膜光电极上，并在氧化锌薄膜光电极与氯化钠电解液接触

的界面上与溶解氧发生氧的还原反应。当白光辐射时，二者之间的电流密度迅速朝负方向增大。该现象表明在白光辐射条件下，氧化锌薄膜光电极能够从 Q235 碳钢试样中夺取电子，从而进一步加速 Q235 碳钢的阳极溶解过程。

如图 7-20 所示，随着白光开光与闭光循环的增加，氧化锌薄膜光电极与纯锌电极偶联体系在开光前后的电流密度变化值大约为$-40\mu A\cdot cm^{-2}$。这表明在该实验条件下，氧化锌的光生电流密度为$-40\mu A\cdot cm^{-2}$。这就意味着在可见光的照射下，大约有 $40\mu A\cdot cm^{-2}$ 的电流从氧化锌光电极流向 Q235 碳钢电极。这一结果表明，氧化锌的光电化学效应加速了与之偶联的 Q235 碳钢的腐蚀过程。经计算，在可见光辐射下，在 1s 内，由氧化锌腐蚀产物薄膜光电极的光电化学效应所产生的光生空穴可以从与之偶联的纯锌试样上夺取 2.50×10^{14} 个阳极溶解产生的电子，即 50mg（制备该薄膜光电极所用的氧化锌的量）的氧化锌所产生的光电化学效应，可以导致 $1.16\times10^{-8}g\cdot cm^{-2}$ 的 Q235 碳钢在 1s 内被腐蚀掉。

与 7.8.2 节的结果相同，氧化锌薄膜光电极在氯化钠溶液中的光电化学效应也会促进与之偶联的 Q235 碳钢的腐蚀。

7.8.5　氧化锌在硫化钠溶液中与 Q235 碳钢偶联的光电化学效应

采用与 7.8.3 节相同的方法，将氧化锌薄膜光电极浸入到含 $0.1mol\cdot L^{-1}$ 硫化钠和 $0.2mol\cdot L^{-1}$ 氢氧化钠混合溶液的光电化学池（见 4.1 节所示的实验装置示意图）中进行测试，偶联金属电极是 Q235 碳钢电极。采用在白光辐射下，测试氧化锌薄膜光电极与 Q235 碳钢电极偶联后体系的光致电位和光生电流密度数据，用以评价氧化锌薄膜光电极的光电化学效应，测试结果如图 7-21 和图 7-22 所示。

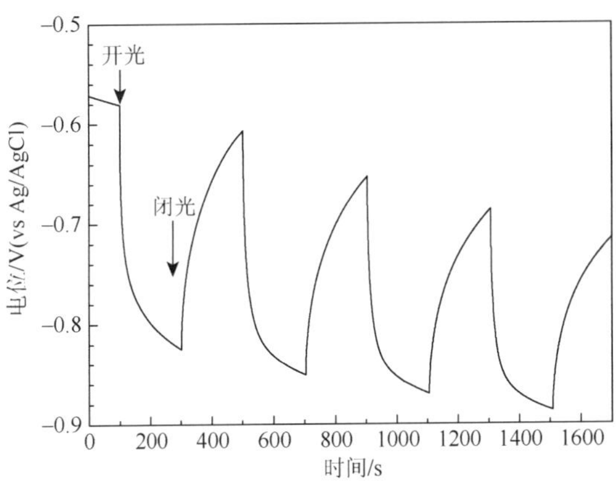

图 7-21　将氧化锌薄膜光电极浸入浓度为 $0.1mol\cdot L^{-1}$ 的硫化钠和浓度为 $0.2mol\cdot L^{-1}$ 的氢氧化钠混合溶液中并将纯锌电极浸入 3.5%氯化钠溶液中，二者之间通过 Nafion 膜进行离子导电，氧化锌薄膜光电极与 Q235 碳钢电极的偶联体系在白光开光与闭光循环下，该偶联体系的开路电位随时间的变化曲线

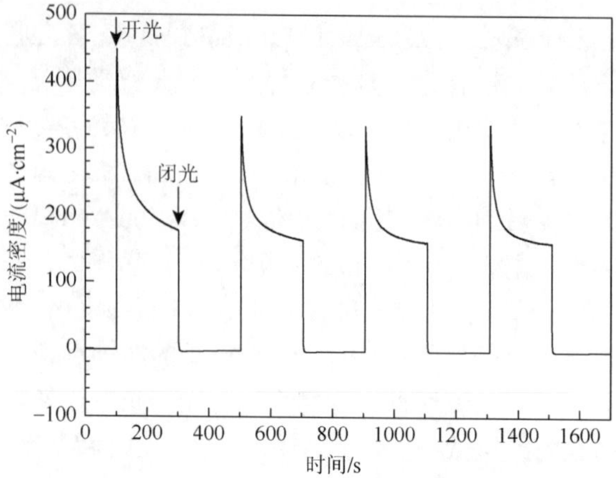

图 7-22　将氧化锌薄膜光电极浸入浓度为 0.1mol·L^{-1} 的硫化钠和浓度为 0.2mol·L^{-1} 的氢氧化钠混合溶液中并将纯锌电极浸入 3.5%氯化钠溶液中，二者之间通过 Nafion 膜进行离子导电，氧化锌薄膜光电极与 Q235 碳钢电极的偶联体系在白光开光与闭光循环下，该偶联体系的电流密度随时间的变化曲线

图 7-21 是在白光开光和闭光条件下，氧化锌薄膜光电极与 Q235 碳钢电极偶联体系的开路电位随时间的变化曲线。图 7-22 是在白光开光和闭光条件下，氧化锌薄膜光电极与 Q235 碳钢电极偶联体系的电流密度随时间的变化曲线。在开光前，氧化锌薄膜光电极在浓度为 0.1mol·L^{-1} 的硫化钠和浓度为 0.2mol·L^{-1} 的氢氧化钠混合溶液中的开路电位值为–0.45V（vs Ag/AgCl），Q235 碳钢电极在 3.5%氯化钠溶液中的开路电位值为–0.60V（vs Ag/AgCl）。氧化锌薄膜光电极与 Q235 碳钢电极的偶联体系在暗态条件下测试得到的混合电位大约为–0.58V（vs Ag/AgCl），如图 7-21 所示。在白光辐射条件下，与氧化锌薄膜光电极偶联后的 Q235 碳钢电极的开路电位值迅速负移至–0.83V（vs Ag/AgCl）左右，并随白光开光与闭光循环进行，电位负移值继续增大。由图 7-21 可见，氧化锌薄膜光电极的光致电位值约为–200mV。负的光致电位表明氧化锌薄膜光电极的光电化学效应会使得与之偶联的金属锌电极在实验测量条件下的腐蚀受到抑制。

图 7-22 则是在白光开光和闭光条件下，氧化锌薄膜光电极与 Q235 碳钢电极偶联体系的电流密度随时间的变化曲线。尽管这两个电极在暗态条件下的开路电位差别比较大，但它们在暗态条件下偶联后引发的电偶电流非常小。当引入白光辐射后，电流密度迅速朝正方向增大。也就是说，在白光辐射条件下，光生电子从氧化锌薄膜光电极流入 Q235 碳钢电极，从而减缓了 Q235 碳钢的腐蚀过程。由图 7-22 可见，氧化锌薄膜光电极在这种实验条件下的光致电流密度大约为 170μA·cm^{-2}，如此大的光致电流密度可以很好地抑制 Q235 碳钢的腐蚀过程。

图 7-23 是将浸泡在含 3.5%氯化钠溶液的腐蚀池中的 Q235 碳钢电极偶联上放入含 $0.1mol \cdot L^{-1}$ 硫化钠和 $0.2mol \cdot L^{-1}$ 氢氧化钠混合溶液的氧化锌薄膜光电极在白光辐射 2h 后的光学照片[图 7-23（a）]及单独的 Q235 碳钢电极（没有偶联氧化锌薄膜光电极）直接在含 3.5%氯化钠溶液的腐蚀池中暴露 2h 后的光学照片［图 7-23（b）]。如图 7-23（a）所示，由于氧化锌薄膜光电极在含硫化钠的溶液中在白光照射下产生的光生电子迁移至 Q235 碳钢电极，Q235 碳钢受到了有效的阴极保护。所以，在暴露 2h 后，Q235 碳钢试样表面仍然保持金属光泽，没有腐蚀的迹象。然而，对于单独在 3.5%氯化钠溶液中暴露 2h 后的 Q235 碳钢试样，其表面出现了大量的腐蚀锈点，表明在 Q235 碳钢表面发生了严重的腐蚀［图 7-23（b)]。从图 7-23 可以直观地看到，氧化锌薄膜光电极产生的光生电子转移到与之偶联的 Q235 碳钢电极上，并保护偶联金属免受腐蚀破坏。

图 7-23　（a）Q235 碳钢浸泡在含 3.5%氯化钠溶液的腐蚀池中并偶联浸泡在 $0.1mol \cdot L^{-1}$ 硫化钠和 $0.2mol \cdot L^{-1}$ 氢氧化钠混合溶液的光电池中的氧化锌薄膜光电极后，在白光辐射 2h 后的光学照片；（b）单独的 Q235 碳钢在含 3.5%氯化钠溶液的腐蚀池中暴露 2h 后的光学照片

7.8.6　氧化锌在氯化钠溶液中与 304 不锈钢偶联的光电化学效应

采用与 7.8.2 节相同的方法研究氧化锌在氯化钠溶液中与 304 不锈钢偶联体系的光电化学效应。在白光辐射下，将氧化锌薄膜光电极放置在含 3.5%氯化钠溶液的光电池中（见 4.1 节所示的实验装置示意图），测试氧化锌薄膜光电极与 304 不锈钢电极偶联后体系的光致电位和光生电流密度数据，用以评价氧化锌薄膜光电极的光电化学效应，测试结果如图 7-24 和图 7-25 所示。

图 7-24 是在白光开光和闭光条件下，氧化锌薄膜光电极与 304 不锈钢电极偶

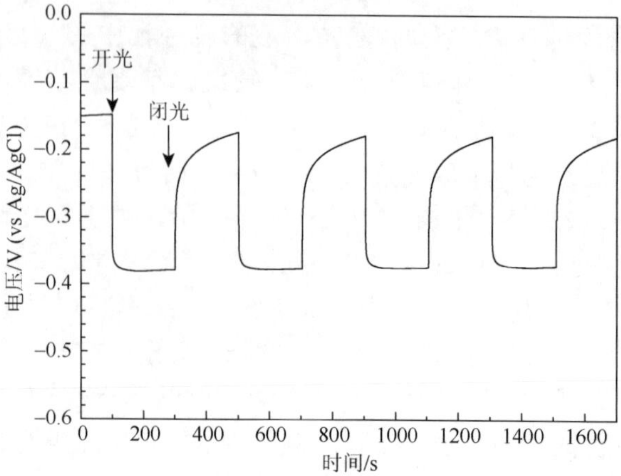

图 7-24　在 3.5%氯化钠溶液中，氧化锌薄膜光电极与 304 不锈钢电极的偶联体系在白光开光与闭光循环下，该偶联体系的开路电位随时间的变化曲线

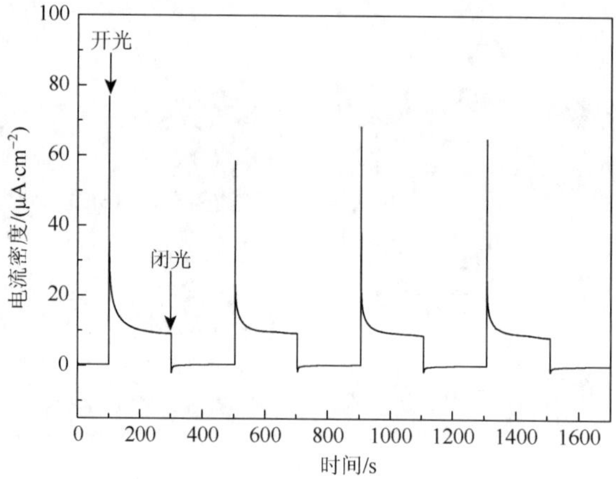

图 7-25　在 3.5%氯化钠溶液中，氧化锌薄膜光电极与 304 不锈钢电极的偶联体系在白光开光与闭光循环下，该偶联体系的电流密度随时间的变化曲线

联体系的开路电位随时间的变化曲线。图 7-25 是在白光开光和闭光条件下，氧化锌薄膜光电极与 304 不锈钢电极偶联体系的电流密度随时间的变化曲线。在开光前，氧化锌薄膜光电极在 3.5%氯化钠溶液中的开路电位值为−0.04V（vs Ag/AgCl），304 不锈钢电极在 3.5%氯化钠溶液中的开路电位值为−0.15V（vs Ag/AgCl）。氧化锌薄膜光电极与 304 不锈钢电极的偶联体系在暗态条件下，在 3.5%氯化钠溶液中测试得到的混合电位接近 304 不锈钢电极的电位，为−0.15V（vs Ag/AgCl），如图 7-24 所示。在白光辐射条件下，与氧化锌薄膜光电极偶联后的 304 不锈钢电极的开路电位值迅速负移至−0.37V（vs Ag/AgCl）。因此，在当前实验条件下，由

腐蚀产物氧化锌的光电化学效应可以引起约–220mV 的光致电位。该实验结果表明，氧化锌薄膜光电极的光电化学效应会减缓与之偶联的基底金属 304 不锈钢的阳极溶解速率，从而抑制它的腐蚀过程。

图 7-25 是在白光开光和闭光条件下，氧化锌薄膜光电极与 304 不锈钢电极偶联体系的电流密度随时间的变化曲线。在暗态条件下，偶联体系之间尽管有不同的自腐蚀电位，但它们之间的电偶电流接近于零。当引入白光辐射后，二者之间的电流密度迅速朝正方向增大。按本研究的电化学工作站的连接方法，正的电流表明电子是从氧化锌薄膜光电极通过电化学工作站流到 304 不锈钢电极上，也就是说，在这种情况下，氧化锌薄膜光电极在白光辐射下产生的光生电子转移到与之偶联的基底金属 304 不锈钢电极上。转移到 304 不锈钢电极上的电子会参与 304 不锈钢与电解液接触的界面的氧阴极还原反应，并为该金属材料提供光电化学阴极保护。在实际应用中，表面覆盖上纯锌镀层的 304 不锈钢材料就可以应用到条件比较恶劣的、具有高强度日照辐射的大气环境中。例如，在我国的南海海洋大气环境中，光照辐射强度比其他海域大得多，普通的金属材料在该环境中会由于光电化学效应而遭受严重的腐蚀破坏。然而，采用表面涂覆纯锌镀层的不锈钢后，就可以利用它本身的腐蚀产物的光电化学效应来提供光电化学阴极保护，进而获得良好的大气腐蚀防护性能。

如图 7-25 所示，在白光辐射条件下，氧化锌薄膜光电极的光生电流密度大约为 $9\mu A\cdot cm^{-2}$。该测试结果表明白光辐射条件下，氧化锌薄膜光电极的光电化学效应可以为偶联的基底金属 304 不锈钢提供的光电化学阴极保护电流密度为 $9\mu A\cdot cm^{-2}$。

7.8.7　氧化锌在硫化钠溶液中与 304 不锈钢偶联的光电化学效应

采用与 7.8.3 节相同的方法，将氧化锌薄膜光电极浸入含 $0.1mol\cdot L^{-1}$ 硫化钠和 $0.2mol\cdot L^{-1}$ 氢氧化钠混合溶液的光电化学池（见 4.1 节所示的实验装置示意图）中进行测试，偶联的金属电极为 304 不锈钢电极。在白光辐射下，测试氧化锌薄膜光电极与 304 不锈钢电极偶联后体系的光致电位和光生电流密度数据，用以评价氧化锌薄膜光电极的光电化学效应，测试结果如图 7-26 和图 7-27 所示。

图 7-26 是在白光开光和闭光条件下，氧化锌薄膜光电极与 304 不锈钢电极偶联体系的开路电位随时间的变化曲线。图 7-27 是在白光开光和闭光条件下，氧化锌薄膜光电极与 304 不锈钢电极偶联体系的电流密度随时间的变化曲线。开光前，氧化锌薄膜光电极在浓度为 $0.1mol\cdot L^{-1}$ 的硫化钠和浓度为 $0.2mol\cdot L^{-1}$ 的氢氧化钠混合溶液中的开路电位值为–0.45V（vs Ag/AgCl），304 不锈钢电极在 3.5%氯化钠溶液中的开路电位值为–0.15V（vs Ag/AgCl）。氧化锌薄膜光电极与 304 不锈钢电

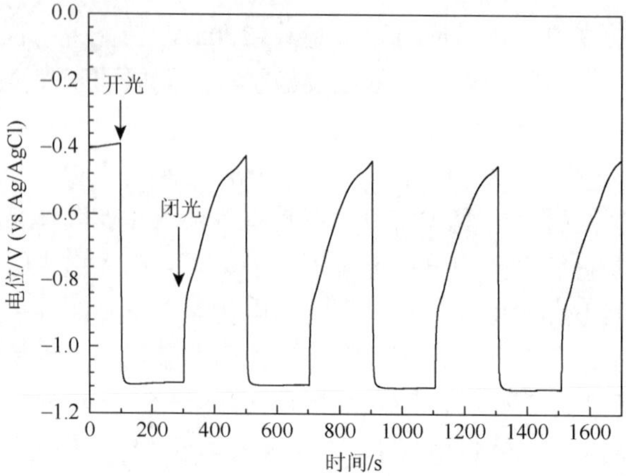

图 7-26　将氧化锌薄膜光电极浸入浓度为 0.1mol·L^{-1}的硫化钠和浓度为 0.2mol·L^{-1}的氢氧化钠混合溶液中，并将 304 不锈钢电极浸入 3.5%氯化钠溶液中，二者之间通过 Nafion 膜进行离子导电，氧化锌薄膜光电极与 304 不锈钢电极的偶联体系在白光开光与闭光循环下，该偶联体系的开路电位随时间的变化曲线

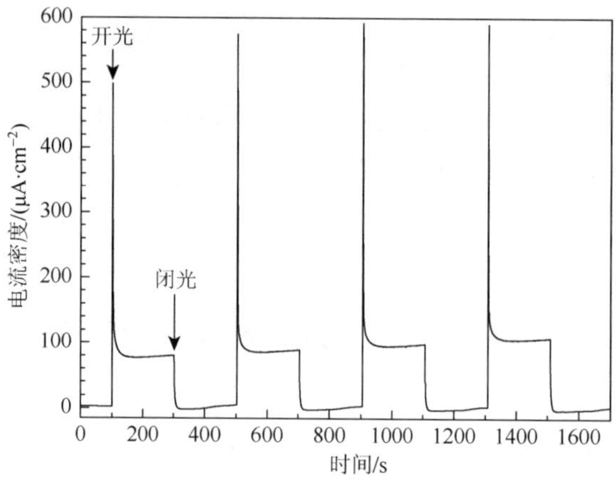

图 7-27　将氧化锌薄膜光电极浸入浓度为 0.1mol·L^{-1}的硫化钠和浓度为 0.2mol·L^{-1}的氢氧化钠混合溶液中，并将 304 不锈钢电极浸入 3.5%氯化钠溶液中，二者之间通过 Nafion 膜进行离子导电，氧化锌薄膜光电极与 304 不锈钢电极的偶联体系在白光开光与闭光循环下，该偶联体系的电流密度随时间的变化曲线

极的偶联体系在暗态条件下测试得到的混合电位大约为−0.40V（vs Ag/AgCl），如图 7-26 所示。在白光辐射条件下，与氧化锌薄膜光电极偶联后的 304 不锈钢电极的开路电位值迅速负移至约−1.12V（vs Ag/AgCl）。该测试结果表明在这种实验条件下，氧化锌薄膜光电极的光致电位值约为−720mV。负的光致电位表明氧化锌薄膜光电极的光电化学效应使得与之偶联的 304 不锈钢电极在实验测量条件下的腐

蚀受到抑制。

图 7-27 是在白光开光和闭光条件下，氧化锌薄膜光电极与 304 不锈钢电极偶联体系的电流密度随时间的变化曲线。尽管这两个电极在暗态条件下的开路电位差别比较大，但是它们在暗态条件下偶联后引发的电偶电流非常小，接近于零。当引入白光辐射后，电流密度迅速朝正方向增大。也就是说，在白光辐射条件下，光生电子从氧化锌薄膜光电极流入 304 不锈钢电极，从而减缓了 304 不锈钢的腐蚀过程。由图 7-27 可知，氧化锌薄膜光电极在这种实验条件下的光致电流密度大约为 90μA·cm^{-2}，如此大的光致电流密度可以很好地抑制 304 不锈钢的腐蚀。

7.8.8　氧化锌在氯化钠溶液中对偶联的金属光电作用机理

上述实验结果表明，氧化锌薄膜光电极在氯化钠溶液中的光电化学效应会加速与之偶联的纯锌电极和 Q235 碳钢电极的腐蚀过程。而对于 304 不锈钢，氧化锌在氯化钠溶液中的光电化学效应可以为之提供光生电子，从而可以为之提供光电化学阴极保护。那么，在白光辐射下，氧化锌在氯化钠溶液中的光电化学效应是如何影响金属基底的腐蚀过程的呢？氧化锌的光电化学效应及它对偶联金属腐蚀的影响与电解液和金属本身的哪些性质相关呢？本节将探讨氧化锌在氯化钠溶液中对偶联金属的光电作用机理。

图 7-28 是在氯化钠溶液中的氧化锌在暗态和在白光辐射条件下对偶联的纯锌、Q235 碳钢和 304 不锈钢腐蚀的影响机理示意图。氧化锌薄膜光电极和偶联金属都浸入氯化钠溶液中。图 7-28（a）是在暗态条件下和在氯化钠溶液中的氧化锌的能带结构、氯化钠溶液的氧化还原电位和偶联金属（纯锌、Q235 碳钢和 304 不锈钢）在氯化钠溶液中的开路电位的相对位置及氧化锌和氯化钠电解液在暗态下接触后的能带弯曲情况和电子流向示意图。图 7-28（b）是在白光辐射条件下，与氯化钠电解液接触的氧化锌的能带结构和弯曲情况、偶联金属（纯锌、Q235 碳钢和 304 不锈钢）在氯化钠溶液中的开路电位的相对位置及光生电子流向、光生空穴去极化的氧化还原电位等的示意图。每张图的左边标示了纯锌、Q235 碳钢和 304 不锈钢在 3.5%氯化钠溶液中的开路电位（电位值相对于参比电极 Ag/AgCl）。电势轴的下方为正，上方为负。纯锌、Q235 碳钢和 304 不锈钢在 3.5%氯化钠溶液中的开路电位分别为−1.0V、−0.6V 和−0.15V（vs Ag/AgCl）。每张图的中间部分标示出了氧化锌半导体材料的导带电位、价带电位和氧化锌薄膜光电极的开路电位的位置。同时，每张图的右边给出了氯化钠电解液 O_2/H_2O 的氧化还原电位。

众所周知，氧化锌是 n 型半导体，它的费米能级位于它的导带下方并非常接近于其导带位置[15, 16]。当氧化锌浸入氯化钠溶液中时，由于氧化锌的费米能级与

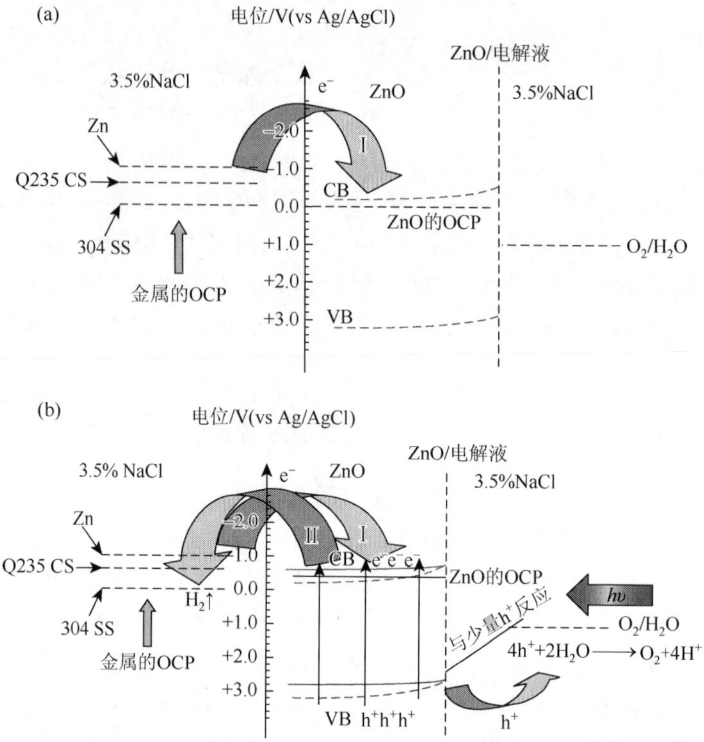

图 7-28　氧化锌在 3.5%氯化钠溶液中及在暗态（a）或有白光辐射（b）条件下对锌、Q235 碳钢和 304 不锈钢腐蚀的影响机理示意图（氧化锌薄膜光电极的偶联金属锌、Q235 碳钢和 304 不锈钢都浸入 3.5%氯化钠溶液中）

氯化钠电解液的氧化还原电势不同，氧化锌的费米能级将被电解液拉到一个新的平衡位置，该位置位于氧化锌的原费米能级和电解液的氧化还原电势之间。由此，氧化锌/氯化钠电解液界面处的半导体氧化锌的能带将发生弯曲。当氧化锌被浸入 3.5%氯化钠溶液中时，因为 O_2/H_2O 的氧化还原电势［1.229V（vs SHE），1.032V（vs Ag/AgCl）］比氧化锌的费米能级更正，氧化锌的费米能级将被拉向正的方向。这样，氧化锌/氯化钠电解液界面处的氧化锌的能带将形成向上的弯曲，如图 7-28 所示。在暗态条件下，氧化锌薄膜光电极在 3.5%氯化钠溶液中的开路电位为 −0.04V（vs Ag/AgCl）。在暗态条件下，氧化锌和偶联金属的开路电位是不同的，导致在氧化锌薄膜光电极和偶联的金属电极间有电流流动。如图 7-15、图 7-20 和图 7-25 所示，当氧化锌薄膜光电极被放入含 3.5%氯化钠溶液的光电池中并偶联上放入腐蚀池中的锌、Q235 碳钢或 304 不锈钢电极时，流经这些偶联的金属电极的电流强度分别为 $-68\mu A\cdot cm^{-2}$、$-40\mu A\cdot cm^{-2}$ 和 $0\mu A\cdot cm^{-2}$。相应的偶联电极体系的混合电位分别为 −1.00V、−0.58V 和 −0.15V（vs Ag/AgCl）。

在白光辐射条件下，氧化锌半导体将吸收光子产生光生电子-空穴对。氧化锌价带上的电子将被激发到氧化锌的导带上，而在氧化锌的价带上留下光生空穴。n 型半导体的开路电位取决于它的费米能级和电解液的氧化还原电势，且随 n 型半导体材料导带上积累的光生电子数量的增多其开路电位向负的方向移动[15, 16]。在本研究中得到的结果与这一理论相一致。图 7-16 是将氧化锌薄膜光电极浸入 3.5%氯化钠溶液或浓度为 $0.1mol·L^{-1}$ 的硫化钠和浓度为 $0.2mol·L^{-1}$ 的氢氧化钠混合溶液中，在白光开光和闭光循环条件下，氧化锌薄膜光电极的开路电位随时间的变化关系曲线。氧化锌薄膜光电极被浸入含 3.5%氯化钠溶液的光电池中时，光生空穴仅能被其中的 H_2O 捕获。具体反应机理如式（5-5）所示[14]。

因为 O_2/H_2O 的氧化还原电势很正［1.229V（vs SHE），1.032V（vs Ag/AgCl）］，所以水不是一种有效的空穴捕获剂。这一反应的能垒较高，导致光生空穴被消耗的速率很低。因此，被消耗的光生空穴数量很少，这样就导致光生电子和光生空穴更易于发生二次复合，从而降低了光生电子的寿命，并减少了在氧化锌导带上积累的光生电子的总数量。如图 7-16 所示，氧化锌薄膜光电极在白光辐射条件下的开路电位为−0.32V（vs Ag/AgCl），仅比它在暗态条件下的开路电位负移了 280mV。然而，锌和 Q235 碳钢在氯化钠溶液中的开路电位值要比这种条件下的氧化锌薄膜光电极的开路电位值还要负。因此，在这种条件下，当氧化锌薄膜光电极偶联上锌或 Q235 碳钢电极后，氧化锌导带上产生的光生电子仍然不能克服氧化锌和偶联金属间的能垒，使得它们无法转移到偶联的金属电极上去。此时，光生电子只能与光电池中的氯化钠电解液中的溶解氧反应。而同时，氧化锌薄膜光电极上产生并积累的光生空穴则会捕获锌和 Q235 碳钢阳极溶解反应产生的电子，并加速锌和 Q235 碳钢的腐蚀。因此，在这种情况下，电子将从锌和 Q235 碳钢流向氧化锌，如图 7-28（b）中的电子流向 I 所示，同时，锌和 Q235 碳钢的开路电位将向正向移动（对应于图 7-14 和图 7-19 的实验结果）。而对于 304 不锈钢，尽管是在没有有效的空穴捕获剂存在的条件下，304 不锈钢的自腐蚀电势依然比氧化锌薄膜光电极在光照辐射条件下的开路电位值还要正。所以，在光照辐射条件下，氧化锌薄膜光电极上的光生电子还能转移到与之偶联的 304 不锈钢电极上，如图 7-28（b）中的电子流向Ⅱ所示（对应于图 7-25 的实验结果）。光生电子积累在 304 不锈钢上并对 304 不锈钢表面起到阴极保护作用。如图 7-24 的实验结果所示，在白光辐射条件下，304 不锈钢电极的开路电位值下降了约 220mV。因此，在氯化钠溶液中的氧化锌半导体材料的光电化学效应会抑制 304 不锈钢的腐蚀过程。

7.8.9　氧化锌在硫化钠溶液中对偶联的金属光电作用机理

从本章的研究结果来看，氧化锌薄膜光电极在浓度为 $0.1mol·L^{-1}$ 的硫化钠和浓度为 0.2mol·L^{-1} 的氢氧化钠混合溶液中的光电化学效应会减缓与之偶联的纯锌电极、Q235 碳钢电极和 304 不锈钢电极的腐蚀过程。本节将探讨在白光辐射下，氧化锌在含有效的空穴捕获剂——硫化钠溶液中的光电化学效应是如何影响金属基底的腐蚀过程的，并探讨氧化锌在氯化钠溶液中对偶联金属的光电作用机理。

图 7-29 是在浓度为 0.1mol·L^{-1} 的硫化钠和浓度为 0.2mol·L^{-1} 的氢氧化钠混合溶液中的氧化锌在暗态和在白光辐射条件下对偶联的纯锌、Q235 碳钢和 304 不锈钢腐蚀的影响机理示意图。在这种情况下，氧化锌薄膜光电极浸入浓度为 0.1mol·L^{-1} 的硫化钠和浓度为 0.2mol·L^{-1} 的氢氧化钠混合溶液的光电池中，而偶联金属浸入浓度为 3.5%的氯化钠溶液的腐蚀池中。图 7-29（a）是在暗态条件下和在浓度为 0.1mol·L^{-1} 的硫化钠和浓度为 0.2mol·L^{-1} 的氢氧化钠混合溶液中的氧化锌的能带结构、电解液的氧化还原电位和偶联金属（纯锌、Q235 碳钢和 304 不锈钢）在氯化钠溶液中的开路电位的相对位置及氧化锌和浓度为 0.1mol·L^{-1} 的硫化钠和浓度为 0.2mol·L^{-1} 的氢氧化钠混合溶液在暗态下接触后的能带弯曲情况和电子流向示意图。图 7-29（b）是在白光辐射条件下，与浓度为 0.1mol·L^{-1} 的硫化钠和浓度为 0.2mol·L^{-1} 的氢氧化钠混合溶液接触的氧化锌的能带结构和弯曲情况、偶联金属（纯锌、Q235 碳钢和 304 不锈钢）在氯化钠溶液中的开路电位的相对位置及光生电子流向、光生空穴去极化的氧化还原电位等的示意图。偶联金属（纯锌、Q235 碳钢和 304 不锈钢）电极的开路电位、氧化锌薄膜光电极的导带电位、价带电位、光电极本身的开路电位，以及电解液的氧化还原电位的相对位置在每张图中都标示出来了。与图 7-28 相似，图 7-29（a）和图 7-29（b）的左侧标示了纯锌、Q235 碳钢和 304 不锈钢在 3.5%氯化钠溶液中的开路电位。电位值是相对于参比电极 Ag/AgCl 的电位。电势轴的下方为正，上方为负。纯锌、Q235 碳钢和 304 不锈钢在 3.5%氯化钠溶液中的开路电位分别为−1.0V、−0.6V 和−0.15V（vs Ag/AgCl）。每张图的中间部分标示出了氧化锌半导体材料的导带电位、价带电位和氧化锌薄膜光电极在浓度为 0.1mol·L^{-1} 的硫化钠和浓度为 0.2mol·L^{-1} 的氢氧化钠混合溶液中的开路电位的位置。每张图的右边标示出了含有效空穴捕获剂氯化钠电解液 S/S^{2-} 的氧化还原电位。

与图 7-28 类似，氧化锌的费米能级不同于含硫化钠的电解液的氧化还原电势，当氧化锌半导体材料与含硫化钠的电解液接触时，氧化锌的费米能级将被拉到位于氧化锌的原费米能级和含硫化钠的电解液的氧化还原电位之间的一个新的平衡位置。由此，氧化锌/电解液界面处的氧化锌半导体材料的能带将会发生弯曲。氧化锌是 n 型半导体，它的费米能级位于其导带下方[15, 16]。当氧化锌被浸入浓度为 0.1mol·L^{-1} 的硫化钠和浓度为 0.2mol·L^{-1} 的氢氧化钠混合溶液中时，由于 S/S^{2-}

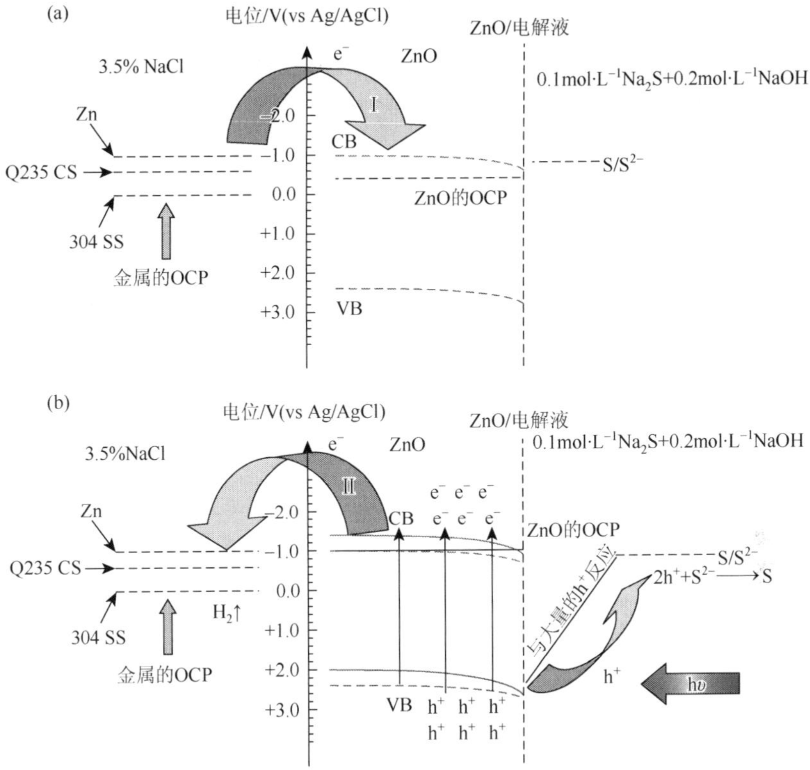

图 7-29　氧化锌在浓度为 0.1mol·L^{-1} 的硫化钠和浓度为 0.2mol·L^{-1} 的氢氧化钠混合溶液中及在暗态（a）或有白光辐射（b）条件下对锌、Q235 碳钢和 304 不锈钢腐蚀的影响机理示意图（氧化锌薄膜光电极的偶联金属锌、Q235 碳钢和 304 不锈钢都是浸入 3.5%氯化钠溶液中）

的氧化还原电势［–0.508V（vs SHE），–0.705V（vs Ag/AgCl)］比氧化锌的费米能级更负，因此氧化锌的费米能级将被拉向更负的方向，氧化锌会在氧化锌/电解液的界面处形成向下的能带弯曲，如图 7-29 所示。在暗态条件下，氧化锌在浓度为 0.1mol·L^{-1} 的硫化钠和浓度为 0.2mol·L^{-1} 的氢氧化钠混合溶液中的开路电位值为–0.45V（vs Ag/AgCl)。在暗态条件下，氧化锌薄膜光电极和偶联金属电极的开路电位值不同，导致在氧化锌薄膜光电极和偶联的金属电极间有电流流动。如图 7-18、图 7-22 和图 7-27 所示，当氧化锌薄膜光电极被浸入浓度为 0.1mol·L^{-1} 的硫化钠和浓度为 0.2mol·L^{-1} 的氢氧化钠混合溶液中并偶联上放入腐蚀池的锌、Q235 碳钢或 304 不锈钢电极时，流经这些偶联金属电极体系的电流分别为–4μA·cm^{-2}、0μA·cm^{-2} 和 2μA·cm^{-2}。相应的偶联金属电极的混合电位分别为–1.00V、–0.58V 和–0.40V（vs Ag/AgCl)（图 7-17、图 7-21 和图 7-26)。

同样，在白光照射条件下，氧化锌半导体将吸收光子产生光生电子-空穴对。氧化锌价带上的电子将被激发到它的导带上，从而在氧化锌的价带上留下光生空穴。当氧化锌薄膜光电极被浸入浓度为 $0.1mol \cdot L^{-1}$ 的硫化钠和浓度为 $0.2mol \cdot L^{-1}$ 的氢氧化钠混合溶液中时，由于硫化钠是一种有效的空穴捕获剂，硫化钠（S/S^{2-}）的氧化还原电位比水（O_2/H_2O）的氧化还原电位负很多。S^{2-}将代替 H_2O 优先捕获氧化锌价带上产生的光生空穴，反应机理如式（7-5）所示[14]。这一空穴去极化反应的反应能垒很低，从而使光生空穴的消耗速率显著提高。因此，硫化钠的存在极大地促进了氧化锌价带上光生空穴的去极化，使得大量的光生电子被分离到氧化锌的导带上。如图 7-16 所示，氧化锌薄膜光电极在浓度为 $0.1mol \cdot L^{-1}$ 的硫化钠和浓度为 $0.2mol \cdot L^{-1}$ 的氢氧化钠混合溶液中的光致电位值为−550mV。在白光辐射条件下，氧化锌薄膜光电极的开路电位值负移到了−1.00V（vs Ag/AgCl），这一电位值比锌、Q235 碳钢和 304 不锈钢的自腐蚀电位都要负，这就使得氧化锌产生的光生电子能够克服氧化锌薄膜光电极和偶联金属电极间的能垒，转移到偶联的金属上。如图 7-29（b）中的电子流向Ⅱ所示，光生电子从氧化锌上转移到偶联的金属上，导致偶联金属的开路电位值在光照辐射条件下均下降（图 7-17、图 7-21 和图 7-26）。

在有效的空穴捕获剂硫化钠的协助下，氧化锌上产生的光生电子能流向本章研究中使用的所有金属。但是，由于每种金属的自腐蚀电位不同，氧化锌对锌、Q235 碳钢和 304 不锈钢的保护程度将有不同。对于锌，其具有很负的自腐蚀电位，偶联氧化锌薄膜光电极后，在白光照射下锌的开路电位下降值仅为 50～90mV。在这种情况下，转移到锌上的光生电子并不能完全阻止它的腐蚀，仅能减缓它的腐蚀，因此不能对锌进行有效保护。而对于 Q235 碳钢和 304 不锈钢，在有效的空穴清除剂硫化钠的协助下，白光照射下的氧化锌半导体材料能对它们提供有效的光电化学阴极保护。大量光生电子转移到 Q235 碳钢和 304 不锈钢上，导致它们的开路电位下降值分别达到 200mV 和 700mV。

从上述的讨论中可见，对在氯化钠溶液和含硫化钠的溶液中的氧化锌来讲，光照辐射对偶联金属腐蚀的影响与光生电子和光生空穴的分离效率和偶联金属本身的自腐蚀电位值密切相关。只有分离出足够多的光生电子，在光照辐射条件下半导体材料光电极才能产生足够负的开路电位值，并且只有当这个电位值负于偶联金属材料的自腐蚀电位值时，半导体材料的光生电子才能转移到偶联金属上，从而减缓甚至抑制该金属材料的腐蚀。相反，如果该半导体材料不能分离出足够多的光生电子时，半导体材料光电极的开路电位值就会比偶联金属材料的自腐蚀电位值更正，这时，半导体材料产生的光生电子就不能克服二者之间的能垒，光生电子则不会转移到偶联金属材料上，相反，光生电子会转移到半导体材料/电解液接触的界面，参与该界面发生的氧或其他物质的还原反应，而在半导体材料的空穴上分离出来的光生空穴会捕获偶联金属阳极溶解产生的电子，从而加速金属的腐蚀过程。

7.9　紫外辐射对纯锌大气腐蚀过程的影响机理

紫外辐射对预先沉降了氯化钠盐粒的纯锌试样的大气腐蚀过程的影响机理也可以用类似于图 5-26 的光子与 n 型半导体 FeOOH 的相互作用来解释。图 7-30 是光子与 n 型半导体氧化锌腐蚀产物相互作用的示意图，该示意图与图 5-26 相似。如图 7-30 所示，左侧是基底金属锌，中间是在氯化钠薄电解液层中锈蚀后的纯锌试样表面生成的具有半导体性质的腐蚀产物氧化锌。氧化锌的费米能级、导带、价带及禁带宽度已在该图中示意地标示出来了。其中，电势向下为正电位，向上为负电位。右侧是氯化钠电解液。由于氧化锌的费米能级不同于氯化钠电解液的氧化还原电位，当氧化锌与氯化钠电解液接触时，氧化锌的费米能级会被拉向一个新的平衡位置，这个新的平衡位置处于最初的氧化锌费米能级及氯化钠电解液的氧化还原电位之间，并靠近氯化钠电解液的氧化还原电位，从而导致氧化锌的导带与价带会在氧化锌/氯化钠电解液的界面发生弯曲。由于氧化锌为 n 型半导体，它的费米能级电位接近于它的导带电位，并在其导带电位之下。当氯化钠电解液覆盖在氧化锌腐蚀产物表面上时，由于 O_2/H_2O［1.229V（vs SHE)］的氧化还原电势要比氧化锌半导体的费米能级电位正得多，因此，氧化锌的导带与价带会被拉向较正的方向，从而导致氧化锌的导带与价带在氧化锌/氯化钠电解液界面处的能带发生向上的弯曲，如图 7-30 所示。

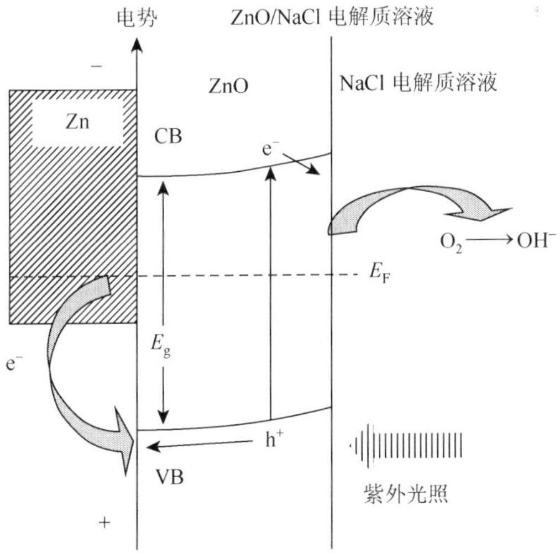

图 7-30　紫外光照和具有 n 型半导体性质腐蚀产物氧化锌之间的相互作用机理示意图，左边是基底金属纯锌，中间是具有 n 型半导体性质的腐蚀产物氧化锌，右边是氯化钠电解液层

氧化锌的禁带宽度为 3.2eV，其临界光吸收波长为 388nm[17]。因此，氧化锌仅具有紫外光响应性能，而不能响应可见光。它的导带电位及价带电位分别为 –0.31V 与 2.89V（vs SHE）[17]。当波长低于 388nm 的光照射在氧化锌腐蚀产物上时，价带上的电子受到光子的激发会跃迁到导带上形成光生电子，与此同时价带上产生光生空穴，导致光生电子和光生空穴的产生与分离。由于在氧化锌/氯化钠电解液的界面处的能带发生了向上的弯曲，光生电子不会自动流向氧化锌/氯化钠电解液的界面。同时，由于基底金属锌的自腐蚀电位较负（负于氧化锌的导带电位），所以，光生电子也不会流向与之偶联的基底金属锌上，这样，光生电子就会在导带上滞留并积累，从而使光生电子的准费米能级进一步下降，最终光生电子能够越过在氧化锌/氯化钠电解液界面由导带弯曲而形成的能垒，导致光生电子转移到氧化锌/氯化钠电解液界面，参与在该界面发生的氧阴极还原反应，从而加速了锌腐蚀电化学反应的阴极过程。而滞留在氧化锌价带上的光生空穴会夺取基底金属锌阳极溶解产生的电子，从而加速它的腐蚀过程，导致出现正的光电压，这也已经被前面的实验验证了（图 7-10 和图 7-14）。同时，我们在图 7-15 中也直观地观察到，在白光的辐射下，氧化锌产生的光生电子并没有转移到与之偶联的纯锌上，相反，纯锌阳极溶解产生的电子流向了氧化锌薄膜光电极，中和了在其价带上滞留的光生空穴，从而加速了基底金属纯锌的大气腐蚀过程。

7.10　小　　结

在本章中，我们首次研究了紫外辐射对预先沉降了氯化钠盐粒的纯锌试样大气腐蚀过程的影响规律，并比较了在紫外辐射和暗态条件下纯锌试样的腐蚀速率、腐蚀产物、腐蚀形貌等的不同，同时基于氧化锌腐蚀产物的半导体性质，提出了紫外辐射对锌大气腐蚀过程的影响机制。此外，我们还定量研究了紫外辐射对具有半导体性质的腐蚀产物氧化锌的光电化学效应，并研究了与半导体材料接触的电解液的氧化还原电位和与腐蚀产物光电极偶联的金属材料的自腐蚀电位对氧化锌的光电化学效应的影响及该光电化学效应对与该半导体材料偶联的金属腐蚀过程的影响规律与机理。主要的实验结论如下：

（1）紫外辐射对锌的大气腐蚀行为影响表现在以下几个方面：①紫外辐射加速了锌的大气腐蚀过程；②紫外辐射导致带锈锌试样产生正的光致电位；③紫外辐射影响了锌的腐蚀产物形貌。在紫外辐射条件下生成的腐蚀产物呈针状晶形结构，而在暗态条件下暴露的腐蚀产物多为无定形结构。

（2）紫外辐射加速锌的大气腐蚀过程，它主要是通过锌表面生成的具有半导体性质的腐蚀产物氧化锌的光电化学效应实现的。由于氧化锌腐蚀产物具有半导体性质，所以它可以对紫外光响应。在本研究中，在紫外辐射条件下，氧化锌激发产生的光生电子跃迁到它的导带上，并进一步迁移到腐蚀产物/氯化钠电解液界面，参与在此处发生的氧还原过程，从而促进了锌大气腐蚀电化学反应的阴极过程。而在价带上滞留的光生空穴由于具有强氧化性，它们能够捕获基底金属锌阳极溶解产生的电子进行复合，从而加速了锌大气腐蚀电化学反应的阳极过程，导致锌的腐蚀速率加快。在暗态条件下，没有光电化学效应发生，氧化锌腐蚀产物会对基底金属锌起到物理阻碍的保护作用。

（3）在氯化钠电解液中，水氧化生成氧气是光生空穴的唯一捕获剂。而在氯化钠电解液中，它的氧化还原电势很正，导致水与光生空穴反应的能垒很高。因此，氧化锌价带上分离出来的光生空穴不能被有效地捕获和消耗，这就必然导致大量的光生空穴与光生电子发生二次复合，仅有非常少量的光生电子被分离出来。由本章的研究结果可见，激发到氧化锌导带上的少量的光生电子，仅导致了浸在氯化钠溶液中的氧化锌的开路电位负移了 280mV。此时，氧化锌的开路电位值依然比锌和 Q235 碳钢的开路电位值要正，使得氧化锌产生的光生电子无法转移到与之偶联的锌和 Q235 碳钢电极上，因而这些分离出来的光生电子只能与溶液中的溶解氧发生反应并被消耗掉。与此同时，白光照射下，在氧化锌价带上积累的光生空穴转移很慢，积累到一定程度后就会导致氧化锌从与之偶联的锌和 Q235 碳钢电极上捕获电子，从而加速了偶联金属锌和 Q235 碳钢的腐蚀过程。但是，在没有空穴捕获剂硫化钠存在的氯化钠溶液中，氧化锌光电极的开路电位在白光辐射条件下负移后变得比 304 不锈钢电极的自腐蚀电位更负，这时氧化锌产生的光生电子就能转移到与之偶联的 304 不锈钢上，从而减缓甚至完全抑制 304 不锈钢的腐蚀过程。

（4）在含有效的空穴捕获剂硫化钠溶液中，电解液的氧化还原电势非常负，S^{2-}与光生空穴反应的能垒很低。在紫外辐射条件下，氧化锌价带上产生的光生空穴能快速被溶液中的 S^{2-}捕获，致使大量的光生电子被分离出来。这些分离开的光生电子在氧化锌的导带上积累，并使得氧化锌光电极的开路电位负移了 550mV。在紫外辐射条件下，氧化锌光电极的开路电位比锌、Q235 碳钢和 304 不锈钢的开路电位更负，这样就使得氧化锌产生的光生电子能转移到与之偶联的金属上，并对金属提供不同程度的光电化学阴极保护效应，从而减缓甚至完全抑制偶联金属的腐蚀过程。

参考文献

[1] Cole I S，Ganther W，Sinclair J，et al. A study of the wetting of metal surfaces in order to understand the processes controlling atmospheric corrosion. Journal of the Electrochemical Society，2004，151（12）：B627-B635.

[2] Oesch S，Faller M. Environmental effects on materials：the effect of the air pollutants SO_2，NO_2，NO and O_3 on

the corrosion of copper，zinc and aluminium. A short literature survey and results of laboratory exposures. Corrosion Science，1997，39（9）：1505-1530.

[3] Falk T，Svensson J E，Johansson L G.The role of carbon dioxide in the atmospheric corrosion of zinc a laboratory study. Journal of the Electrochemical Society，1998，145（1）：39-44.

[4] Lindström R，Svensson J E，Johansson L G.The atmospheric corrosion of zinc in the presence of NaCl the influence of carbon dioxide and temperature. Journal of the Electrochemical Society，2000，147（5）：1751-1757.

[5] Blücher D B，Lindström R，Svensson J，et al. The effect of CO_2 on the NaCl-induced atmospheric corrosion of aluminum. Journal of the Electrochemical Society，2001，148（4）：B127-B131.

[6] Neufeld A K，Cole I S，Bond A M，et al. The initiation mechanism of corrosion of zinc by sodium chloride particle deposition.Corrosion Science，2002，44（3）：555-572.

[7] Persson D，Leygraf C.Metal carboxylate formation during indoor atmospheric corrosion of Cu，Zn，and Ni. Journal of the Electrochemical Society，1995，142（5）：1468-1477.

[8] Sørensen P A，Kiil S，Dam-Johansen K，et al. Anticorrosive coatings：a review. JCT Research，2009，6（2）：135-176.

[9] Rousseau C，Baraud F，Leleyter L，et al. Cathodic protection by zinc sacrificial anodes：Impact on marine sediment metallic contamination.Journal of Hazardous Materials，2009，167（1）：953-958.

[10] Pistofidis N，Vourlias G，Konidaris S，et al. Microstructure of zinc hot-dip galvanized coatings used for corrosion protection.Materials Letters，2006，60（6）：786-789.

[11] 陈卓元.铜的大气腐蚀及其研究方法. 北京：科学出版社，2011.

[12] Wang J，Cao J，Fang B，et al. Synthesis and characterization of multipod，flower-like，and shuttle-like ZnO frameworks in ionic liquids. Materials Letters，2005，59（11）：1405-1408.

[13] Prosek T，Nazarov A，Bexell U，et al. Corrosion mechanism of model zinc–magnesium alloys in atmospheric conditions. Corrosion Science，2008，50（8）：2216-2231.

[14] Cao C.Principles of electrochemistry of corrosion. Beijing：Chemistry Industry Press，2008：258-267.

[15] Rosenbluth M L，Lewis N S."Ideal" behavior of the open circuit voltage of semiconductor/liquid junctions. Journal of Physical Chemistry B，1989，93（9）：3735-3740.

[16] Gstrein F.Electron-transfer processes at semiconductor/liquid interfaces and metal/nanogap junctions. California：California Institute of Technology，2004，1-3-1-7.

[17] Xu Y，Schoonen M A.The absolute energy positions of conduction and valence bands of selected semiconducting minerals. American Mineralogist，2000，85（4）：543-556.

第 8 章　紫外辐射对纯铜大气腐蚀过程的影响

8.1　引　　言

大气腐蚀是金属最常见的腐蚀形式之一。暴露在大气环境中的金属表面会形成一层极薄的水膜，这层水膜会溶解大气环境中的气溶胶粒子和污染性气体，在试样表面形成短路原电池，导致电化学腐蚀。大气腐蚀广泛发生在工程设备、机械设备、武装设备、电子设备及建筑历史文物上[1]。关于大气腐蚀影响因素，人们已经研究过温度、相对湿度、盐粒、污染性气体及腐蚀产物等的影响。金属的大气腐蚀产物主要以氧化物为主，大多数的金属氧化物都具有半导体性质，如 ZnO、CuO、Cu_2O、FeOOH、Fe_2O_3、FeO 等，它们在光照辐射下会产生光电化学效应[2]。这些具有半导体性质的腐蚀产物在超过其禁带宽度能量的光照辐射作用下会产生光生电子-空穴对，并引起金属材料腐蚀电位的变化。光生空穴和光生电子都具有较高的活性，它们的产生和迁移会影响大气腐蚀反应过程甚至能直接参与腐蚀电化学反应。光照辐射作为大气环境中一个常见的影响因素，能激发半导体腐蚀产物的光电化学效应并影响大气腐蚀过程，而目前这一研究进行的还不多，具体的影响机理也不够明确。因此，研究腐蚀产物自身的半导体性质、光照下产生光生电子和光生空穴的迁移行为等对大气腐蚀过程的影响具有重要意义。

在前几章中，作者的研究组研究了紫外辐射对纯锌[3]、Q235 碳钢[4, 5]和 09CuPCrNi 耐候钢[6, 7]大气腐蚀过程及表面生成的产物层对基底金属腐蚀过程的影响。腐蚀增重和失重实验及电化学实验结果均表明紫外辐射加速了这三种金属的腐蚀。在这些金属表面生成的大气腐蚀产物都具有 n 型半导体性质，光照辐射激发产生了光生电子和光生空穴，光生电子转移到腐蚀产物和电解液接触的界面，而光生空穴直接夺取基底金属阳极溶解产生的电子，从而加速了大气腐蚀过程。

根据整流特性的不同，半导体可分为 p 型和 n 型两种。在第 5～7 章中已经研究了具有 n 型半导体性质的腐蚀产物的光电化学性质对金属大气腐蚀过程的影响，本章将研究具有 p 型半导体性质的腐蚀产物对基底金属大气腐蚀过程的影响。本章研究了紫外辐射对纯铜大气腐蚀过程的影响机理，铜表面生成的腐蚀产物主要为氧化亚铜。在一般情况下氧化亚铜具有 p 型半导体的性质，那么它的光电化学效应对基底金属大气腐蚀过程会有什么样的影响呢？

Lin 等[8, 9]研究了紫外辐射对铜大气腐蚀的影响。紫外辐射能够很明显地加速腐蚀产物中 Cu_2O 的形成，而对于二价铜的腐蚀产物的形成影响很小。紫外辐射对铜大气腐蚀过程的加速作用主要是由于紫外光子与 Cu_2O 之间的相互作用形成的活性氧原子与活性基团加速了铜的腐蚀过程。然而，他们并没有过多地从具有半导体性质腐蚀产物的光电化学响应行为上讨论光生电子与空穴对基底金属铜的腐蚀过程的影响。针对该问题，我们结合大气腐蚀和光电化学的研究方法，研究了预先沉降氯化钠盐粒的纯铜在紫外辐射和暗态条件下暴露不同实验周期的大气腐蚀行为，分析了腐蚀产物的半导体类型及其光伏效应对铜大气腐蚀过程的影响，并系统地阐述了紫外辐射对氯化钠盐粒导致的纯铜大气腐蚀过程的影响规律与机理。

本章研究中选用的材料是纯度为 99.99%的纯铜试样，挂片试样的尺寸为 50mm×10mm×1mm。实验暴露之前将纯铜试样用砂纸由粗至细逐级打磨至 3000 目，然后采用金刚石磨抛剂抛光至 1μm。每个纯铜试样用酒精棉擦拭，并在乙醇溶液中超声清洗 5min，随后将准备好的纯铜试样在干燥器内放置 24h。在试样暴露前，对处理好的试样进行氯化钠盐粒的沉降。氯化钠盐粒的沉降采用氯化钠乙醇饱和溶液法进行，具体操作方法见本书作者的另一部专著[1]。在本研究中，纯铜试样表面的氯化钠盐粒沉降量为 $15\mu g\cdot cm^{-2}$。

将准备好的纯铜试样放置在 4.1 节中提及的暴露实验装置中进行模拟大气腐蚀暴露实验。实验分别在暗态和紫外辐射的条件下进行，相对湿度为 97%，温度为 25℃，本实验是在未添加任何污染性气体的纯净空气中进行暴露，暴露周期为分别为 1 周、2 周和 4 周。紫外辐射的光源与本书第 5 章中涉及的光源相同。暴露实验结束后，采用重量法（包括腐蚀增重和腐蚀失重）分析纯铜试样的大气腐蚀速率。具体的实验步骤见本书作者的另一部专著[1]。在本研究中，采用浓度为 $50g\cdot L^{-1}$ 的氨基磺酸溶液来清洗纯铜试样表面生成的大气腐蚀产物。腐蚀增重、失重实验均采用三个纯铜平行试样。

暴露实验结束后，采用 X 射线衍射、红外光谱和扫描电镜分析纯铜试样表面生成的大气腐蚀产物的成分和大气腐蚀形貌。莫特-肖特基测试采用 Pt 电极为对电极，Ag/AgCl（饱和 KCl）电极作为参比电极，测试在 5.2%氯化钠溶液中进行。因为在 97%相对湿度和 25℃的环境条件下，氯化钠盐粒潮解后所形成的溶液的浓度为 5.2%[10]，所以选用 5.2%氯化钠溶液作为测试溶液，测试在黑暗条件下进行，电压范围为−0.4～0V（vs Ag/AgCl），频率为 1000Hz，振幅为 10mV。

光致开路电位的测试是以腐蚀暴露后的带锈纯铜试样作为工作电极，电极工作面积为 $1cm^2$，Ag/AgCl（饱和 KCl）电极作为参比电极，在 5.2%氯化钠溶液中进行测试。测试条件为在光照与暗态交替进行。测试过程如下：在暗态条件下，测量带锈纯铜试样的开路电位，待开路电位值稳定后，打开光源，此时开路电位值会发生明显变化，待其值稳定后，再将光源关闭，依次重复进行 3～4 个循环。本实验中使用的光源为 300W 氙灯（光照密度为 $320mW{\cdot}cm^{-2}$），它产生的白光通过光电解池的石英玻璃片（无滤波作用）之后再照射到浸泡在 5.2%氯化钠溶液中锈蚀的纯铜试片表面。同时，为测量腐蚀产物的光电化学性质及和基体金属的作用，将纯铜试样表面生成的腐蚀产物剥离下来，并沉降在 FTO 导电玻璃上，制备成腐蚀产物薄膜光电极，采用 4.5 节的方法研究腐蚀产物光电极的光致电位与光致电流密度数值，从而为研究紫外辐射对纯铜大气腐蚀过程影响机理提供实验证据。

8.2　紫外辐射对纯铜大气腐蚀速率的影响

图 8-1 是预先沉降了 $15\mu g{\cdot}cm^{-2}$ 氯化钠盐粒的纯铜分别在紫外辐射和暗态条件下，暴露 1 周、2 周和 4 周后的腐蚀增重实验结果。而图 8-2 是预先沉降了 $15\mu g{\cdot}cm^{-2}$ 氯化钠盐粒的纯铜分别在紫外辐射和暗态条件下，暴露 1 周、2 周和 4 周后的腐蚀失重实验结果。由图 8-1 和图 8-2 可见，纯铜的大气腐蚀增重和大气腐蚀失重随暴露时间的延长而增大。在相同的暴露时间内，在紫外辐射暴露条件下的纯铜试样的腐蚀增重和腐蚀失重都比在暗态暴露条件下的大，这表明紫外辐射明显促进了纯铜的大气腐蚀过程，增大了其大气腐蚀速率。

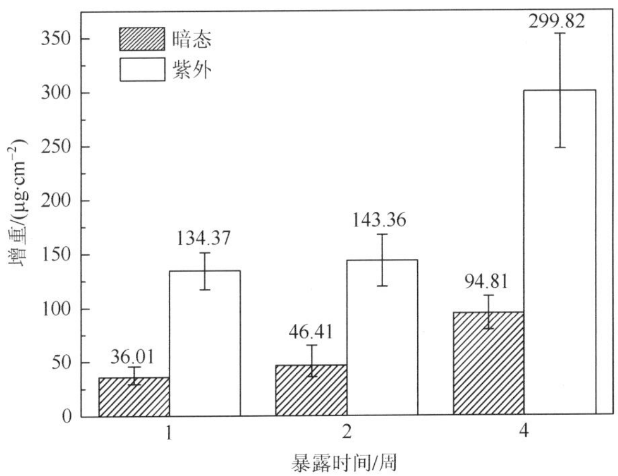

图 8-1　预先沉降了 $15\mu g{\cdot}cm^{-2}$ 氯化钠盐粒的纯铜在相对湿度 97%和温度 25℃的纯净大气环境中，分别在紫外辐射与暗态条件下，暴露 1 周、2 周和 4 周后的腐蚀增重结果

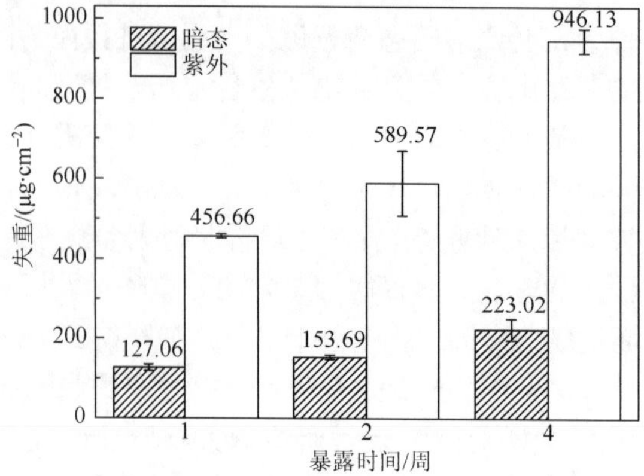

图 8-2　预先沉降了 15μg·cm^{-2}氯化钠盐粒的纯铜在相对湿度 97%和温度 25℃的纯净大气环境中，分别在紫外辐射与暗态条件下，暴露 1 周、2 周和 4 周后的腐蚀失重结果

与前几章的实验相似，在本研究的暴露实验中，纯铜试样也只有朝向紫外光源的一面直接受到光照辐射的作用，而它的反面没有直接受到光照辐射的作用。然而在计算腐蚀增失重时是将质量的变化除以试样正反两面的面积总和。如果纯铜试样的正反两面都能直接受到紫外辐射作用，那么它的腐蚀增重和腐蚀失重的实验结果将比图 8-1 和图 8-2 所示的实验结果大得多。

由图 8-1 和 8-2 所示，紫外辐射在本研究的实验时间内都会促进纯铜的大气腐蚀过程，可是，在不同的暴露时间内紫外辐射的影响程度是不一样的。按照第 5 章定义的大气腐蚀增重的紫外辐射影响因子（MGIF）和大气腐蚀失重的紫外辐射影响因子（MLIF），可以计算出纯铜的 MGIF 和 MLIF 数值。图 8-3 是通过式（5-1）和式（5-2）计算出的纯铜大气腐蚀增重和腐蚀失重的紫外辐射影响因子数值随暴露时间变化的关系曲线。由图 8-3 可见，所有的 MGIF 和 MLIF 数值都大于零，表明紫外辐

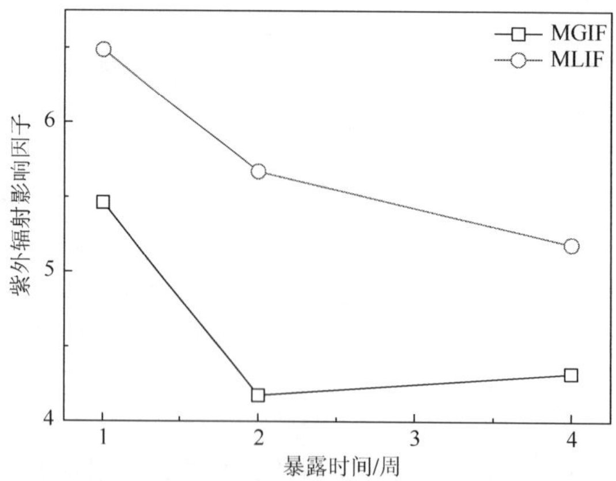

图 8-3　纯铜腐蚀增重和腐蚀失重的紫外辐射影响因子与暴露时间的关系

射在所有的暴露实验周期内都促进了纯铜的大气腐蚀过程。同时，紫外辐射对纯铜大气腐蚀过程的影响与暴露时间有关。在这三个暴露实验时间段中，紫外辐射对暴露 1 周的纯铜大气腐蚀过程的影响最大。

8.3　紫外辐射对纯铜大气腐蚀产物的影响

采用 X 射线衍射和红外光谱对预先沉降了 15μg·cm^{-2} 氯化钠盐粒的纯铜试样分别在紫外辐射和暗态条件下暴露不同时间后，试样表面生成的腐蚀产物进行了测试分析，实验结果如图 8-4 和图 8-5 所示。图 8-4 是 X 射线衍射的实验结果。图中 1w-UV、2w-UV 和 4w-UV 分别代表在紫外辐射条件下暴露 1 周、2 周和 4 周的试样，而 1w-Dark、2w-Dark 和 4w-Dark 分别代表在暗态条件下暴露 1 周、2 周和 4 周后的试样。通过与标准谱图对比，可以发现在紫外辐射和暗态条件下暴露的纯铜试样均有氧化亚铜生成，分别对应氧化亚铜的（111）、（220）、（200）和（110）衍射晶面。

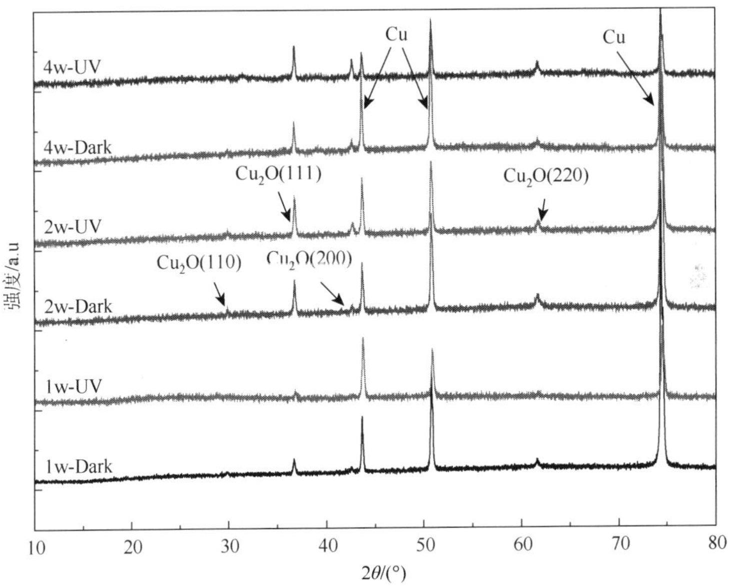

图 8-4　预先沉降了 15μg·cm^{-2} 氯化钠盐粒的纯铜在相对湿度 97%和温度 25℃的纯净大气环境中，分别在紫外辐射与暗态条件下，暴露 1 周、2 周和 4 周后生成腐蚀产物的 X 射线衍射谱图

图 8-5 是预先沉降 15μg·cm^{-2} 氯化钠盐粒的纯铜试样在相对湿度为 97%和温度为 25℃的纯净大气环境中，分别在紫外辐射与暗态条件下，暴露 1 周、2 周和 4

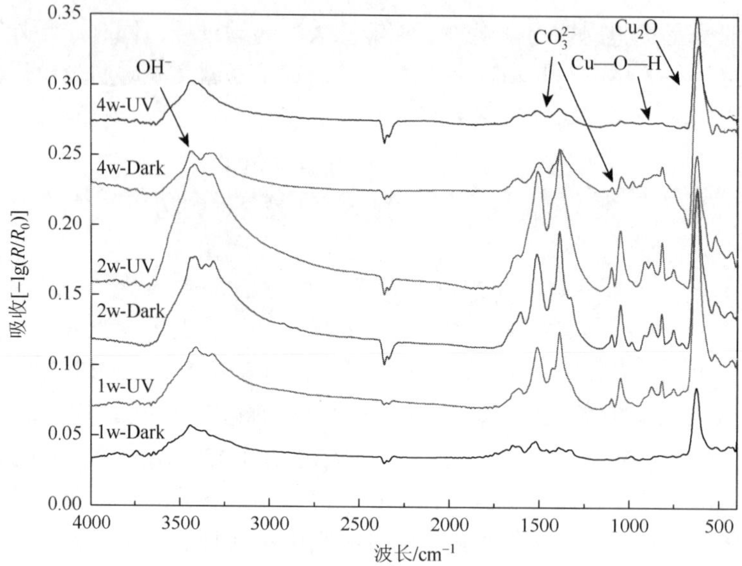

图 8-5　预先沉降了 15μg·cm^{-2} 氯化钠盐粒的纯铜在相对湿度 97%和温度 25℃的纯净大气环境中，分别在紫外辐射与暗态条件下，暴露 1 周、2 周和 4 周后生成腐蚀产物的红外光谱图

周后生成的腐蚀产物的红外光谱图。图中 1w-UV、2w-UV 和 4w-UV 及 1w-Dark、2w-Dark 和 4w-Dark 代表的实验条件与图 8-4 相同。由图 8-5 可见，纯铜暴露后生成的腐蚀产物主要有 Cu_2O、$Cu_2(OH)_3Cl$ 和 $Cu_2(OH)_2CO_3$[11, 12]，紫外辐射并没有改变纯铜大气腐蚀产物的成分。如图 8-5 所示，在 620cm^{-1} 处有强烈的 Cu_2O 的振动峰，位于 1501cm^{-1}、1425cm^{-1} 和 1391cm^{-1} 处的振动峰是 $Cu_2(OH)_2CO_3$ 中 CO_3^{2-} 的特征峰，说明腐蚀产物中有 $Cu_2(OH)_2CO_3$ 生成，位于 700～900cm^{-1} 处的红外光谱吸收峰是 Cu—O—H 的振动峰，位于 3400cm^{-1} 附近的吸收峰是 $Cu_2(OH)_3Cl$ 和 $Cu_2(OH)_2CO_3$ 中 O—H 的振动峰。

8.4　紫外辐射对纯铜大气腐蚀形貌的影响

光照辐射对腐蚀形貌的影响是很明显的。在暗态条件下暴露 1 周的试样腐蚀并不严重，腐蚀产物主要是点状分布的颗粒物，点状腐蚀产物的形貌并不规则，如图 8-6 所示。图 8-7 是在暗态条件下暴露 2 周的试样表面的腐蚀形貌。点状腐蚀产物变为以点为中心分布的针状腐蚀产物。在暗态下暴露 4 周的试样表面存在大片连续的针状腐蚀产物（图 8-8），对比图 8-7 可以认为是由暴露 2 周的腐蚀产物发育而成，因此暗态下的腐蚀产物主要以针状为主，并由点状腐蚀产物慢慢发展至针状。

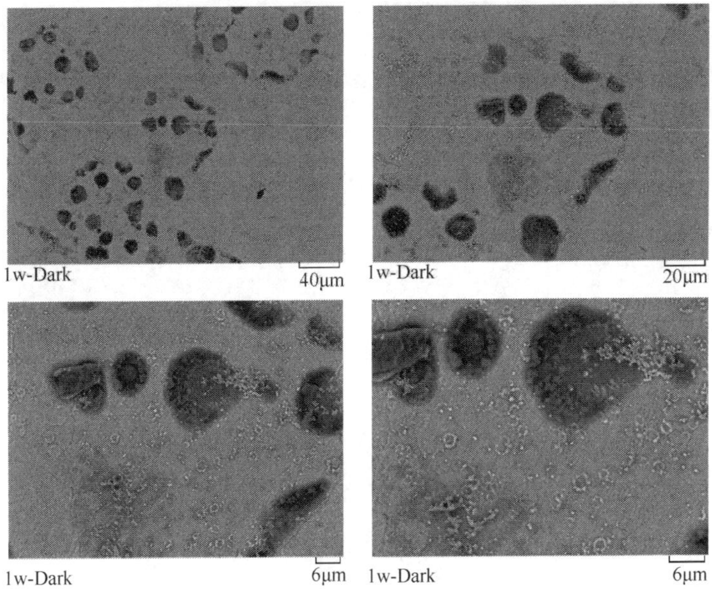

图 8-6　预先沉降了 15μg·cm^{-2} 氯化钠盐粒的铜试样在相对湿度 97%和温度 25℃的纯净大气环境中，在暗态条件下暴露 1 周后铜试样表面腐蚀产物不同倍率的扫描电镜照片

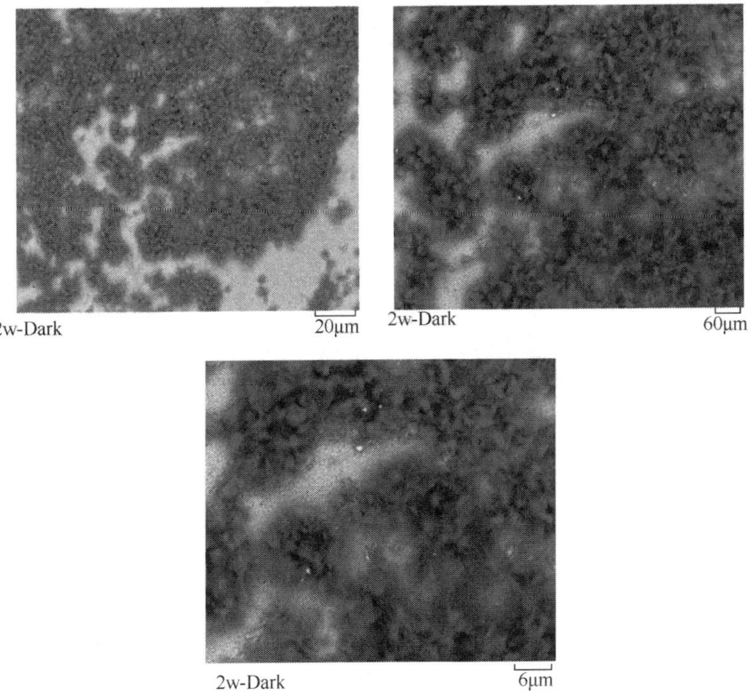

图 8-7　预先沉降了 15μg·cm^{-2} 氯化钠盐粒的铜试样在相对湿度 97%和温度 25℃的纯净大气环境中，在暗态条件下暴露 2 周后铜试样表面腐蚀产物不同倍率的扫描电镜照片

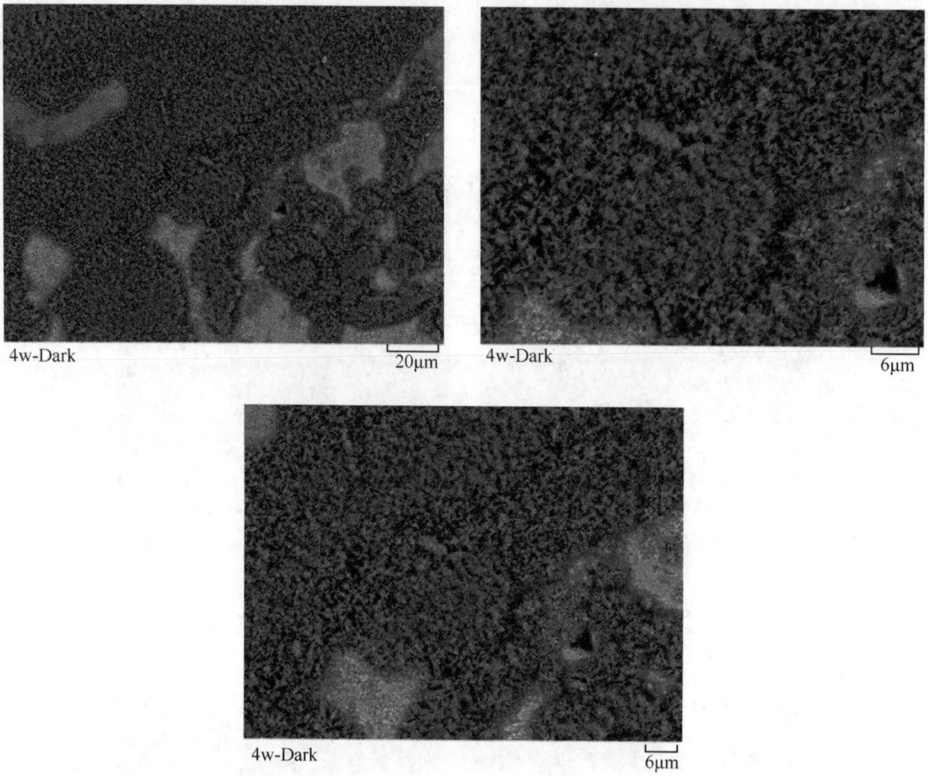

图 8-8　预先沉降了 15μg·cm^{-2} 氯化钠盐粒的铜试样在相对湿度 97%和温度 25℃的纯净大气环境中，在暗态条件下暴露 4 周后铜试样表面腐蚀产物不同倍率的扫描电镜照片

紫外辐射条件下腐蚀形貌更为复杂，暴露 1 周后试样表面的腐蚀产物形貌就较为复杂，出现了颗粒状腐蚀产物及糊状产物，由于腐蚀较为严重，腐蚀产物表面出现变形及微裂缝（图 8-9）。图 8-10 是紫外辐射条件下暴露 2 周后试样表面的腐蚀形貌。与腐蚀 1 周的试样相比，暴露 2 周的试样的腐蚀形貌发生了明显的变化，腐蚀形貌由两部分组成，一部分为较为平整的区域，中间有部分颗粒状的腐蚀产物，而另一部分则为针状的腐蚀产物，并且这种针状腐蚀产物不如暗态条件下生成的明显。在紫外辐射条件下暴露 4 周后试样表面的腐蚀更为严重，如图 8-11 所示。试样表面出现了两种不同形貌的腐蚀产物，一种为针状，另一种为球状，可以认为是由暴露 2 周相应的腐蚀区域发展而来。

对比光照和暗态条件下的腐蚀形貌的差异发现，暗态条件下的腐蚀产物主要以针尖状，而在紫外辐射条件下出现了更为复杂的腐蚀形貌，而且腐蚀产物对基体金属形成了更为致密的覆盖，但在这些腐蚀产物上发现有微裂缝，通过这些微裂缝，参与腐蚀反应的溶解氧和水可以直接传递到基底金属表面，为腐蚀反应提供必要的反应物质，从而进一步加速紫外辐射条件下纯铜的大气腐蚀过程。

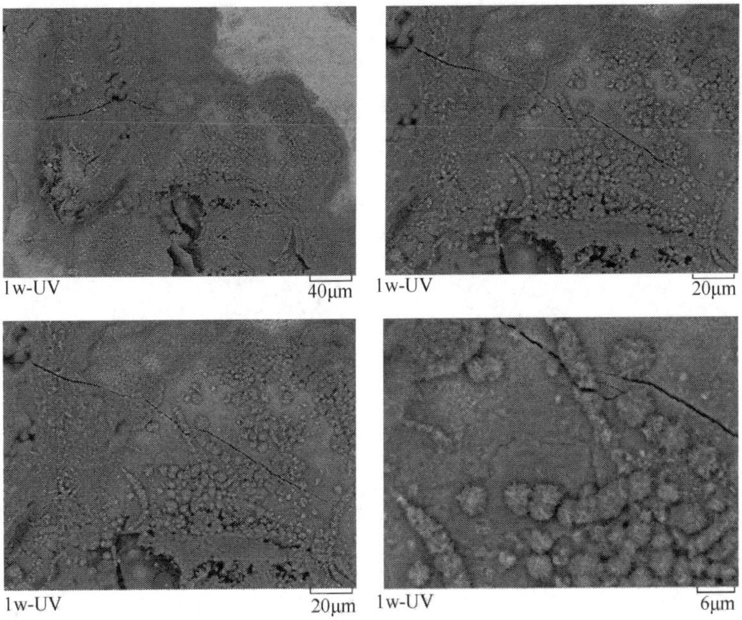

图 8-9　预先沉降了 $15\mu g\cdot cm^{-2}$ 氯化钠盐粒的铜试样在相对湿度 97%和温度 25℃的纯净大气环境中，在紫外辐射条件下暴露 1 周后铜试样表面腐蚀产物不同倍率的扫描电镜照片

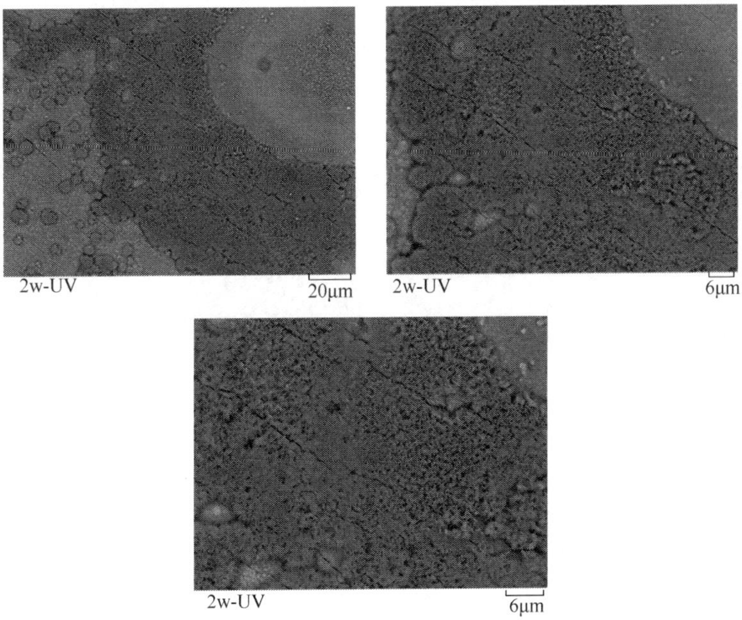

图 8-10　预先沉降了 $15\mu g\cdot cm^{-2}$ 氯化钠盐粒的铜试样在相对湿度 97%和温度 25℃的纯净大气环境中，在紫外辐射条件下暴露 2 周后铜试样表面腐蚀产物不同倍率的扫描电镜照片

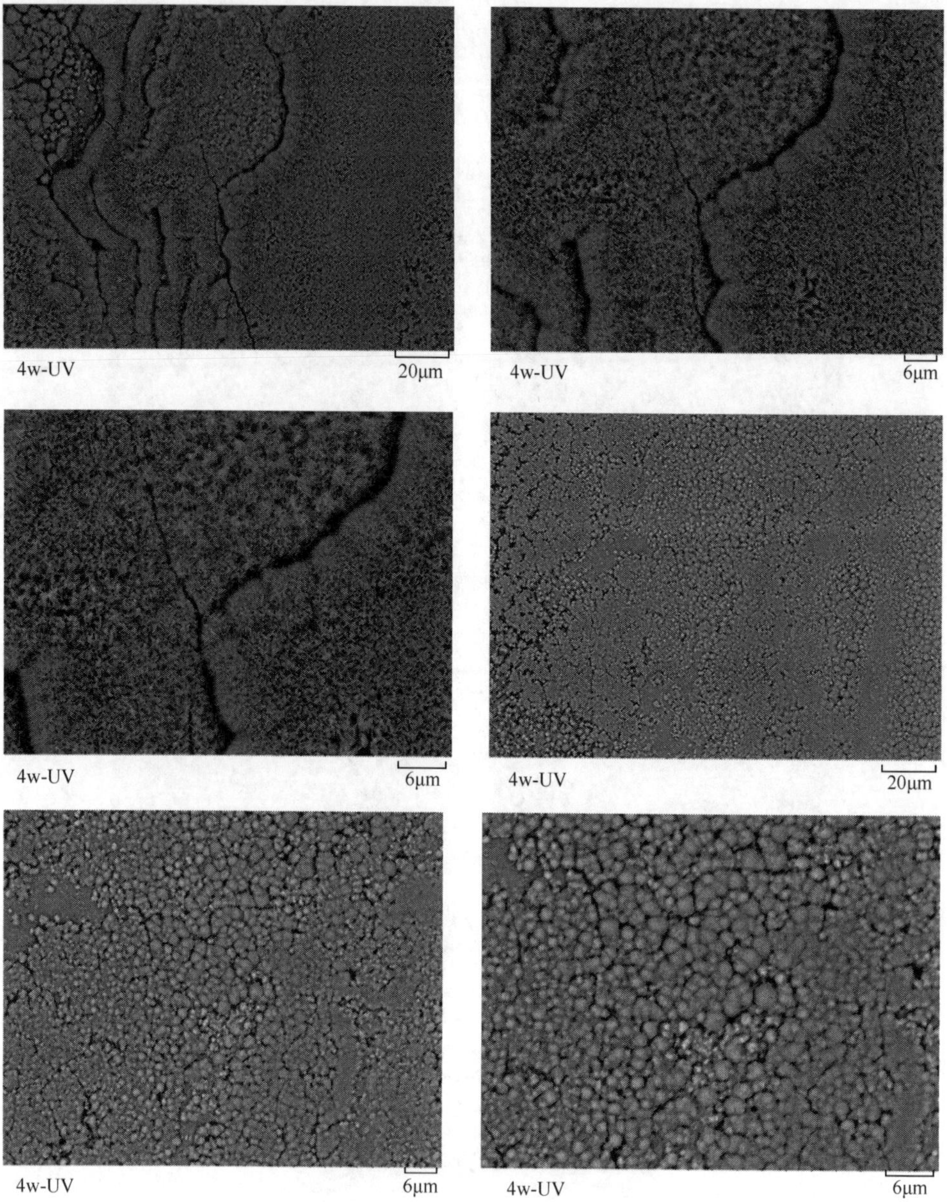

图 8-11　预先沉降了 15μg·cm^{-2} 氯化钠盐粒的铜试样在相对湿度 97%和温度 25℃的纯净大气环境中，在紫外辐射条件下暴露 4 周后铜试样表面腐蚀产物不同倍率的扫描电镜照片

8.5　纯铜大气腐蚀产物的整流特性

在本研究中，我们采用莫特-肖特基方法来研究腐蚀产物的整流特性。选取的

试样是分别在紫外辐射和暗态条件下暴露 1 周、2 周和 4 周后的带锈纯铜试样。莫特-肖特基曲线的测试是在暗态条件下，在 5.2%氯化钠溶液中进行，测试频率为 1000Hz。图 8-12 是分别在紫外辐射和暗态条件下暴露 1 周、2 周和 4 周后的纯铜试样腐蚀产物的莫特-肖特基曲线。图中 1w-L、2w-L 和 4w-L 分别代表在紫外辐射条件下暴露 1 周、2 周和 4 周的试样，1w-Dark、2w-Dark 和 4w-Dark 分别代表在暗态条件下暴露 1 周、2 周和 4 周后的试样。由图 8-12 可见，莫特-肖特基曲线的斜率均为负值，该结果表明纯铜试样表面形成的大气腐蚀产物都具有 p 型半导体特性。

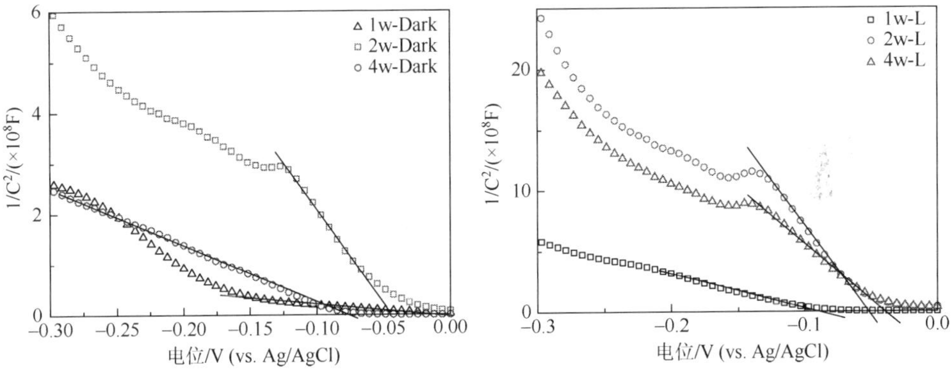

图 8-12　预先沉降了 $15\mu g\cdot cm^{-2}$ 氯化钠盐粒的纯铜试样在相对湿度 97%和温度 25℃的纯净大气环境中，分别在紫外辐射与暗态条件下暴露 1 周、2 周和 4 周后生成的带锈纯铜试样的莫特-肖特基曲线。该曲线是在暗态条件下和 5.2%氯化钠溶液中测量得到的，测试频率为 1000Hz

8.6　腐蚀产物的光电化学效应分析

在本节中，我们对纯铜试样表面生成的腐蚀产物的光致电位和光致电流进行了测试。图 8-13 是分别在紫外辐射和暗态条件下，暴露 1 周、2 周和 4 周后的带锈纯铜试样在闭光和开光循环条件下的开路电位变化情况。实验过程中将锈蚀的纯铜试样全浸在 5.2%氯化钠溶液中，分别在开光和闭光的条件下测试锈蚀的纯铜试样的开路电位随时间的变化曲线。实验使用的参比电极为 Ag/AgCl（饱和 KCl）电极，测试中使用的光源为白光。在闭光条件下，锈蚀的纯铜试样的开路电位稳定在一恒定的数值，当打开光源并将白光照射到锈蚀的纯铜试样表面上时，它的开路电位数值迅速负移，随后稳定在一定的数值。当光源关闭时，带锈试样的开路电位又迅速增大，如此测试多个开闭光循环，实验结果如图 8-13 所示。从图 8-13 可见，在可见光的照射下，在暗态条件下和在紫外辐射条件下暴露 1 周、2 周和 4 周后的带锈纯铜试样均会产生一个负的光致光电压，它的大小在−30～−60mV。

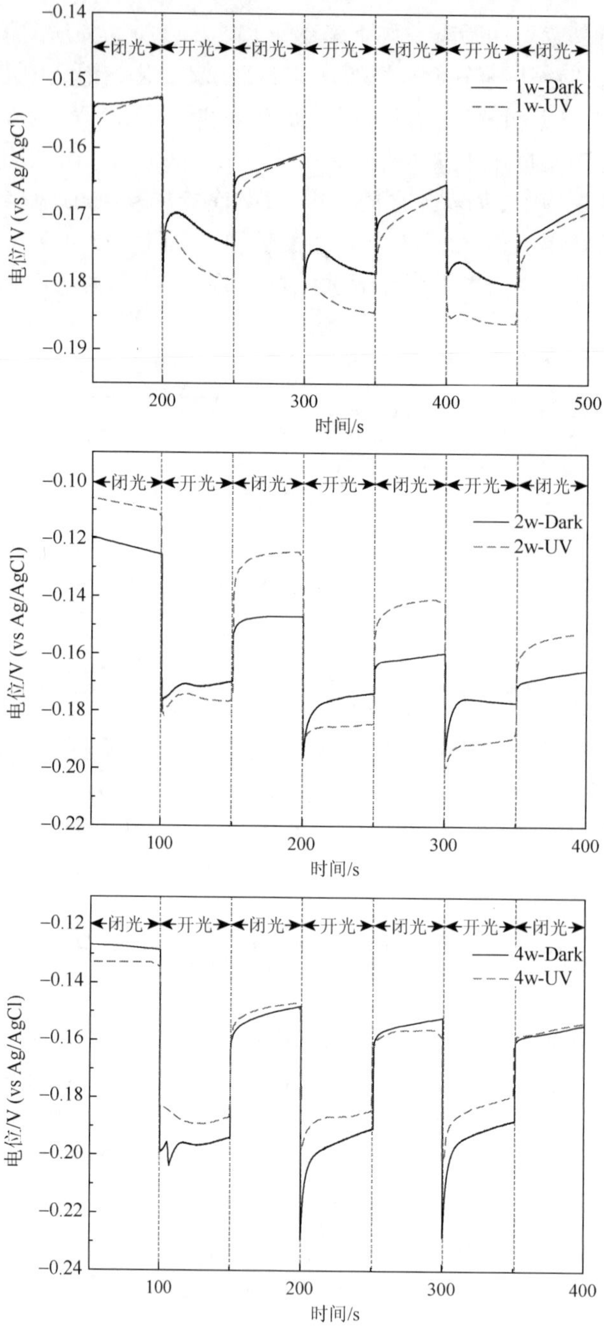

图 8-13　在暗态条件和紫外辐射条件下，暴露 1 周、2 周和 4 周后的带锈纯铜试样在闭光和开光循环时，全浸在 5.2%氯化钠溶液中的开路电位随时间的变化曲线。测量过程中使用的光源为白光，参比电极为 Ag/AgCl（饱和 KCl）电极

为了更好地研究腐蚀产物和基体间的光电化学行为，将纯铜试样表面生成的腐蚀产物刮下来，均匀地沉降在 FTO 导电玻璃上，制成腐蚀产物薄膜光电极。首先，直接将在 FTO 导电玻璃上制备好的腐蚀产物薄膜光电极连接到电化学工作站的工作电极接口，并直接测量该光电极相对于参比电极 Ag/AgCl（饱和 KCl）的开路电位变化情况，实验结果如图 8-14 所示。在闭光条件下，单独的腐蚀产物薄膜光电极的开路电位稳定在一恒定的数值，当打开光源并将白光照射到该电极表面时，它的开路电位数值迅速正移，随后稳定在一定的数值。当光源关闭时，带锈试样的开路电位又迅速减小，如此测试多个开闭光循环，实验结果如图 8-14 所示。由图 8-14 可见，在可见光的照射下，在暗态和在紫外辐射条件下暴露 1 周、2 周和 4 周后的纯铜试样表面的腐蚀产物在 FTO 导电玻璃上制备而成的腐蚀产物薄膜光电极会产生一个正的光致电位，它的大小在 36～70mV，这一变化趋势与直接测量带锈纯铜试样的开路电位的变化趋势刚好相反。

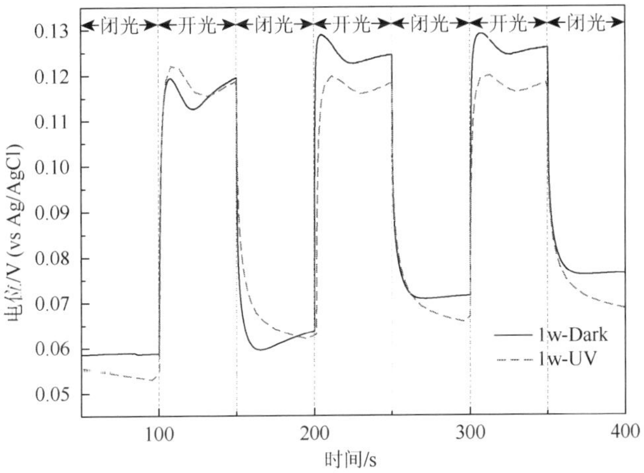

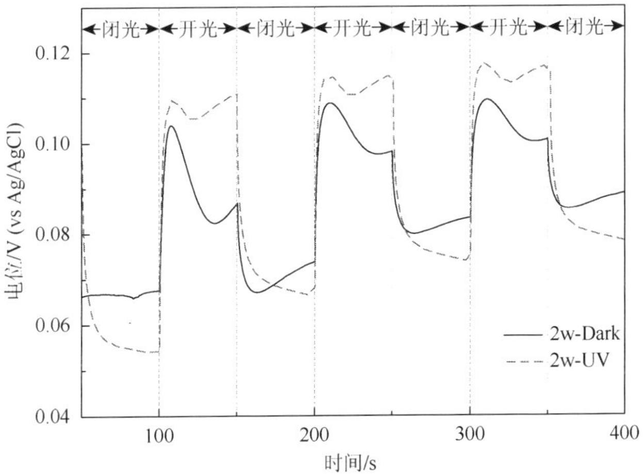

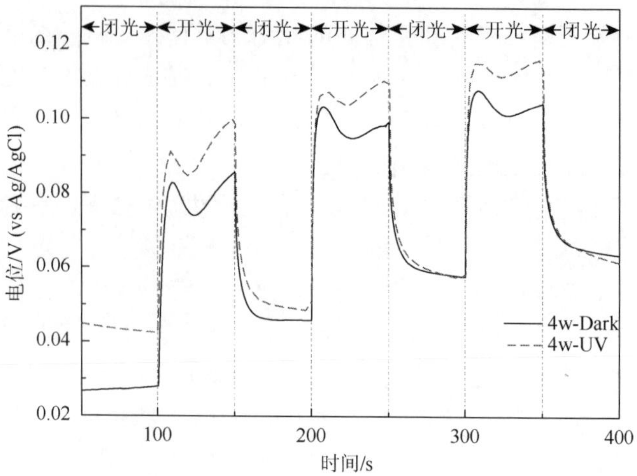

图 8-14　在暗态条件和紫外辐射条件下暴露 1 周、2 周和 4 周后，将带锈纯铜试样表面生成的大气腐蚀产物刮下后均匀沉降在 FTO 导电玻璃上制备成腐蚀薄膜光电极，并在闭光和开光循环时，该腐蚀产物薄膜光电极全浸在 5.2%氯化钠溶液中的开路电位随时间的变化曲线。测量过程中使用的光源为白光，参比电极为 Ag/AgCl（饱和 KCl）电极

将在 FTO 导电玻璃表面制备的腐蚀产物薄膜光电极与打磨的纯铜电极偶联起来，具体连接方法如 4.5 节所示。制备好的腐蚀产物薄膜光电极浸入光电解池中，而打磨的纯铜电极浸入腐蚀池中，这两个池中的电解液均为 5.2%氯化钠溶液。将腐蚀产物薄膜光电极和纯铜电极短接并测量腐蚀产物薄膜光电极在白光开、闭光条件下，纯铜电极相对于 Ag/AgCl（饱和 KCl）参比电极的开路电位随时间的变化曲线，实验结果如图 8-15 所示。由图 8-15 可见，在白光照射下，在暗态和在紫外辐射条件下暴露 1 周、2 周和 4 周后，纯铜试样表面生成的腐蚀产物在

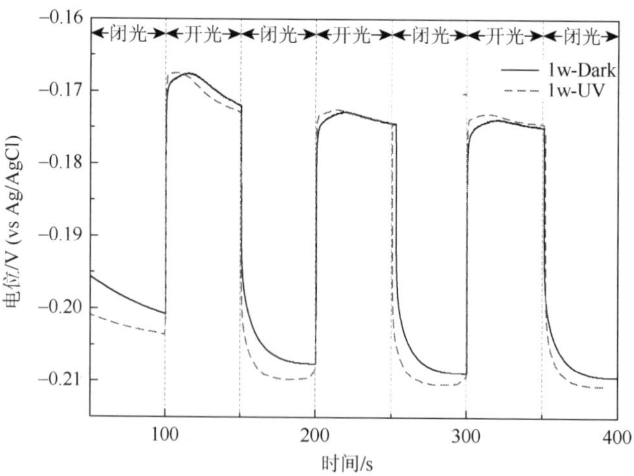

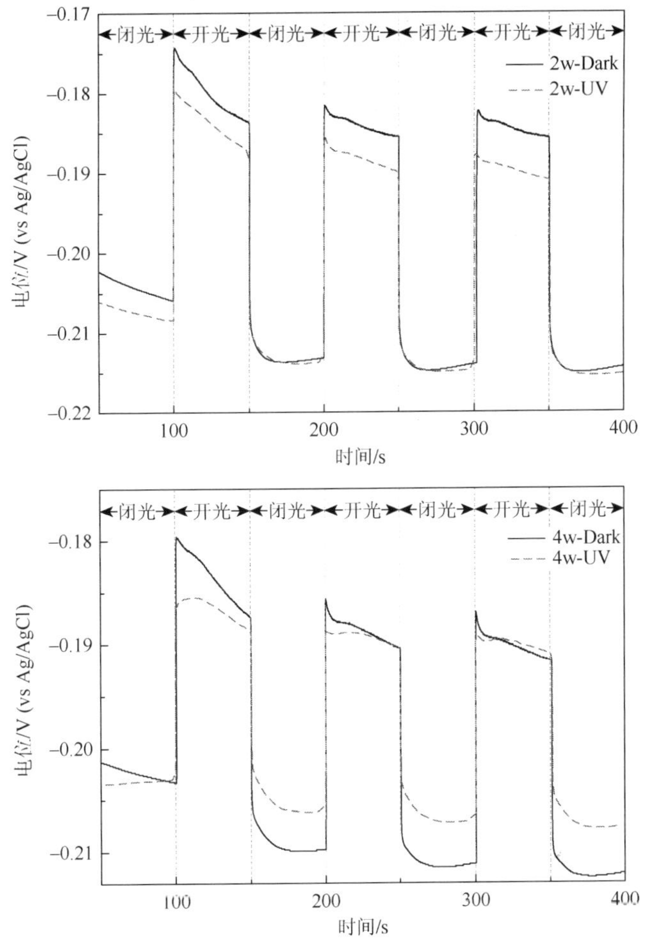

图 8-15　在暗态和紫外辐射条件下暴露 1 周、2 周和 4 周后，将带锈纯铜试样表面生成的大气腐蚀产物刮下后均匀沉降在 FTO 导电玻璃上制备成腐蚀产物薄膜光电极，并将该光电极与纯铜电极短接，在闭光和开光照射腐蚀产物薄膜光电极时，该偶联体系全浸在 5.2%氯化钠溶液中的开路电位随时间的变化曲线。测量过程中使用的光源为白光，参比电极为 Ag/AgCl（饱和 KCl）电极

FTO 导电玻璃上制备成的腐蚀产物薄膜光电极与打磨好的纯铜电极会产生正的光致电位，它的大小在 17～37mV，这一变化趋势与直接测量单独的腐蚀产物薄膜光电极的开路电位的变化趋势相同，只是光致电位的数值大小存在区别。

为了比较直观地研究腐蚀产物的光电化学效应对基底金属铜腐蚀过程的影响，按 4.5 节所示的连接方法，测量在 FTO 导电玻璃上制备的腐蚀产物薄膜光电极与纯铜电极偶联体系的光致电流密度，实验结果如图 8-16 所示。在暗态条件下，腐蚀产物薄膜光电极与纯铜电极的偶联体系之间的电流密度稳定在一个恒定的电流值，开光后电流先瞬间正移至一个较大的值，再瞬间负移至稳定值。造成这种瞬间正移的原因是光电极表面存在缺陷和残键，这些缺陷在开始的一瞬间会拉动电位捕获光生电子，因而光生空穴在电极表面反应，出现正电流。之后缺陷被电子填满后，表面与基体表现的半导体性质一致。闭光后，电流先在闭光瞬间负移后再正移，这种瞬间负移也是由表面缺陷造成的。由图 8-16 可见，这一偶联体系的稳定光致电流密度在 1.2～5.5μA·cm^{-2}。同时，不管是在开光还是在暗态条件下，稳定的光电流值都为负值。按本研究中的电极与电化学工作站的连接方式，负的电流表明电子是从纯铜电极通过电化学工作站流到腐蚀产物薄膜光电极上的。在此条件下，纯铜电极作为阳极，电子主要是来自于铜的阳极溶解，随后该阳极溶解产生的电子转移到腐蚀产物薄膜光电极上，并在腐蚀产物薄膜光电极与氯化钠电解液接触的界面上，和溶解氧发生氧还原反应。当引入白光后，光电流密度迅速朝负的方

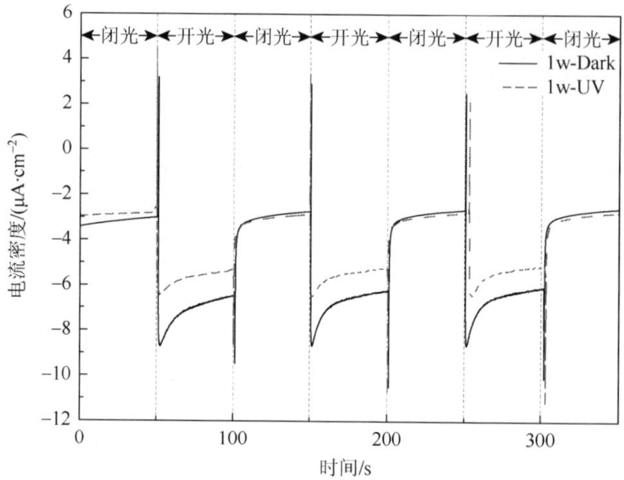

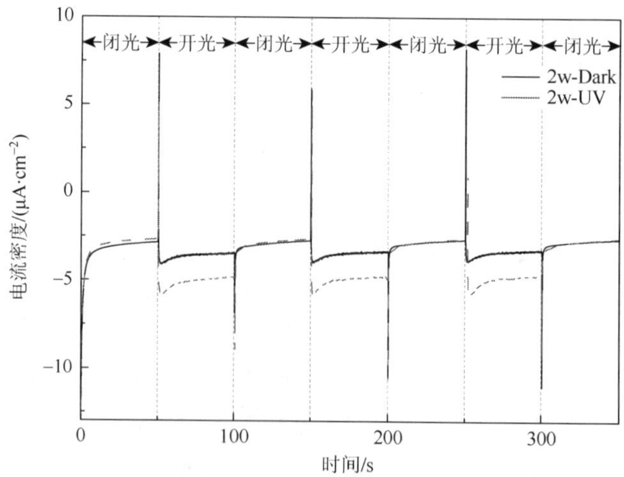

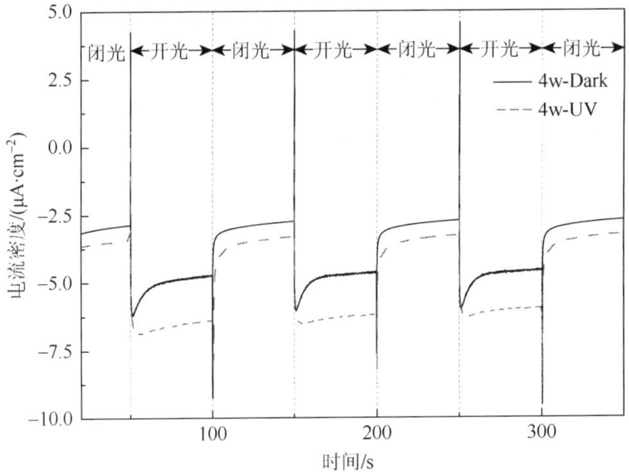

图 8-16 在暗态和紫外辐射条件下暴露 1 周、2 周和 4 周后，将纯铜试样表面生成的大气腐蚀产物刮下后均匀沉降在 FTO 导电玻璃上制备成腐蚀产物薄膜光电极，并将该光电极与纯铜电极短接，在闭光和开光照射腐蚀产物薄膜光电极时，该偶联体系全浸在 5.2%氯化钠溶液中的电流密度随时间的变化曲线

向增大，也就是说，在白光辐射条件下，腐蚀产物薄膜光电极从纯铜电极上夺取电子，从而进一步加速了与之偶联的纯铜电极的铜阳极溶解过程。因此，本研究中生成的腐蚀产物的光电化学效应加速了基底金属铜的大气腐蚀过程。

8.7 紫外辐射对纯铜大气腐蚀过程的影响机理

在本研究中，铜表面生成的腐蚀产物主要有碱式氯化铜、碱式碳酸铜和氧化亚铜，其中只有氧化亚铜具有半导体性质。由莫特-肖特基曲线可知，在本研究中获得的腐蚀产物具有 p 型半导体性质，空穴是它的多数载流子。下面将用具有 p 型半导体性质的氧化亚铜作代表来阐述铜表面生成的具有 p 型半导体性质腐蚀产物的光电化学效应对与之偶联的金属铜腐蚀过程的影响机理。

众所周知，氧化亚铜的禁带宽度为 2.2eV，它的导带电位为−0.28V（vs SHE），价带电位为 1.92V（vs SHE）。由于本研究中生成的氧化亚铜具有 p 型半导体性质，所以，它的费米能级靠近它的价带位置，也就是说氧化亚铜的费米能级靠近于 1.92V（vs SHE）。当将该腐蚀产物刮下来沉降在 FTO 导电玻璃上制备成腐蚀产物薄膜光电极时，氧化亚铜腐蚀产物将与 FTO 导电玻璃直接接触。当该光电极浸入氯化钠电解液时，氧化亚铜半导体的能带将发生弯曲。图 8-17 是在 FTO 导电玻璃上均匀沉降的 p 型氧化亚铜半导体腐蚀产物在 5.2%氯化钠溶液中及在暗态或有白光辐射条件下的能带弯曲和电子空穴迁移与反应机理示意图。每张图的左边是

FTO 导电玻璃，中间部分示意地标示出了氧化亚铜半导体材料的导带电位、价带电位和费米能级的位置。其中，电势轴的下方为正，上方为负。右边则示意地给出了氯化钠电解液中 O_2/H_2O 氧化还原电位。FTO 导电玻璃是氟掺杂的氧化锡透明导电玻璃，它是将氟掺杂的氧化锡均匀地镀在透明玻璃上制作而成的，氟掺杂的氧化锡导电膜的厚度约为 100μm。由于 FTO 导电玻璃具有良好的导电性能，它与半导体的接触和金属与半导体的接触一样，均是欧姆接触，这种接触不会导致半导体的能带弯曲。当半导体与电解液接触时，由于二者之间的接触不是欧姆接触，电解液的氧化还原电位与半导体的费米能级电位不同，这就会导致与电解液接触的半导体材料的能带结构发生弯曲。

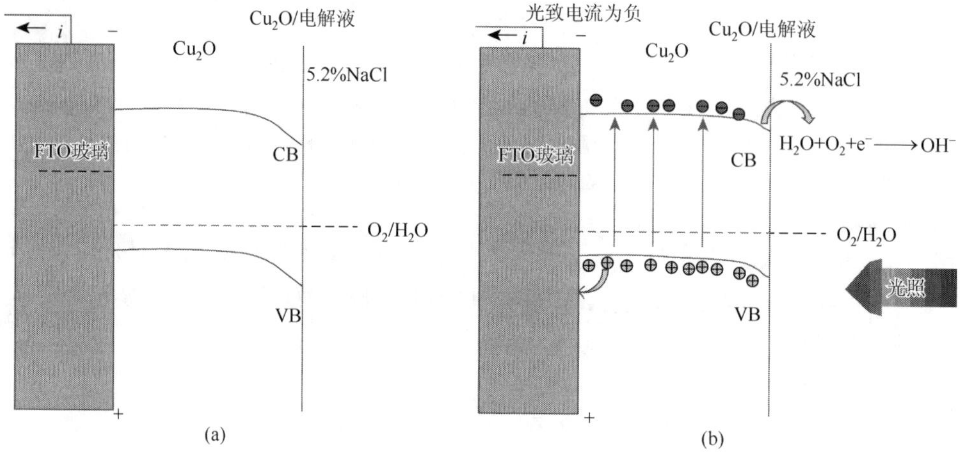

图 8-17　在 FTO 导电玻璃上均匀沉降的 p 型氧化亚铜半导体腐蚀产物在 5.2%氯化钠溶液中及在暗态（a）或有白光辐射（b）条件下的能带弯曲和电子空穴迁移与反应机理示意图

如图 8-17（a）所示，在暗态条件下，当将在 FTO 导电玻璃表面制备的腐蚀产物薄膜光电极浸入氯化钠电解液时，由于氯化钠电解液中 O_2/H_2O 的氧化还原电位为 1.229V（vs SHE），它比氧化亚铜的费米能级更负，因此当氧化亚铜在暗态下浸入氯化钠电解液时会向上拉动氧化亚铜的费米能级，使氧化亚铜的费米能级与溶液的氧化还原电位达到新的平衡，从而导致在暗态下氧化亚铜的能带发生向下的弯曲。当白光照射腐蚀产物薄膜光电极表面时，氧化亚铜半导体会吸收光子，使得其价带上的电子受激发跃迁到它的导带上，产生光生电子和光生空穴。由于氧化亚铜的导带和价带都是向下弯曲的，导带上的光生电子更容易流向电位更正的氧化亚铜腐蚀产物与电解液接触的界面。而由于价带弯曲造成能垒，光生空穴不能流向氧化亚铜腐蚀产物与电解液接触的界面，相反，它会流向氧化亚铜与 FTO 导电玻璃接触的界面，如图 8-17（b）所示。由于氧化亚铜是空穴为多数载流子的 p 型半导体，它产生的光生空穴可以迅速迁移到与 FTO 导电玻璃接触的界面。迁移至腐蚀产物与电解液接触的界面处的光生电子可以与电解液中的氧反应，而光生空穴则不能与 FTO 导电玻璃直接反应，因此，就会在 FTO 导电玻璃与电解液接触的界面处累积，从而拉动腐蚀产物薄膜光电极的电位正移，如图 8-14 所示。正是该腐蚀产物薄膜光电极在光照辐射条件下其电极电位上升，导致它与偶联的纯铜电极的电偶电位差发生改变，从而使得光生空穴依靠这种电偶电位差（事实上是二者的费米能级差造成的）的改变去夺取纯铜电极上阳极溶解产生的电子来与氧化亚铜价带上的光生空穴复合，而这一速度低于光生电子在氧化亚铜与氯化钠电解液接触的界面上的消耗速度，因此，会导致腐蚀产物薄膜光电极与纯铜电极的偶联体系的光致电位变正，如图 8-15 所示。以紫外光照条件下暴露 4 周样品制作的腐蚀产物薄膜光电极为例，暗态下其开路电位为 0.045V（vs Ag/AgCl），开光后，电位移至 0.105V（vs Ag/AgCl），光致电位正移（图 8-14）。将腐蚀产物与干净裸露的铜电极偶联，测量光电极与铜电极之间的电流变化。在暗态下，电流密度为$-3.8\mu A\cdot cm^{-2}$，开光照射后，电流密度变化为$-6.5\mu A\cdot cm^{-2}$，光致电流变化为负值。同时，由光致电流变化的方向可以得知，在白光辐射条件下，氧化亚铜腐蚀产物产生的光生空穴会直接夺取与之偶联的基底金属铜阳极溶解产生的电子，从而加速铜的腐蚀过程。尽管这是在氯化钠本体溶液中测量得到的数据，但是，该结果在真实的铜大气腐蚀过程中依然适用。在真实的大气腐蚀暴露过程中，铜表面生成的具有半导体性质的腐蚀产物在光照下产生的光生空穴也会直接夺取基底金属铜的阳极溶解产生的电子，只是具体的电流大小会与本体溶液中测量得到的有差异。因此，这一实验直接证实了铜表面生成的腐蚀产物的光电化学效应会加速铜的大气腐蚀过程。

当带锈纯铜试样（经过大气腐蚀暴露实验后，具有 p 型半导体性质的腐蚀产物氧化亚铜直接生长在铜表面）作为一个光电极浸入氯化钠电解液时，氧化亚铜半导体的能带也将发生弯曲。图 8-18 是表面具有 p 型氧化亚铜半导体腐蚀产物的带锈铜试样在 5.2%氯化钠溶液中及在暗态或有白光辐射条件下的能带弯曲和电子空穴迁移与反应机理示意图。与图 8-17 类似，每张图的左边是基底金属铜，中间部分示意地标示出了氧化亚铜半导体材料的导带电位、价带电位和费米能级的位置。其中，电势轴的下方为正，上方为负。右边则示意地给出了氯化钠电解液中 O_2/H_2O 的氧化还原电位。铜是良导体，它的费米能级很低，它与半导体的接触是欧姆接触，这种接触不会导致半导体的能带弯曲。但是，当氧化亚铜半导体与电解液接触时，二者之间的接触不是欧姆接触，电解液的氧化还原电位与氧化亚铜腐蚀产物的费米能级不同会导致与之接触的氧化亚铜半导体的能带结构发生弯曲。

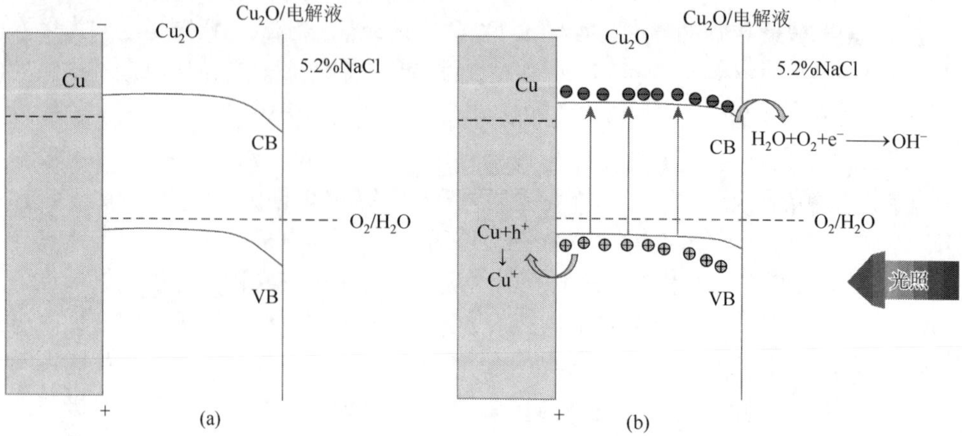

图 8-18　带锈铜试样（氧化亚铜腐蚀产物直接生长在铜表面）在 5.2%氯化钠溶液中及在暗态（a）或有白光辐射（b）条件下的能带弯曲和电子空穴迁移与反应机理示意图

如图 8-18（a）所示，在暗态条件下，当将带锈铜试样光电极浸入氯化钠电解液时，由于氯化钠电解液中 O_2/H_2O 的氧化还原电位为 1.229V（vs SHE），它比氧化亚铜的费米能级更负，因此，当氧化亚铜在暗态下浸入氯化钠电解液时会向上拉动氧化亚铜的费米能级，使半导体费米能级与溶液的氧化还原电位达到新的平衡，从而导致在暗态下氧化亚铜的能带发生向下的弯曲，这与在 FTO 导电玻璃上制备的腐蚀产物薄膜光电极在暗态下和在氯化钠电解液中的能带弯曲情况相同。

当白光照射带锈铜电极上的腐蚀产物时，氧化亚铜半导体会吸收光子，使得其价带上的电子受激发跃迁到其导带上，产生光生电子和光生空穴。与图 8-17（b）一样，由于氧化亚铜的导带和价带都是向下弯曲的，导带上的光生电子更容易流向电位更正的氧化亚铜腐蚀产物与电解液接触的界面，而光生空穴则不能流向氧化亚铜腐蚀产物与电解液接触的界面，相反，它会流向氧化亚铜与基底金属铜接触的界面，如图 8-18（b）所示。对于带锈铜试样，氧化亚铜腐蚀产物是直接在铜表面原位生长的，腐蚀产物和基底金属铜的结合很紧密，载流子的迁移能力比在 FTO 导电玻璃表面沉降的腐蚀产物中的更好。同时，氧化亚铜是 p 型半导体，在光照下带锈铜试样表面的氧化亚铜腐蚀产物产生的光生空穴会快速迁移到与基底金属铜接触的界面。氧化亚铜的价带电位较正，它产生的光生空穴的准费米能级也较正，导致氧化亚铜产生的光生空穴具有较强的氧化性。另外，铜本身的费米能级较负，迁移至与基底金属铜接触的界面处的光生空穴不会在此堆积引起电位差的变化，而会由于二者的费米能级的不同导致光生空穴直接与金属铜发生反应，并直接夺取基底金属铜阳极溶解产生的电子，这一过程使得光生空穴的消耗比 FTO 导电玻璃表面制备的腐蚀产物薄膜光电极上光生空穴的消耗更容易。同时，光生电子在氧化亚铜半导体中是少数载流子，它迁移至腐蚀产物与氯化钠电解液接触的界面并参与该处发生的氧化还原反应这一过程会明显减慢，从而导致光生电子的积累，使得光照辐射条件下带锈铜电极的腐蚀电位下降。同样以在紫外辐射条件下暴露 4 周后的带锈铜试样电极浸入 5.2%氯化钠溶液中及在暗态和在白光辐射条件下的腐蚀电位变化为例，在暗态下，带锈铜试样电极的电位为−0.132V（vs Ag/AgCl)，在白光照射带锈铜试样电极表面的腐蚀产物时，该电极电位变为−0.184V（vs Ag/AgCl)，光致电位变化为−52mV。

尽管带锈试样的电极电位在光照辐射条件下出现了负移现象，但是，由讨论可知，腐蚀产物氧化亚铜在光照辐射条件下产生的光电化学效应依然会加速基底金属铜的阳极溶解过程，从而加速基底金属铜的腐蚀速率。我们首次获得电位降低但是腐蚀速率增大这一貌似相互矛盾的研究结果。通常来讲，电位负移应该是对该体系进行了阴极极化，因而会在一定程度上对该体系提供阴极保护，从而减缓该体系的腐蚀过程。然而，通过本研究的实验结果发现，带锈铜电极在光照辐射条件下的电极电位负移并没有使得与腐蚀产物偶联的基底金属铜的腐蚀速率减小，相反，光照辐射依然增大了基底金属铜的大气腐蚀速率。因此，这一结果似乎颠覆了阴极保护的概念。根据这一研究结果，我们必须重新审视光电化学阴极保护的判断依据，也就是说，对偶联金属提供光电化学阴极保护的决定因素并非是光照辐射后电极电位的变化，而应是由半导体光电极与偶联金属电极之间的电流方向，即光生电子能够流入偶联的基底金属才是光电化学阴极保护的判据。

在本研究中，在光照辐射条件下，带锈铜试样电极的电位发生了明显的负移，然而，如果将铜试样表面的腐蚀产物剥离下来并均匀地沉降在 FTO 导电玻璃上制备成腐蚀产物薄膜光电极，在光照辐射条件下该光电极的电极电位会发生正移，它的变化趋势与带锈铜试样电极在光照辐射条件下的电极电位变化趋势完全相反。在本研究中，带锈铜试样电极的光致电位应该是最准确的光致电位数值，也是我们应该相信的实验数据。将腐蚀产物剥离下来并沉降在 FTO 导电玻璃上制备薄膜光电极，目的是测量腐蚀产物与基底金属之间的光致电流流向与大小，并量化具有半导体性质的腐蚀产物的光电化学效应。虽然带锈铜试样电极的光致电位测量是最准确的，但是这种电极体系无法测量由腐蚀产物的光电化学效应产生的光生电流的大小与流向，因而无法为光照辐射对基底金属腐蚀过程的影响机理提供实验支持。从上述的实验结果可以发现，尽管将腐蚀产物剥离制备的光电极可以测量腐蚀产物与基底金属之间的光致电流，但是，由于将腐蚀产物剥离制备的光电极与基底金属的光致电位变化趋势与带锈铜试样电极的光致电位变化趋势完全相反，那么，还能通过将腐蚀产物剥离制备的薄膜光电极与基底金属电极的光致电流来反映在光照辐射条件下带锈铜试样表面的腐蚀产物向基底金属提供的光致电流吗？通过以上的分析与讨论，尽管腐蚀产物薄膜光电极和带锈铜试样电极的光致电位的变化趋势相反，但是在这两种情况下，光生电子都不能迁移向基底金属铜，而是加速腐蚀反应的阴极过程，而光生空穴则夺取基底金属铜阳极溶解产生的电子从而直接加速铜腐蚀反应的阳极过程。因此，通过将具有半导体性质腐蚀产物剥离下来制备成腐蚀产物薄膜光电极来定量测量和评价腐蚀产物的光电化学效应依然是有效的，这一方法依然可以用来直观地研究腐蚀产物的光电化学效应对基底金属腐蚀过程的影响机理。

8.8　小　　结

本章研究了紫外辐射对预先沉降了氯化钠盐粒的铜大气腐蚀过程的影响规律，并研究了铜表面生成的大气腐蚀产物的光电化学效应及该效应对基底金属铜腐蚀过程的影响。主要的研究结论如下：

（1）紫外辐射能够明显加速预先沉降了氯化钠盐粒的纯铜的大气腐蚀过程。紫外辐射对铜表面生成的大气腐蚀产物的成分影响不大，但是，它会明显影响铜的大气腐蚀形貌。

（2）紫外辐射对纯铜大气腐蚀过程的影响主要是通过具有半导体性质腐蚀产物的光电化学效应进行的。具有半导体性质的腐蚀产物在受到紫外光照射后会产生光生电子与光生空穴，这些光生电子会加速纯铜大气腐蚀电化学反应的阴极氧还原反应过程，而光生空穴则会直接夺取纯铜阳极溶解产生的电子，从而加速纯铜大气腐蚀电化学反应的阳极过程。

（3）锈蚀后的纯铜试样在白光照射下会产生一个负的光电压，我们首次获得电位降低而腐蚀速率增大这一貌似相互矛盾的研究结果。通常来讲，电位负移应该是对该体系进行了阴极极化，因而会在一定程度上对该体系提供阴极保护，然而，通过本研究的实验结果发现，电极电位负移并没有使得偶联的基底金属铜的腐蚀速率减小，相反，光照辐射依然增大了基底金属铜的大气腐蚀速率。因此，这似乎颠覆了阴极保护的概念。从这一研究结果，我们再一次提出，对偶联金属提供光电化学阴极保护的决定因素并非是电极电位，而是偶联体系的电流方向，这也是该研究结果创新性的体现。

参 考 文 献

[1] 陈卓元.铜的大气腐蚀及其研究方法.北京：科学出版社，2011.

[2] Xu Y，Schoonen M A.The absolute energy positions of conduction and valence bands of selected semiconducting minerals. American Mineralogist，2000，85（4）：543-556.

[3] Song S，Chen Z.Effect of UV illumination on the NaCl-induced atmospheric corrosion of pure zinc.Journal of the Electrochemical Society，2014，161（6）：C288-C293.

[4] Song L，Chen Z.The role of UV illumination on the NaCl-induced atmospheric corrosion of Q235 carbon steel. Corrosion Science，2014，86：318-325.

[5] Song L，Chen Z.Effect of γ-FeOOH and γ-Fe_2O_3 on the corrosion of Q235 carbon steel under visible light. Journal of the Electrochemical Society，2014，162（3）：C79-C84.

[6] Song L，Ma X，Chen Z，et al. The role of UV illumination on the initial atmospheric corrosion of 09CuPCrNi weathering steel in the presence of NaCl particles. Corrosion Science，2014，87：427-437.

[7] Song L，Chen Z，Hou B.The role of the photovoltaic effect of γ-FeOOH and β-FeOOH on the corrosion of 09CuPCrNi weathering steel under visible light. Corrosion Science，2015，93：191-200.

[8] Lin H，Frankel G.Atmospheric corrosion of cu during constant deposition of NaCl.Journal of The Electrochemical Society，2013，160（8）：C336-C344.

[9] Lin H，Frankel G. Atmospheric corrosion of Cu by UV，ozone and NaCl.Corrosion Engineering Science and Technology，2013，48（6）：461-468.

[10] Chen Z，Cui F，Kelly R.Calculations of the cathodic current delivery capacity and stability of crevice corrosion under atmospheric environments. Journal of The Electrochemical Society，2008，155（7）：C360-C368.

[11] Poling G.Infrared reflection studies of the oxidation of copper and iron.Journal of The Electrochemical Society，1969，116（7）：958-963.

[12] Malvault J，Lopitaux J，Delahaye D，et al.Cathodic reduction and infrared reflectance spectroscopy of basic copper（Ⅱ）salts on copper substrate.Journal of Applied Electrochemistry，1995，25（9）：841-845.

第9章　结　　语

大气环境是金属材料最常见的服役环境，而光照辐射是影响金属材料大气腐蚀过程的重要环境因素之一，特别是我国的南海海洋大气环境是大气腐蚀中较为苛刻的环境。在南海大气环境中，其重要的环境特点是光照强度大、光照周期长、紫外含量高，加上高温、高湿、高盐雾和高降雨量的特点，导致日照辐射因素与其他环境因素产生了协同作用，从而使得在该海洋大气环境条件下服役的金属材料遭受非常严重的大气腐蚀破坏。因此，光照辐射对金属材料大气腐蚀过程影响的研究近年来已成为大气腐蚀研究的热点之一。

大气腐蚀涉及气、液、固三相及其相界面，是一个非常复杂的反应过程，腐蚀产物一般为具有半导体特性的氧化物。因此，在光照辐射下，具有半导体性质的腐蚀产物能响应一定波长的光，并产生光生空穴和光生电子，这两种载流子可能会改变腐蚀反应历程甚至直接参与腐蚀电化学反应，使得光电化学反应过程与腐蚀电化学反应过程相互影响。同时，材料表面生成的具有半导体性质的腐蚀产物对光电化学产生的影响非常复杂。它们本身的非本征特性、在腐蚀产物层中的特殊形貌、腐蚀产物形成过程中合金元素对这些具有半导体性质腐蚀产物的掺杂改性作用、腐蚀产物之间相互复合及与其他非半导体腐蚀产物复合形成的异质结体系、腐蚀产物层形成过程中光生电子与光生空穴迁移通道的建立等都会影响金属材料的大气腐蚀过程。因此，在探究具有半导体特性的腐蚀产物对光电化学的影响机制上尚需大量的基础研究工作，以期通过大量的研究结果来揭示光照辐射对金属材料大气腐蚀过程的影响程度、影响规律和影响机理。同时，研究大气腐蚀过程中表面形成的腐蚀产物的半导体效应对大气腐蚀过程的影响，并在可能的情况下利用腐蚀产物的光电化学效应来对金属材料进行腐蚀防护。

本书结合作者近年来的相关研究，就紫外光照辐射对金属材料大气腐蚀过程的影响行为与影响机理进行了阐述，主要研究了紫外辐射对预沉降了氯化钠盐粒的纯锌、Q235 碳钢、09CuPCrNi 耐候钢及纯铜大气腐蚀过程的影响规律与机理，探讨了表面腐蚀产物的光电化学效应对基底金属腐蚀过程的影响机理。通过本书的研究，作者认为光照辐射能极大程度地影响金属材料的大气腐蚀过程，金属表面具有半导体性质的腐蚀产物的光电化学效应是影响其大气腐蚀的本质原因之一。

目前在该研究方向上，还有以下几个方面的问题需要解决：

（1）基础理论研究。在基础理论研究方面，半导体的整流特性、半导体与金属及溶液同时接触时其能带结构的改变、光生空穴和光生电子在腐蚀产物内的迁移机制、传导效率和参与腐蚀阴、阳极反应的形式及开光后载流子的流向和电位、电流的变化对腐蚀反应过程的影响等都需要开展系统的研究工作。

（2）研究方法和表征手段上的拓展。需要借助半导体、光电化学及电化学领域的研究方法来研究光照辐射对金属材料大气腐蚀过程的影响；主要包括如何建立更好的腐蚀暴露模拟装置以模拟光照辐射对大气腐蚀机理的影响，如何研究载流子流向和对腐蚀反应过程的影响，以及如何研究光电化学反应与腐蚀电化学反应的相互作用及影响。

（3）研究具有不同整流特性的半导体腐蚀产物材料对基底金属大气腐蚀过程的影响。在实际情况下，腐蚀产物的种类是复杂的，同时半导体特性也存在差异，因此，不同腐蚀产物之间异质结的构筑、pn结的形成及其对光生载流子分离和迁移的改变，以及由此导致的腐蚀机理的改变都值得开展深入的研究。

（4）开展专门针对在日照辐射强烈的大气环境中服役的金属材料的大气腐蚀防护对策研究，为材料的大气腐蚀防护提供新的思路，并创造更大的经济价值。

对于光照辐射对金属腐蚀过程的影响，特别是大气腐蚀过程的影响还需要开展大量的基础研究工作，本书通过以上几章的介绍，旨在让初入该领域的学生或科研工作者对光照辐射对大气腐蚀过程的影响及目前相关领域的研究前沿和热点有基本的认识，并能通过上述介绍了解该领域可能的发展方向。希望本书能够抛砖引玉，开启读者们想象力和创造力的大门，为本研究方向注入新的科研思路及新的研究方法，以明晰光照腐蚀对金属大气腐蚀过程的影响机理，并以此提出相应的保护措施，将其应用到实际的生产实践中去。